土石坝险情特征与应急处置

范天印 汪小刚 编著

中国水利水电出版社
www.waterpub.com.cn
·北京·

内 容 提 要

本书共分 14 章，第 1 章概述，第 2 章土石坝险情与失事，第 3 章土石坝溃坝分析与计算，第 4 章大坝安全风险管理与应急预案，第 5 章大坝安全监测与预警，第 6 章土石坝病险探测方法与技术，第 7 章漫顶险情特征分析与处置方法，第 8 章管涌险情特征分析与处置方法，第 9 章渗漏险情特征分析与处置方法，第 10 章滑坡险情特征分析与处置方法，第 11 章大坝裂缝险情特征分析与处置方法，第 12 章溢洪道险情处置，第 13 章抢险决策与指挥，第 14 章典型案例。

本书主要服务于部队技术人员的教学、研究，同时为部队遂行应急救援提供一定的参考，也可供水利行业相关从业者、工程技术人员等参考。

图书在版编目（CIP）数据

土石坝险情特征与应急处置 / 范天印，汪小刚编著
. -- 北京：中国水利水电出版社，2016.7
　ISBN 978-7-5170-4594-6

Ⅰ．①土… Ⅱ．①范… ②汪… Ⅲ．①土石坝－堤防抢险 Ⅳ．①TV641②TV871.3

中国版本图书馆CIP数据核字(2016)第180615号

书　　　名	**土石坝险情特征与应急处置** TUSHIBA XIANQING TEZHENG YU YINGJI CHUZHI
作　　　者	范天印　汪小刚　编著
出 版 发 行	中国水利水电出版社 （北京市海淀区玉渊潭南路 1 号 D 座　100038） 网址：www.waterpub.com.cn E-mail：sales@waterpub.com.cn 电话：(010) 68367658（营销中心）
经　　　售	北京科水图书销售中心（零售） 电话：(010) 88383994、63202643、68545874 全国各地新华书店和相关出版物销售网点
排　　　版	中国水利水电出版社微机排版中心
印　　　刷	三河市鑫金马印装有限公司
规　　　格	170mm×240mm　16 开本　23.25 印张　324 千字
版　　　次	2016 年 7 月第 1 版　2016 年 7 月第 1 次印刷
印　　　数	0001—2500 册
定　　　价	**49.00 元**

《土石坝险情特征与应急处置》
编委会名单

主　　编：范天印　　汪小刚

参编人员：于　旭　　庞林祥　　程兴军

孙东亚　　崔亦昊　　解家毕

前　言

　　我国已建水库大坝 9 万余座，居世界之首，其中土石坝数量达 95％以上，这些水库大坝在我国国民经济建设与防洪减灾中发挥了极其重要的作用。然而，水利建设并非一劳永逸，它存在着老化、病险等问题。特别是我国现有的土石坝大多数建于 20 世纪 50—70 年代，受当时设计、施工、物资供应及运行管理水平等制约，加上长期处于干湿交替、动静悬殊的不利环境中，经历自然和人为因素的影响，导致许多大坝都不同程度的存在安全病患。目前，我国水库大坝大部分已步入老龄化阶段，安全问题突出，突发险情增多，大坝一旦失事，将给下游地区带来巨大损失。加之近年来极端气候和自然灾害频发，给水库大坝带来了更多安全风险和潜在威胁，应急抢修抢建任务日趋常态。

　　武警水电部队作为国家应急救援专业队，主要担负因自然灾害、战争与恐怖袭击等因素导致损毁的江河堤防、水库、水电站、变电站、输电线路等水利水电设施应急排险、抢修抢建任务。目前，部队正处在深化调整转型、全面建设现代化国家应急救援专业力量的重要节点上，正全力推动工程建设能力向应急救援能力全面转变，正全力打造国家救援、专业救援、水电救援的"唯一"力量，因此，如何提高部队遂行水库大坝抢险的能力，是部队当前面临的一个亟须解决的问题。

　　基于此，本书从服务于部队遂行水库大坝应急决策与应急抢险，提高部队应急抢险救援能力的要求出发，归纳分析土石坝的典型险情特征，研究各类险情的应对处置方法，探讨部队抢险决策与指挥等重要问题。本书前六章主要分析我国土石坝存在的各类险情问题，介绍常见险情定性判别方法，归纳土石坝溃坝原因、模式与路径，凝练大坝溃决机理，提供大坝安全保障监测预警方法与手段，总结大坝隐患险情探测技术。第七章至第十四章为典型险情特征分析与应急抢险实践，主要针对土石坝存在的各种典型险情，在总结分析险情成因、特征的基础上，着重从如何处置险情的技术层面加以深入分析，提出处置方法，并结合水电部队抢险案例进行阐述。

本书是为适应水电部队应急救援力量建设需要，经中国人民武装警察部队水电第一总队与中国水利水电科学研究院合作编写完成的《堰塞坝险情特征与应急处置》《土堤险情特征与应急处置》《土石坝险情特征与应急处置》《混凝土坝险情特征与应急处置》等系列图书之一。本书不仅可以作为武警水电部队官兵的应急救援教学课本、读本，还可作为研究土石坝险情与处置的参考资料。

在系列丛书的编写过程中，得到了武警水电部队、中国水利水电科学研究院、中国电建集团昆明勘测设计研究院有限公司的大力支持。水利部防汛抗旱减灾工程技术研究中心主任丁留谦、副主任郭良等专家对书稿的编写提出了大量宝贵意见和建议。武警水电部队原总工程师梅锦煜将军对本书的定题、定稿提出了宝贵建议。此外，还参考了很多文献。在此，我们谨向以上单位、个人和相关作者表示衷心的感谢和致以崇高的敬意。

由于编写时间紧迫，作者水平有限，书中难免有疏漏和不妥之处，敬请读者批评指正。

作者

2016 年 6 月

目　　录

第1章 概　　述

我国是世界上水库数量最多的国家之一。目前，我国已建成各类水库9万余座，总库容已超过8000亿 m^3，其中大部分为土石坝水库，这些水库在防洪、灌溉、发电、城乡供水、航运和水产养殖等方面发挥了巨大作用，尤其在历次洪水防御中发挥了重要作用，取得了显著的综合效益。

虽然近年来我国土石坝水库的建设发展成就显著，但由于土石坝总体数量大，病险水库隐患多，目前土石坝工程的现状和安全管理的整体水平仍然滞后于经济社会的发展，工程标准低、安全隐患多、管理不规范等问题依然存在，这严重制约了土石坝水库防洪与兴利综合效益的发挥。同时，伴随着水库运行年限的增加，很多水库出现了不同程度的险情，加上极端气候灾害的影响，导致病险水库大坝的险情进一步加剧，这些病险水库一旦失事溃决，将严重威胁下游人民的生命财产安全。

因此，水库大坝在给国家带来巨大社会和经济效益的同时，也会对人们的生命财产安全造成巨大威胁，大坝安全、溃坝问题已成为政府部门十分关心的重大问题。

1.1　土石坝概况

土石坝是指由当地土料、石料或土石混合料填筑而成的坝，又称当地材料坝。当坝体材料以土和砂砾为主时，称土坝；以石渣、卵石、块石为主时，称堆石坝；土、石料均占有一定比例时，称土石混合坝。三者在工作条件、结构型式和施工方法上均有相同之处，统称土石坝。土石坝在世界上历史悠久，应用最为广泛，随着大型施工机械的广泛使用，岩土理论和计算技术的快速发展，加之土石坝筑坝材料的使用范围较广，取材方便，使土石坝成为当今世界坝工建设中发展最快的一种坝型。

根据国际大坝委员会的定义，大坝为坝高大于 15m，或者坝高 5～15m 但库容大于 300 万 m^3 的水坝。为了对已建大坝情况进行分析，国际大坝委员会设立了大坝登记与文献专委会对世界水库大坝统计，并发布统计数据。中国大坝协会参与了国际大坝委员会大坝登记与文献专委会的工作，相关数据供有关部门和行业参考。根据其统计数据，截至 2013 年年底，世界已建、在建的各类大坝共计 6.8 万座（其中 80% 以上的大坝为土石坝），中国坝高 15m 以上的大坝 3.8 万座，占 55.9%。除中国之外，世界上其他国家已建、在建大坝共有 30453 座，其中坝高大于等于 15m 的大坝 26235 座，坝高 5～15m、库容大于 300 万 m^3 的大坝 4218 座。

世界上已建、在建坝高大于等于 100m 的大坝共 888 座，其按地区分布见表 1.1。世界上坝高大于等于 100m 的大坝中按坝型统计，土石坝共 417 座，占 47.0%。我国坝高大于等于 100m 的大坝中，土石坝 101 座，占 46.8%，与世界总体情况相符。坝高大于等于 100m 的大坝按坝型分类统计见表 1.2。

无论是坝高大于 15m 的大坝，还是坝高超过 100m 的大坝，土石坝都是建设最多的坝型。

世界土石坝得到迅速发展的主要原因如下。

表 1.1　　　　坝高大于等于 100m 大坝按地区分类统计

地　区	已建坝数量/座	占建坝总量的百分数/%
亚洲	437	49.2
欧洲	225	25.3
北美洲	115	13.0
南美洲	64	7.2
其他	47	5.3
总计	888	100

表 1.2   坝高大于等于 100m 大坝按坝型分类统计

坝　型	大坝数量/座	占总量的百分数/%
土石坝	417	47.0
重力坝	230	25.9
拱坝	187	21.1
其他	54	6.0
总计	888	100

（1）适用条件广。能广泛应用各种不同地形、地质和气候条件，任何不良的坝址地基和深层覆盖层，经过处理后均可填筑土石坝。

（2）可就地取材。由于近年设计、施工技术的发展，放宽了对筑坝材料的要求，几乎所有的土石料都可分区上坝，充分发挥就地取材的优势，并为导流、泄水建筑物等开挖创造了条件。

（3）经济效益好。由于就地取材，从而可以节省大量水泥、钢筋和木材，减少工地以外的运输量，大幅度地缩短工期和降低造价。在工程规模相同的条件下，土石坝的坝体方量虽然一般比混凝土重力坝大 4~6 倍，但在国外，其单价仅为混凝土的 1/15~1/20，有些国家甚至降到 1/30~1/70。经过分析论证，土石坝工程的综合经济指标比混凝土低得多，造价最经济。

我国地处欧亚大陆东南部，人口众多，地域辽阔，降水的时空分布很不均匀，水旱灾害频繁。虽然我国水资源总量居世界第六位，水力资源蕴藏量居世界首位，但人均水平较低，开发难度较大。我国水库大坝的建设有着悠久的历史，如建于公元前 598—前591 年的安徽省寿县的安丰塘，坝高 6.5m，库容达 9070 万 m^3，水面积达 34km^2，经历史上多次修复和更新改建等，至今已运行2600 多年。中国建水库大坝的历史虽久，但前期发展较慢，根据1950 年国际大坝委员会统计资料，全球 5268 座水库大坝中，中国仅有 22 座，包括丰满重力坝等，数量极其有限，以水库总的库容和水电总的发电量与国际比较，都处于非常落后的阶段。1950 年之后，党和政府对水利事业给予了高度重视，领导全国人民进行了大规模的水利水电工程建设。经过六十多年的发展，我国水库大坝建设在规模、质量、技术等各方面都取得了举世瞩目的成就，截至 2014 年，全国已建成各类水库 97735 座，水库总库容 8394 亿 m³。其中：大型水库 697 座，总库容 6617 亿 m³，占全部总库容的 78.8%；中型水库 3799 座，总库容 1075 亿 m³，占全部总库容的 12.8%。全国大中型水库大坝安全达标率为 97.7%。已建、在建坝高超过 30m 的大坝就有 5564 座，水电装机容量达 2.3 亿 kW。

在水利工程建设技术方面，伴随着大规模水库大坝建设的实践，我国地质勘探技术、计算机应用技术和物理模型试验、导截流技术、地下工程施工技术、高坝泄洪消能技术等方面得到迅速发展，筑坝技术在很多方面都处于世界领先水平。同时，土石坝筑坝材料、坝体分区、坝体稳定分析、渗流分析、沉降及应力应变分析、基础处理、填筑标准、施工机具等一系列关键技术，也积累了丰富的经验，新技术、新材料、新工艺、新装备在大坝施工中被广泛应用。

1.2　土　石　坝　类　型

1.2.1　土石坝分类

土石坝工程施工简便，地质条件要求低、造价便宜，并可就地取材且料源丰富，因此是水利水电工程中极为重要的一种坝型，也是历史最为悠久的一种坝型。近代的土石坝筑坝技术自 20 世纪 50 年代以后得到发展，并促成了一批高坝的建设。目前，土石坝是世界大坝工程建设中应用最为广泛和发展最快的一种坝型。土石坝常按筑坝材料、坝高、施工方法、防渗材料及防渗体类型进行分类，土石坝的分类见图 1.1。

（1）土石坝按其组成坝体材料的比例不同，可分为土坝、堆石坝、土石混合坝，土坝主要是以土和砂砾为主，堆石坝主要以石渣、卵石、爆破石料为主，而两类材料比例相当则构成了土石混

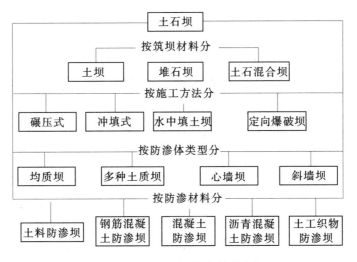

图 1.1 土石坝分类结构图

合坝。

（2）土石坝按坝高可分为低坝、中坝和高坝。

我国《碾压式土石坝设计规范》（SL 274—2001）规定：高度在 30m 以下的为低坝；高度为 30～70m 的为中坝；高度超过 70m 的为高坝。

（3）土石坝按其施工方法可分为：碾压式土石坝、冲填式土石坝、水中填土坝和定向爆破坝等。应用最为广泛的是碾压式土石坝。

（4）按照防渗体在坝身内的位置，土石坝可分为以下几种主要类型。

1）均质坝。坝体基本上是由均一的透水性较弱的黏性土料（如壤土、砂壤土等）筑成，坝体既是防渗体又是支撑体。由于黏性土抗剪强度较低且施工碾压困难，故多用于低坝。

2）多种土质坝。坝身主要部分由几种不同的土料所构成的坝称为多种土质坝。

3）心墙坝。防渗体设在坝体的中央称为心墙坝。

4）斜墙坝。防渗体设在坝体上游部位且倾斜的称为斜墙坝，是高坝、中坝中最常用的坝型。

（5）按照防渗体所用的材料种类，土石坝可分为以下 2 种类型。

1）土料防渗体分区坝。即用透水性较大的土料作坝的主体，用透水性极小的黏土作防渗体的坝。包括黏土心墙坝和黏土斜墙坝。

2）人工材料防渗体坝。防渗体由沥青混凝土、钢筋混凝土或其他人工材料建成的坝。按其位置也可分为心墙坝和面板坝。

土石坝工程的建设历史久远，并经久不衰。随着科学技术的进步，特别是防渗技术的发展和应用，今天的土石坝工程涵盖了土料防渗、混凝土面板防渗、沥青混凝土防渗、土工膜防渗等类型。我国各地气候、地质和经济等条件存在较大差异，因而土石坝工程在不同地区的建设中所遇到的技术问题也大不相同。对这些问题在逐步改进施工工艺采取有针对性措施的同时，还应结合当地情况研究使用新材料、新结构，很好地吸收国内外多方面实践经验和教训，在理论上深入开展有益的科研工作和探索。

目前，土石坝工程建设水平和技术不断提高和发展，特别是 20 世纪 90 年代以来，随着我国社会经济的发展，水利水电工程建设突飞猛进，土石坝坝高开始进行 300m 级高度研发和建设。在土石坝建设中，随着理论研究的提升和筑坝技术难题的攻克，使我国积累了大量的工程建设经验。1.2.2 将介绍土石坝中几种不同防渗材料坝型的特点。

1.2.2　主要坝型的特点

1.2.2.1　土料防渗土石坝

土料防渗土石坝包括心墙坝、斜墙坝和均质坝等。

（1）坝高。随着坝工技术的发展，近年来，我国许多土料防渗土石坝坝高达到百米甚至两百米以上。已建成的黄河小浪底工程，为斜心墙土石坝，坝高达到 167m，并建在 70 多米深的覆盖层上，可以说是我国当前在土料防渗土石坝建设中最具代表性的工程。位于四川省汉源县的大渡河瀑布沟水电站，是国电流域水电开发有限公司实施大渡河"流域、梯级、滚动、综合"开发战略的第一个电源建设项目，大坝为砾石土心墙堆石坝，坝高186m，见图1.2（a）。位于云南澜沧江上的糯扎渡水电站，是澜沧江中下游河段八个梯级规划的第五级，水库库容为237.03亿m^3，大坝为心墙堆石坝，坝顶高程821.5m，最大坝高261.5m，为在建世界第三，亚洲第一高掺砾土心墙堆石坝，见图1.2（b）。

(a)瀑布沟水电站　　　　　　　　(b)糯扎渡水电站

图1.2　心墙堆石坝

（2）防渗土料。防渗土料是选定土料防渗土石坝的决定性条件。我国不同地区土质不尽相同，加上气候冷暖、雨水多少的差异，给防渗土料的选用、施工方式及质量保证带来不少难题。结合我国不同地区的特定条件，经过工程实践，对不同土料采取相应措施，取得了不少成功经验。例如：分散性土可增加石灰或水泥使其改性，并做好反滤；对于胀膨性土要求在一定范围内，即其临界压力值附近，采用非膨胀性土以保持其足够的压强。在实际工程中，黄土类土通过加强压实功能，在黄河小浪底工程斜心墙中成功应用；云南云龙工程，心墙土料为多种土体团粒结构，干密度差别大，最优含水量相差也很大，采用混合使用方法较好地解决了问题；鲁布革工程采用风化土料心墙坝，拓宽了防渗土料种类的范围。

（3）施工措施。风化料采用"薄层重碾"工艺，既能改善其级配，又能满足相应密实度及防渗要求；南方红黏土含水量不同（普遍偏高），干密度也不同，据实践经验及科研论证得知，只要能满足相应力学指标，含水量和干密度问题可不作为主要问题考虑；土粒结构不同及最优含水量差别很大的黏土可采取混合使用，土料变化后按相应压实度控制其碾压质量；南方多雨地区土料含水量较大，在很好了解其土料级配的基础上，采用增加掺和料以改善级配及相应最优含水量的方法，可取得较好的压实效果。

1.2.2.2　混凝土面板堆石坝

20 世纪 80 年代我国开始建设面板堆石坝，起点较高，发展非常快。如西北口、沟后、梨园电站、天生桥一级电站、水布垭水利枢纽等大坝，坝高都在 70m 以上，有的超过百米级。

（1）坝高。目前，我国坝高达百米级的混凝土面板堆石坝已很多，一部分已接近 200m 级，甚至超过 200m。如云南茄子山工程坝体填料为花岗岩石料，坝高 107m；浙江珊溪工程利用开挖料石筑坝，坝高 132.5m；位于广西壮族自治区隆林县境内的天生桥一级电站面板堆石坝，总库容 102.6 亿 m^3，坝长 1168m，最大坝高178m，见图 1.3（a）；位于湖北省巴东县境内的水布垭水利枢纽工程，是清江梯级开发的龙头工程，最大坝高 233m，见图 1.3（b）。

(a)天生桥一级水电站　　　　　　(b)水布垭水利枢纽工程

图 1.3　混凝土面板堆石坝

（2）防渗面板及趾板。面板堆石坝的成功经验是多方面的，其核心是保证面板少出现甚至不出现裂缝，特别是贯穿性裂缝，此外，还要尽可能减少缝间渗漏。近些年，很多工程采用改良混凝土，增强其抗裂性能。浙江珊溪和白溪工程，前者是增加微膨胀剂、引气剂，后者是在部分面板混凝土中增加聚丙烯纤维，再加强浇筑后的养护，抗裂效果都不错。贵州洪家渡工程，在满足抗渗、抗冻标号的基础上增加微膨胀剂和引气剂，以及掺用粉煤灰，另外在部分面板混凝土中增加聚丙烯纤维或钢纤维。以上这些措施虽仍在进一步摸索，但已初见成效。另外，在混凝土面板表面涂养护剂，面板和趾板裂缝采用帕斯卡堵漏剂处理，也是很好的经验。岩基上趾板多不设永久缝，为减少趾板裂缝，采用两序浇注，第一序浇注一定时间后，在一序的两个浇注块之间，用一小段微膨胀混凝土填筑；整体趾板上填筑一层粉细土，以备有裂缝时能自愈吻合不渗，这些都是减少混凝土裂缝的重要措施。临近坝体的混凝土建筑物与面板的连接缝，采用高趾墙处理，如公伯峡工程高趾墙最高约50m，是这方面的成功经验。面板分缝的止水嵌缝材料"GB""SR"是我国科研单位自行研制的成果，已成为当前面板坝分缝防渗处理中不可缺少的材料，其性能还在逐步改进。永久缝相交处的异形止水在工厂模制加工，质量很高。

（3）筑坝料及施工。根据料源具体情况，选用不同级配、不同强度的坝料分区填筑已成定规。用量最大的是主堆石料和次堆石料。小区料、垫层料、过渡料、垫层料部分的反滤料，以及其在趾板和面板下游侧的用料要求都比较严格。坝料可采用开挖石料、风化岩、砂砾石料等。主堆石一般采用硬岩料，也可采用砂砾石，只要在坝坡上有所变化（如在表层部分采用一定厚度的硬、好岩石），仍能达到一般堆石坝坡度。如乌鲁瓦提面板坝工程坝高138m，采用砂砾石料，外坡仍为1:1.5。但无论采用何种坝料，均必须达到压实标准。坝体分区填筑料的使用和用料种类的拓宽，使面板坝的生命力更强。在填筑料施工中，为保证其压实质量，减少变形对面板的不利影响，有的工程（如洪家渡工程）采用了冲碾压实技术，提高了工效，加大了碾压密实度，值得今后在其他工程中研究推广。填筑料还可以与枢纽其他建筑物的开挖料平衡使用，以降低造价。

面板浇注一般采用无轨滑模施工，沿高度方向只设施工缝，一般无永久缝。个别基岩上的矮坝，采用分离块面板防渗，需做好分缝处的防渗处理。对于陡峭边坡，如洪家渡工程，在填筑料中局部采用普通料添加少量水泥，使用少量水，简单拌和、装运、填筑，使其形成干硬性堆石，用以补强陡峻岩坡，接着填筑一般料，同时碾压，这对控制坝体边坡部分的变形有一定的作用。在东北严寒地区修建的莲花混凝土面板堆石坝，及在西藏高海拔、气候变化剧烈的那曲地区建成的查龙面板堆石坝，为在寒冷地区建造面板堆石坝积累了有益的经验。面板堆石坝还有更多的细部结构和特别处理措施，目前我国在已有经验基础上，制定了自己的设计和施工规程规范，这对正确指导设计和施工非常重要，说明我国的建设经验已基本成熟。

1.2.2.3　沥青混凝土防渗堆石坝

沥青混凝土防渗堆石坝包括心墙坝、斜墙坝和沥青混凝土面板坝。近年来，沥青混凝土防渗堆石坝工程，在引进国外技术及总结国内经验的基础上，取得了较大进步，对基础覆盖层较厚又缺乏合适防渗土料的地区，具有很大的实用价值。如四川冶勒水电站大坝工程坝高 124.5m，需处理的坝基覆盖层达 200 多米，见图 1.4 (a)；位于四川省甘孜藏族自治州的在建工程黄金坪水电站，系大渡河干流水电规划"三库 22 级"的第 11 级电站，最大坝高

（a）冶勒水电站　　　　　　　　（b）黄金坪水电站

图 1.4　沥青混凝土防渗堆石坝

85.5m，见图 1.4（b）。这些工程的建设将为进一步发展沥青混凝土心墙防渗技术提供宝贵的经验。

1.3 大坝安全管理

水库大坝的安全一直是行政主管部门和管理部门最为重视的问题之一，从近几十年大坝安全定义的发展过程可以看出，在 20 世纪 70—80 年代，世界上包括我国在内，都是将大坝安全传统地理解为大坝的工程特性，只要大坝不破坏、溃决，大坝就是安全的，这是传统的大坝安全理念。但是 20 世纪 90 年代以来，大坝安全的定义已经包括了风险理念，包括对下游的影响后果，大坝安全不仅要保证工程安全，更重要的是保障下游的公共安全，使之处于可接受风险以内。这种考虑了工程安全和公共安全的理念是和现代生产力水平相适应的现代大坝安全理念。随着大坝安全理念的转变，大坝安全管理也从早期大坝出现问题后的被动应对发展到运用先进理念进行积极防御的新阶段，其中，风险分析技术在大坝安全管理中的广泛运用，使大坝风险管理成为保障水库大坝安全的一种新手段。大坝安全管理涵盖多方面的内容，既包括大坝安全管理体系、安全管理制度、法规条例等，也包括紧急情况下的大坝应急管理，大坝应急管理是大坝安全管理一个非常重要的方面。

1.3.1 国外水库大坝安全管理现状

20 世纪 60 年代末至 70 年代初，几起较为严重的大坝失事事故促使美国、苏联等开展大坝风险研究。美国政府于 1979 年发表了《联邦大坝安全导则》，联邦紧急管理机构、垦务局和斯坦福大学等对大坝风险分析方法进行了探索，大坝风险研究取得显著进展。1991 年，加拿大不列颠哥伦比亚省水电公司率先将风险分析方法引入大坝安全评估，其核心是避免溃坝，保护下游生命、财产安全，同时考虑业主的经济利益。此后，澳大利亚国家大坝委员会、美国陆军工程师团等机构相继发布着重考虑事故后果的大坝评价与管理指南。以上可以看出，国外大坝安全管理正在朝着风险管理这个方向在发展。同时，国外还在不断加强非工程措施的研究，如应急管理和报警系统等。其中，应急预案是保证大坝安全的一种重要非工程措施，是应急管理的重要内容。美国、加拿大、欧洲各国、澳大利亚等发达国家都要求大坝管理部门制订切实可行的应急预案，并将其纳入大坝安全管理的重要组成部分，这和以人为本（人员伤亡在大坝安全管理中占据首要地位）的管理理念是相适应的，也符合当今大坝安全管理的发展潮流。

（1）美国。美国大坝的建设、运行管理体制比较复杂，分为联邦、州和私人企业等几个层级。各联邦机构和各州都有着各自的大坝安全管理规章制度、运行程序和相关的技术文件。美国 80％的大坝是由各州的大坝安全办公室负责管理。其管理内容主要包括：①对已建大坝进行安全评价；②对大坝的建设和主要维修工作方案和技术标准进行审查；③对大坝进行定期检查；④对新建和在建大坝的施工进行现场监察；⑤评审和审批应急管理计划。同时，为了保护下游地区免受大坝失事或泄水的危害，美国大坝业主和管理部门都必须制订大坝应急管理预案。应急预案作为大坝安全管理的核心内容，应包括通知流程图、业主和地方政府责任，突发事件的确定、评价和定级，通知顺序，预防措施，淹没图等。美国内务部垦务局（USBR）曾提出了一项安全预警和应急撤离的实施方案，研究大坝一旦发生突发事件时的应对策略，提供淹没图和其他技术资料，并帮助地方应急机构制订、修改和落实应急预案。美国《联邦大坝安全导则》明确强调要采取险情预计、报警系统、撤退计划等应急措施，发生溃坝时，将损失减小到最低程度。

（2）加拿大。加拿大划分为 10 个省和 3 个地区，其中水库大坝数量居前 3 位的省是魁北克省（5200 座）、安大略省（2400 座）和不列颠哥伦比亚省（2000 座）。在加拿大，联邦政府只负责管理与边境有关的水资源问题，境内水资源管理是各省（地区）自己的职责，各省（地区）有自己管理水坝的方式。加拿大大坝协会成立于 1989 年，其宗旨是在水坝领域走在世界前列，并强调对社会环境的重视；为需要制订水坝安全条例和政策提供支持。该协会于1999 年出台了对行业具有指导作用的《加拿大大坝安全导则》，该导则被视为各省（地区）水坝安全管理最好的实践依据。导则要求失事可能造成生命损失和预警可以减轻上下游损失的任何大坝都应编制、测试、发布并维护应急预案。应急预案应明确大坝业主、运行管理人员、大坝安全机构、当地政府、防汛机构、消防部门、军队、警察等机构或人员的各自责任，并在危急时刻及时调动和联络。

（3）欧洲各国。自从 Malpasset 坝 1959 年发生溃决后，法国于 1968 年在欧洲第一个建立了溃坝风险分析法规，近期不少欧洲国家也相继建立并完善了自己的法规。为了降低大坝失事（如溃坝）带来的巨大灾难，实施了欧共体溃坝模型项目（CADAM）。法国要求坝高超过 20m 和库容超过 1500 万 m^3 的水库，均需设置报警系统，并提出应急预案应包括溃坝洪水淹没范围、冲击波到达时间、淹没持续时间和相应的居民疏散撤离计划等。《葡萄牙大坝安全条例》（1990 年）要求大坝业主提交应急预案，并编写溃坝洪水波传播的研究报告，并设置下游预警系统。挪威水资源局和能源管理局在 2000 年 12 月颁布的《大坝安全管理条例》中要求大坝业主制订应急预案，绘制溃坝淹没图。

1.3.2 我国水库大坝安全管理

1.3.2.1 大坝安全管理现状

我国水库大坝安全管理的发展和社会经济发展紧密相连，大致可以分为三个发展阶段。

第一阶段是从新中国成立到 1978 年改革开放，以粗犷的管理为特点。当时在计划经济条件下，大量的水库大坝建成，安全管理技术尚未成熟，安全管理技术人员供不应求，大坝安全法规基本空缺，面对洪水和地震等自然灾害，没有有效的预防、控制及应对体系。因此 20 世纪六七十年代遭遇了两次溃坝高峰，1973 年一年中溃决大坝 500 多座。该阶段的管理以行政和事故管理为特点。

　　第二阶段是从改革开放到 20 世纪 90 年代末，以法规制度建设不断完善、管理水平不断提高为特征。2000 年我国人均国民生产总值已经达到 1000 美元。在社会经济迅速发展的同时，大坝安全法规制度建设不断完善，逐步从行政管理过渡到制度管理。国务院于 1991 年颁布了《水库大坝安全管理条例》，在此基础上一大批配套法规出台，国家也有了一定的经济实力来考虑改善大坝安全的状态，从 1985 年开始对近 100 座全国重点病险水库进行除险加固，使我国水库大坝的安全状况得到极大改善，大坝年平均溃坝率大幅度下降。这个阶段的特点是以事故管理为主线，以传统的安全管理理论为指导，完善计划经济模式下的安全管理体系。

　　第三阶段是从新世纪开始，以水利工程管理体制改革和病险水库除险加固为特征，大坝安全管理从计划经济逐步向市场经济转化。随着国家多年来社会经济迅速发展，经济实力大幅度提高，我国的经济社会已经发展到一个较高水平，"以人为本"的执政理念开始得到贯彻，预测预警技术受到高度重视，国家采取了综合手段来降低大坝风险。一方面进行水利工程管理体制改革，希望从根本上完善大坝安全管理良性发展的体制，另一方面国家又投入巨大资金进行大规模的除险加固，希望解决水库大坝病险严重的现状，为今后发展打下良好的基础。可以看出中国大坝安全管理正面临着前所未有的极好机遇。

　　在大坝安全管理的制度建设方面，早期我国水库大坝的安全管理并无完善的应急预案，仅有指导性的管理条例与规程。现今，我国政府不仅重视大坝本身的安全，还开始重视大坝建成后的安全管理工作及大坝溃决的损失评估，开始深入开展应急预案研究。水库大坝应急预案是通过突发事件发生时预先制定的应对方案来减少下游的人员伤亡，从而降低大坝风险的重要措施，我国政府高度关注。1997 年 9 月，国家防汛抗旱总指挥部办公室（简称"国家防办"）发布了洪水风险图制作纲要。2003 年国家防办发布了水库防洪应急预案编制导则，要求从应急组织保障、主要应急措施、包括水库应急调度方案、工程应急抢险计划、溃坝应急逃生方案、预警和警报、人员转移的应急措施等方面制定可操作的应急预案。2006年3月，国家防办在遵循《国家有关部门和单位制定和修订突发公共事件应急预案框架指南》（国务院办公厅，2004）和《国家突发公共事件总体应急预案》（国务院，2006）的基本原则基础上颁布了《水库防汛抢险应急预案编制大纲》，同年6月，国家安全生产监督管理总局发布了《生产经营单位生产安全事故应急预案编制导则》；2007年1月，水利部召开了《大坝安全应急管理标准体系研究》工作大纲讨论会，同年5月颁发了《水库大坝安全管理应急预案编制导则（试行）》，与此同时颁布了一系列的水利水电方面的应急预案。国家职能部门人员也在实践中建立健全突发事件应急管理体系进行了诸多有益的尝试。这些研究工作的开展对应急预案的不断完善和广泛应用起到了积极的推动作用。

同时，风险管理技术正在受到重视，目前中国大坝工程安全理念正在向工程风险理念发展。从风险的观点来看，只要是水库，即使不是病险水库，也存在着风险，风险来自大坝的溃决可能性和溃决对下游所造成的影响两个方面，而且随着下游社会经济发展、人口增长而增大。大坝风险管理是贯穿于大坝生命全过程的动态管理，立足于风险处理策略和决策，目的是为了降低和控制风险，使社会和公众能够接受。中国已经充分认识水库大坝风险管理的重要性和必要性，正在研究水库大坝风险管理体系建设，加快和世界接轨的步伐。

1.3.2.2　当前我国土石坝的安全问题

我国是世界上水库数量最多的国家，水库是提高江河防洪标准、利用水资源和改造环境、发展国民经济的重要手段。但是，应注意到已建土石坝还有着很多安全问题，是造成大坝事故和失事的潜在根源，应该尽力地予以消除。由于我国土石坝大多工程标准低，施工质量差，经过几十年的运行，相当多的土石坝处于病险状态，遇暴雨洪水特别是长历时强降雨，极易出现大坝安全问题。

我国土石坝水库的安全特点主要有以下6点。

（1）病险水库数量众多，分布面广，安全风险高。我国病险土石坝水库数量多，分布面广，威胁范围大。除了大量的三类土石坝水库（即病险土石坝）外，还有大量二类土石坝水库，其防洪标准达不到国家标准，严格来说也需进行加固改造。更为严重的是，很多病险土石坝，位于城镇的上游，是城镇头上的一"盆"水，一旦垮坝，将对城镇造成灭顶之灾。

（2）一些已建工程标准低、质量差，病险问题复杂。我国现有土石坝水库很多是在"大跃进"和"文化大革命"期间修建的，由于缺乏经验，"边勘测、边设计、边施工"，有许多工程防洪标准低，施工质量差，再加上建成后，运行管理跟不上，导致大坝出现各类险情。而且，往往几种险情问题同时发生在一座土石坝中，综合起来主要有：防洪标准不够，抗震安全不满足规范要求，大坝结构安全不满足规范要求，金属结构和机电设备老化失修，大坝监测系统不完善，管理设施缺乏或陈旧。

（3）运行管理条件差，安全监测、水情测报设施严重不足。在现有水库土石坝的运行管理中，有些单位没有把主要精力集中在安全运行方面，不重视技术管理。例如在观测方面，全国水库很多未设观测设施或已设观测设施不能满足监测土石坝安全工作的需要。在调度运用方面，有的水库从不编制调度运用计划，有的水库即使编制了调度运用计划，也往往被"长官意志"所代替。据统计，全国除大型土石坝水库基本都有通信设施外，49.3％的中小型土石坝水库没有任何通信设施。即使已有的土石坝水库通信设施也大多陈旧落后，可靠性差，在发生暴雨洪水时，非常容易发生通信中断或拥塞。此外，全国还有很多土石坝水库没有雨情、水情测报设施，难以准确及时地掌握库区雨情、水情变化。由于土石坝水库雨情、水情测报和通信预警存在严重问题，给水库调度带来很大的难度。

（4）防洪兴利矛盾日益突出。土石坝水库承担着防洪和兴利的双重任务。随着经济社会的发展，防洪任务越来越重，兴利要求也越来越高，不仅要满足生活、生产日益增长的水资源需求，还要在改善环境、优化环境、恢复生态等方面发挥重要作用。有限的库容既要腾空迎汛，又要蓄水兴利，特别是北方干旱地区的土石坝水库，尤其是为城市承担供水任务的土石坝水库，供水、灌溉、发电等兴利任务不断加重，防洪兴利矛盾非常突出，安全管理难度很大。

（5）应急预案体系不够完善。土石坝水库安全度汛应急预案主要是要解决土石坝水库怎么调度、突发险情后如何应对及如何及时转移下游受威胁地区群众等问题。多年土石坝水库垮坝的惨痛教训告诉我们，如果没有一个切实可行的防洪应急预案，遭遇暴雨洪水后仓促上阵、措施跟不上，调度运用和抢险不力，就很可能出现垮坝，造成人员伤亡，甚至出现晴天垮坝并死人的恶性事件。目前，一些地方甚至没有针对土石坝水库存在的问题制订相应的预案，对超标准洪水、重大险情、垮坝等有可能发生的问题考虑不全、估计不足，没有进行认真分析研究，没有事先提出应急措施和进行足够的准备。有的虽然制订了应急预案，但内容不够详尽、措施不够落实，缺乏可操作性。有些地区领导甚至认为不可能发生垮坝事件，麻痹大意，对土石坝水库险情的抢护没有任何预案和准备。这些问题的存在是土石坝水库安全度汛的最大隐患。

（6）极端气候事件频发，防洪安全难度加大。近年来，受全球气候变化的影响，我国极端气候灾害强度增加、频率增多、影响增大的趋势明显，局部暴雨洪水及其引发的洪涝灾害亦愈演愈烈。这些极端性天气事件突发性强，预见期短，预测预报难度大，对土石坝水库尤其是病险土石坝水库防洪保安构成严重威胁，防洪保安工作难度明显加大。如 2003 年垮坝的内蒙古五号河水库，7 月 25 日 12 小时库区实测降雨量达到 158mm，列 45 年以来最大值，入库洪水总量达 1009 万 m^3，即使空库迎洪、三孔泄洪闸门全部提到最大开度，仍无法容纳因强降雨引发的超标准洪水，最后洪水漫顶后垮坝。2006 年垮坝的吉林省土门岭水库，8 月 12 日下午 3 时库区开始降暴雨，下午 7 时水库漫顶垮坝，前后历时仅仅 4h。

1.3.2.3 大坝应急管理

水库大坝安全应急管理包括应急预防、应急预备、应急响应、应急恢复等四个阶段，研究水库大坝的应急管理技术，有利于建立健全水库大坝突发性事件应急反应机制，有助于政府管理部门迅速、有序、高效组织处置突发险情，减少灾区的人员伤亡及经济损失，将社会影响和环境危害降到最低。

在国外，世界上不少国家都有溃坝的惨痛教训，也积累了大坝应急管理方面的经验和教训。险情预计和应急处理预案在西方发达国家已有 30 多年的历史，如葡萄牙大坝安全条例（1990）要求大坝业主提交有关溃坝所引起洪水波传播的研究报告，编制下游预警系统、应急计划和疏散计划。而法国则要求对高于 20m 的大坝和库容超过 1500m³ 的水库，均需设置报警系统，并提出垮坝后库水的淹没范围、冲击波到达时间、淹没持续时间和相应的居民疏散计划等。

我国的土石坝数目庞大，加上大坝建设的客观条件，已建水库中存在不少的病险水库，大坝失事和溃决一直是大坝安全管理工作中一个备受关注的问题，由于未做好安全应急管理带来的损失也是巨大的。例如我国河北"63·8"和河南"75·8"历史大洪水造成大量水库垮坝，导致巨大的生命和经济损失。因此，加强大坝的应急管理，是避免或者降低大坝溃决灾害后果的有效措施。如编制大坝安全管理应急预案，在遭遇突发事件时对保障水库大坝的安全将会起到极为重要的作用，应急预案已成为安全管理环节中不可或缺的一部分。

目前，我国水库大坝的安全监管实行当地行政领导负责制，日常管理主要依托当地水行政主管部门和水利大坝管理单位进行。在制度上，我国水库大坝应急管理已逐渐得到了重视，在技术上，安全管理技术取得了长足进步。比较典型的是国家防汛抗旱指挥系统的开发和实施，为全国水库大坝的应急管理工作进一步深化提供了基础。但仍不能满足水库大坝应急管理控制中高度智能、高度信息化的需要。

水库大坝安全应急管理是一个动态的概念，随着科学技术的进步及对水库大坝安全技术的深入探讨，以及社会、经济及环境的不断变化，水库大坝安全应急管理技术也在不断地发展。

1.3.2.4 应急抢险

应急抢险是在土石坝出现险情时，所采取的一系列工程与非工程措施，其目的是为了阻止险情的进一步发展，防止大坝失事或者溃决。土石坝应急抢险过程中，事件的突发性、险情发展的不确定性，会使得应急抢险过程中，出现各种各样意料不到的情况，土石坝应急抢险主要具有以下特点。

（1）应急抢险时间紧迫。土石坝险情尤其是像漫顶这样的险情，一旦发生，就必须在其应急期内进行有效处置，稍有延误，险情就会迅速发展扩大，甚至造成溃坝的严重后果。因此，应急期的把握十分关键，很多应急抢险、应急救援行动都有其应急期问题。如地震灾害中的应急搜救，应急期为黄金72h，超过这个时间，伤员的存活率极小。江河抗洪抢险，它的应急期就是最大洪峰到达前的合理时间，水库漫溢除险应急期就是洪水超过产生溃坝前的水位。

（2）险情处置情况复杂多变。由于土石坝的结构形态和自然地理条件千差万别，影响大坝失事的因素多种多样。加上险情事件的突发，造成险情的原因一般不会很快查清，而且，许多险情的发生，通常由多种原因造成，有管理上的，也有技术上的，有人为的，也有自然的原因，险情原因极其复杂。险情发展的过程非常复杂，很多时候并不一定与预想的完全一致，因为，要把一切可能的危险情况预想彻底应该说是不可能的，任何事前预想，都可能与实际情况出现或大或小的差异，这就使得应急处置过程极其复杂多变。最后，在险情处置方法的选择上，也是复杂多样，采取何种处置方案能够有效处置险情，必须综合考虑多种因素进行分析才能最终确定。

（3）抢险的"反常态与破程序"。"反常态与破程序"是对熟知常规作业、遵守规范、熟练掌握程序的前提下，在现场临机处置的一种综合简化程序的指挥处置手段。对现场抢险指挥来讲，这就要求各级指挥员和工程师有一种较高的综合能力，在现场紧急情况下，难以避免要采取这种"反常态与破程序"的快速处置。如"三抢"有时候在指挥程序上，实行"一句话命令加补充指示"的方式，包括作业流程没有按程序化实施。应急技术也是科学技术，只不过现在没有得到大多数人的接受，有待于进一步研究形成共识。抢，不管是抢险还是抢修、抢建，讲究的是应急期内最优的技术与技能，包括当地材料利用、资源配合、方案替代、四新应用综合考虑，因此，在考虑险情的处置方法选择时，很多时候不能按照常规施工的各项指标要求来制定。常规工程项目施工，从勘测、设计、立项到开工建设，需要 3～5 年，有的甚至需要几十年，其施工方案追求的是质量、安全、进度、效益的最优组合。抢险技术方案则是要求在尽可能短的时间内控制灾情或消除灾情，编制时间短，论证时间不足，急需利用平时积累的经验进行判断、选择。

（4）抢险过程具有危险性。在土石坝应急抢险过程中，往往伴随着很多其他危险情况，比如应急险情不能得到有效控制，大坝发生溃决，抢险人员撤离不及时的话，就会出现重大的人员伤亡事故。同时，抢险人员个体防护不当，也会造成人员的伤亡，比如机械事故、山体滚石等，而且即便有时候防护到位，也可能因险情突发新的情况，而受到意外伤害。因此，应急抢险具有极大的危险性，这就要求对各种可能的情况进行充分的考虑，对各种应急抢险行动进行统筹谋划。

在险情处置技术方面，未来可以在险情预测预报、研发险情处置设备、推广新工艺、新材料应用等多方面加强研究，具体可以从以下几方面着手：

（1）建立完备的水库大坝应急抢险信息系统。由于病险水库多且分布广，导致病险水库的抢险工作十分繁重，而通过建立工程抢险数据库、专家系统的建设，将会大力促进我国水库大坝抢险技术的提高，同时也将为大坝抢险的快速高效奠定基础。

（2）在险情预测预警技术上寻求突破。目前大部分水库大坝都是在险情出现后进行抢修抢护，但此时已经发生了较大险情：①抢修难度增大；②对抢险人员自身构成较大危险；③一旦发生溃坝，将对下游地区造成极大破坏。因此，做好险情预测预警工作是预防水库重大险情和减少溃坝灾害非常重要的一项措施。

（3）研发新型险情侦测设备、险情处置设备，是确保快速高效处置险情的强有力保障。近年来我国已修建的一些面板堆石坝运行一段时间后出现较大渗漏，如株树桥水库于 1990 年 11 月下闸蓄水，1999 年 11 月大坝漏水量达到 2500L/s。但有些面板堆石坝发生渗漏后，还不具备水库放空加固的条件。面板堆石坝的渗漏检测与水下加固技术，目前在我国还具有一定的难度，国际上也没有太多经验，如三板溪水电站 3 次实施大坝面板水下加固，至今也没能解决大坝的渗漏问题。面板堆石坝的渗漏检测将是我国乃至国际上亟待研究解决的工程技术问题。

（4）加大新技术、新材料的推广应用，如安装土工膜、粘贴钢板和粘贴碳纤维布等新型技术，这些技术虽然已在病险水库除险加固工程中有所使用，但使用条件和施工方法均受到较大的限制，需要开发和研究成套技术，从而降低成本和扩大应用范围。

第 2 章 土石坝险情与失事

导致土石坝发生险情的因素很多，而这些因素之间往往又互相关联，再加上险情的存在是一个动态过程，各种险情对大坝安全的影响程度也各不相同，大坝发生险情，不一定就会导致溃坝，但若不及时处理，险情进一步发展后，就可能导致溃坝。因此，总结土石坝险情的类型及影响其发展的主要因素，分析大坝失事的机理过程与模式，对保障大坝的安全及险情的处置，具有非常重要的意义。

2.1 土石坝险情主要类型

一般来说，大坝的"失事"是指大坝出现异常现象的总称，失事包括"破坏"和"事故"两大类。"破坏"是指大坝损害严重的失事，这类失事可能影响到公众与社会的安全，对严重的破坏称重大失事，造成了严重灾难性后果的失事称为灾难失事，也称溃决失事。而"事故"则是指那些采取了某些措施易于恢复或者补救之类的不会导致坝体严重破坏的失事。大坝出现险情后，如不及时加以处置，必然会造成大坝失事，但是是否会导致大坝溃决，取决于险情的类型及发展情况，有的险情引起的大坝失事可以进行修复，有的对大坝造成了不可恢复的严重破坏，而有的险情会引起大坝溃决。根据有关统计调查，土石坝险情主要有漫顶、管涌、渗漏、滑坡、裂缝、溢洪道险情及其他类型等。

2.1.1 漫顶

实际洪水位超过现有坝顶高程，或风浪翻过坝顶，洪水漫坝进入坝后即为漫顶。通常土石坝是不允许坝身过水的，一旦发生漫顶的重大险情，就很快会引起大坝的溃决。如20世纪50年代，广东阳江某中型水库已蓄水，溢洪道闸门的启闭设备还没有安装，而用临时设备起吊，致使洪水漫过坝顶而失事。

在大坝出现漫顶险情时，土石坝漫顶溃决时间预测的准确性及险情发布预警的及时性，对成功处置险情，保护人民生命财产安全，具有重要意义。统计资料显示，预警时间大于90min时，下游处于溃坝威胁中的人员死亡率为0.02%；当预警时间小于15min时，死亡率将上升到50%。对于土石坝漫顶险情的处置，可分为两个阶段，在洪水到达坝顶之前，是处置险情的最佳时段，也是处置险情相对安全的时段，当洪水漫顶之后，溃口形成之前，仍可进行抢险，但此时的风险及难度将大大增加。对溃决时间缺乏认识与判断，将在一定程度上误导抢险者对抢护时机的把握。目前，对于大坝漫顶险情，主要是通过加高大坝来增加调蓄能力或者加大泄洪设施来增加泄量来应对。同时还应注重平时的防范应对措施，尤其是确保水库防汛安全。

2.1.2　管涌

坝体或地基土地，在渗流压力作用下发生变形破坏的现象，谓之渗流变形。渗流变形有管涌和流土两种形式。管涌指土层中细颗粒在渗流作用下，从粗颗孔隙中被带走或冲出的现象。管涌的发生是一个多元的复杂问题。在实际中，管涌的发生有很大的不确定性，因为考虑坝基不均匀和绝对渗径的影响，通常管涌都是发生在坝基最薄弱或是经过冲刷后变成最薄弱的地层中，且管涌的发生始于覆盖层的开裂。其原因有两个：①覆盖层的出逸比降超过其土体的容许出逸比降而造成土体的局部破坏；②表层下的水压力超过上部土体的浮重量而造成土体的整体破坏。

管涌的发展过程可分为四个阶段，即覆盖层被顶穿、渗流水涌出、渗漏通道的形成、大坝的溃决。在管涌的发展过程中，坝基中土颗粒和水的作用是非常复杂的动态的相互作用，因此管涌区的扩展在形态上不是单一的延伸，而是一个复杂的过程，管涌在逆渗流方向扩展的同时，也要侧向扩展。管涌扩展过程中，无论是渗流场、还是主体的渗透变形和渗透破坏区上覆土层的坍塌，都是动态过程，当它们达到新的平衡后管涌的扩展也就停止了，这也就是说，管涌的发生并不必然会导致大坝的溃决，但此时应引起足够的重视，并及时对其加以处置。

2.1.3　渗漏

水库蓄水后，在水压差作用下，水流会沿着坝体、坝基和坝肩山体中的孔隙渗向下游，形成坝体、坝基或绕坝的渗漏。土石坝渗漏一般可分为正常渗漏和异常渗漏。正常渗漏一般渗流量较小，渗水中不含砂土等颗粒，水质清澈，这种渗漏一般不会对坝体和坝基造成渗透破坏。异常渗漏则往往会导致大坝的渗透破坏，其渗流量较大，比较集中，水质浑浊，渗流中夹带泥沙。按险情发生的部位分，渗漏险情（异常渗漏）类型包括坝体渗漏、坝基渗漏、坝头绕渗、其他建筑物渗漏等。

（1）坝体渗漏。坝体渗漏的原因主要是由于施工质量差，碾压不实，坝体内有松散土层；坝内埋管与坝体接合不严密等原因，致使坝体发生不均匀沉陷而产生裂缝，形成漏水的通道。有的水库在施工过程中甚至取消了防渗心墙而造成坝体渗漏，对这类渗漏的处理办法，一般是在上游增筑防渗体，在坝内灌浆堵缝或增建混凝土防渗墙，同时在下游做好反滤排水等。

（2）坝基渗漏。大坝坝基渗漏，绝大多数是在大坝开始拦洪蓄水时出现的，随着库水位的升高，渗漏量逐渐加大。产生坝基渗漏的主要原因是对坝基透水层没有采取有效的防渗措施，如水平防渗的长度或厚度不够。处理的原则是上堵下排。在堵的方面，主要是翻修铺盖、延长铺盖长度或增加厚度，增设帷幕、采取混凝土防渗墙或开挖截水槽回填黏土。在排的方面，主要是搞好反滤排水和盖重压坡等。

（3）坝头绕渗。绕渗一般出现在坝段两岸山体和坝段与两岸山坡接触带，包括山体岩石裂隙或透水土层的渗漏及沿坝头与两岸山坡接触面之间的渗漏。对坝头绕渗的处理办法多数是采取灌浆、铺设防渗层、反滤排水等。

（4）其他建筑物渗漏。其他建筑物的渗漏，主要是指溢洪道和输水洞的渗漏。其原因主要有：建筑物基础处理以及与山体接合面的防渗处理不好，涵管制造和砌筑质量差，灌浆封孔不够严密，伸缩缝止水材料老化等。对这类渗漏的处理办法，主要是采取止水防渗和加固补强，如用化学材料灌浆或用钢板内部衬砌等。

2.1.4 滑坡

土石坝在施工中或竣工后，由于多种原因，坝体或坝基的一部分，会失去平衡，发生滑坡。滑坡主要包括大坝滑坡、大坝塌坑、岸坡滑塌。

（1）大坝滑坡。影响大坝滑坡的因素很多，如坝体砂石料级配不好，坝坡过陡，碾压不实，基础淤泥未清理或清理不彻底，土石坝新老土层结合不好，库水位变化过快，土的冻融影响以及地震影响等。滑坡的处理方法，一般先清除滑坡体，重新填筑，或放缓坝坡，同时搞好坝面排水和下游反滤排水等。

（2）大坝塌坑。大坝塌坑是指由于反滤料级配不好，松散砂料落入大卵石层，引起大面积塌坑。也有不少工程的塌坑与大坝管涌相联系，有的工程由于坝内埋管受压断裂或接触面漏水流出土粒，逐渐扩大，引起坝体塌坑。对这类险情的处理，一般采取开挖回填方法，同时按上堵下排的原则做好截渗与排水。

（3）岸坡滑塌。岸坡滑塌包括坝前库区岸坡、溢洪道和放水洞进出口的岸坡的滑塌。岸坡滑塌往往导致水流出路的堵塞。岸坡滑塌的原因有不合理开挖引起岸坡失稳，滑坡岩土体的浸水导致抗剪强度降低，爆破影响等。处理方法一般是削坡减载，放缓岸坡，或在坡脚做支撑等。

2.1.5　裂缝

裂缝是土石坝病害中普遍存在的问题，地震等自然灾害更容易引发裂缝。土石坝发现裂缝后，应通过坝面观测、挖探槽、探井和仪器探测，查明裂缝的部位、形状、深度、走向以及发展趋向等。裂缝险情按发生的部位分，主要包括大坝裂缝、大坝铺盖裂缝、其他建筑物裂缝。

（1）大坝裂缝。大坝裂缝大多发生在水库蓄水初期，坝面裂缝一般较易于发现，深层裂缝则往往需要通过勘探才能查明。大坝裂缝主要是由于不均匀沉陷所引起的，影响不均匀沉陷的主要因素有基础处理不好、分期施工接合面处理不当、填料不纯、填料的含水量控制不严、坝体填筑碾压不实、地震和冻融影响等。坝体裂缝处理方法有开挖回填、灌浆处理等。

（2）大坝铺盖裂缝。大坝铺盖裂缝多数发生在水库初蓄阶段，主要原因是铺盖厚度不够、填筑质量差、防渗性能差或封闭不良等。处理方法多数是开挖翻修、加强填筑质量、加长或加厚铺盖、灌浆等。处在多泥沙河流的水库，由于自然淤积对铺盖裂缝的填充，能起到较好的作用。

（3）其他建筑物裂缝。其他建筑物裂缝包括溢洪道、输水洞及厂房建筑等附属工程的底板、洞壁、顶梁、金属构件等所产生的裂缝。这些裂缝主要是由于设计不周、施工和制造质量差，在遇到沉陷不均、水土压力、风浪撞击、温度变化、地震影响和超标准运用的情况下产生的。对于这些裂缝的处理，一般是采用开凿修补、化学灌浆、环氧材料涂抹、钢板内衬、加筋补强等办法。

2.1.6　溢洪道险情

溢洪道险情主要包括溢洪道闸门被洪水冲走，风浪撞击破坏闸门支臂，冰盖冻胀引起闸门变形，或因震动破坏、违章操作造成的闸门启闭故障等。上述险情会致使洪水无法顺利下泄，严重时还可能产生漫坝溃决。此类险情的防范，主要是定期进行溢洪道各部位的维护检修，加强隐患险情的巡查，一旦发现类似情况发生，要及时地处理。

2.1.7 其他险情

其他险情类型包括地震、白蚁危害以及不属于以上几类型的险情。地震问题主要集中在国内几个主要的地震带上，占整个病险库坝的 17.67％。①坝基液化。液化是在地震作用下坝基失稳的主要表现形式，占病险坝地震问题的 40％以上。②达不到抗震设防要求。在地震高发区，这是个主要的问题，占地震问题的 50％以上。③水库诱发地震。国内外许多大坝都存在这个问题，发生在坝址附近的强震和中强震，有可能对大坝和其他水工建筑物造成直接损害。已知挡水建筑物遭受损害的有新丰江水库震例，但尚未发生过大坝因水库地震而溃垮或严重破坏的情况。

由于白蚁等动物洞穴的存在，有的洞穴穿通防渗体，随着库水位的不断变化，动物洞穴成为渗流通道，有的形成管涌，若不及时治理，必将造成土石坝破坏，因此，应根据不同情况采取因地制宜的处理方法。

2.2 土石坝险情判别与等级划分

2.2.1 土石坝险情定性判别与分类

导致土石坝发生险情的因素很多，各种险情对大坝安全的影响程度也不相同，因此难以用具体的定量标准来划分险情的等级。但是可以对各种险情类型进行定性的判别和分类，还可以根据险情对大坝安全影响的不同程度，采用定性的方法对险情的等级进行划分。这样有利于根据土石坝抢险实际，结合对不同等级的险情进行判别，从而对所采取的抢险措施、时限要求，抢险速度、相应人财物的投入、上报范围等进行区别，有利于抢险人员恰如其分地把握险情，制定合理的抢险预案或者方案，如通过判断抢险险情要是一般险情，可不考虑启动人员转移，仅加强观察即可。要是判断为特大和重大险情，则应该制定完善的抢险方案，加强预警，随时准备进行下游人员的疏散撤离。根据前一节对险情类型的介绍，一般可将险情类型分为洪水类险情、渗流类险情、结构类险情及输水、泄水建筑物类险情等。

2.2.1.1　洪水类险情

洪水类险情主要是坝高达不到防洪标准的要求、溢洪道泄洪能力不足或者是遭遇到超标准洪水而导致漫坝的险情，也就是常说的漫顶险情。洪水类险情主要跟水力因素有关，如因山洪暴发、大暴雨、水库滑坡出现的涌浪或大坝上游塌落等引起的坝前水位迅速上升，容易发生此类险情。这种险情的危害程度一般都比较大，一旦造成了溃坝，那将会对水库下游影响范围内的人口和财产造成灭顶之灾。

2.2.1.2　渗流类险情

渗流类险情主要是指坝体或坝基发生渗透破坏而出现的险情，很多情况下，土石坝渗透破坏实际上是管涌、流土、接触冲刷等渗透变形现象组合。渗流类险情通常有渗漏、管涌流土和漏洞 3 种情况。

（1）渗漏。一般来说，坝体出现渗漏是一种正常现象，如果发现有异常情况，则有可能预示坝体已经发生渗流破坏，因此要结合其他部位险情现象，综合判断，我们所讲的渗漏险情，是指出现了异常渗漏的情况。渗漏是否出现异常，可通过测渗流量进行分析判断，对于坝脚设有观测渗流量量水堰的，可以根据堰上水量判断坝体渗流量是否正常。渗漏险情的严重程度，可结合下游坝坡的浸润区大小及出逸点位置来进行判断。

（2）管涌和流土。管涌和流土一般发生在背水坡坝脚附近地面上，多呈孔状出水口，冒出黏粒或细沙。大坝发生了渗透破坏是渗流险情产生之根源，判断渗流险情对土石坝安全的影响，主要看两方面：①要看险情是否继续发展；②要看险情若是继续发展，是否危及大坝安全，有无溃坝的可能。一般来说，管涌可以通过渗漏率的提高、大坝底部泥沙或浑水的排出、坝面或其进出排水洞和水库内出现漩涡来识别。

（3）漏洞。漏洞是指大坝的背水坡及坡脚附近出现横贯坝身或基础的渗流孔洞。可根据漏水量的大小、漏洞大小、漏洞数量及漏水的浑浊程度等指标对漏洞险情的严重程度进行判断。漏浑水时，还要结合前后漏水浑清变化情况来判断险情发展趋势，在判断浑水来源时，还应区分库水是不是浑水。

2.2.1.3 结构类险情

结构类险情主要是指坝体发生异常变形或者破坏而出现的险情，通常有裂缝、滑坡塌坑、护坡破坏等情况。对于土石坝而言，因滑坡导致的坝坡失稳可能是由于筑坝材料的强度降低或坝基支承的缺乏。上游坝坡的涌浪会造成护坡破坏从而影响其局部的稳定性。

（1）裂缝。由大坝不均匀沉陷变形等原因引起坝体开裂形成缝隙的现象称为裂缝。大坝裂缝对坝体的危害主要反映在渗流破坏和滑坡等方面。大坝裂缝险情程度主要从裂缝的走向、宽度、深度、发展变化趋势、与渗流危害关联度、与滑坡危害关联度等方面进行划分。当出现异常裂缝时，可能预示着坝体可能会发生滑坡而危及大坝安全。

（2）滑坡。滑坡是坝坡失稳发生滑动的现象。开始时在坝顶或坝坡上出现裂缝，随着裂缝的发展，最后形成滑坡，大面积严重滑坡可能造成溃坝。滑坡险情的划分要根据滑坡类型（浅层滑坡和深层滑坡）、范围大小、位置、发展趋势及与其他险情关联度综合考虑。

（3）塌坑。塌坑是坝身或坝脚附近突然发生局部凹陷的现象。塌坑将会破坏坝的完整性，又有可能缩短渗径，有时还伴随渗水、管涌、流土或漏洞等险情。塌坑险情等级主要从坑内是否有水、塌坑的大小、深度、发展变化程度、与其他险情关联度等方面划分。

同时还与塌坑的位置有关，不同位置的塌坑，产生的机理和危害程度也会不一样。

（4）护坡破坏。土石坝临水坡遭受风浪冲击容易产生淘刷破坏。划分标准主要根据破坏的范围、程度、是否会造成坍塌险情、是否会使坝身遭受严重破坏去判断。

2.2.1.4　输水、泄水建筑物类险情

输水、泄水建筑物类险情主要包括溢洪道堵塞险情、闸门及启闭机破坏、输水及泄水建筑物破坏、输水及泄水建筑物与土石坝结合部位渗漏、坝内涵管出险等。溢洪道发生堵塞，会使其过水能力降低，将导致洪水漫顶险情，对此类险情应综合分析堵塞体对溢洪道堵塞的程度，原则上堵塞溢洪道，险情应提高一级。输水、泄水建筑物与土石坝结合部位渗漏险情主要根据渗漏量的大小、水的浑浊情况判断；坝内涵管出险要根据涵管的重要性及是否会造成其他险情的发生去判断。

2.2.2　土石坝险情程度等级划分

对于土石坝险情的性质、严重程度、可控性和影响范围的分类，目前没有统一的标准，本文根据险情的定性判别，将土石坝洪水险情、渗流破坏险情、结构破坏险情、输水及泄水建筑物险情分为重大险情、较大险情和一般险情 3 个等级，预警级别也对应划分为Ⅰ级、Ⅱ级、Ⅲ级（表 2.1～表 2.3）。对险情等级为Ⅰ级的重大险情，主要表现为土石坝水位超过允许最高水位并可能漫坝、严重渗漏并出现浑水、贯穿性裂缝、产生大面积滑坡、溢洪道严重堵塞并影响溢洪等，这些险情十分危险，有可能导致溃坝，必须立即报告，并尽快采取转移下游群众和降低库水位等应急措施。对于险情等级为Ⅱ级、Ⅲ级的险情，尚不至于严重危及大坝安全，但险情会发展，需要及时报告，请有经验的专家到现场分析判断，并采取相应的抢护措施。如有疏忽，可能会发展成Ⅰ级险情。

表 2.1 土石坝洪水、渗流险情严重程度等级划分及出险部位

险情种类		Ⅲ级 （一般险情）	Ⅱ级 （较大险情）	Ⅰ级 （重大险情）	出险部位
洪水			允许最高水位与警戒水位之间的洪水	超允许最高水位的洪水	土石坝
渗流破坏	渗漏	渗较少清水，且出逸点不高	渗较多清水，略有浑水，出逸点较高	渗较多浑水，且出逸点高	土石坝
	管涌和流土	发现管涌和流土现象，但险情未继续发展	管涌和流土继续发展扩大，将危及土石坝局部安全	已产生局部乃至大范围渗透破坏，危及或严重危及土石坝安全，有溃坝危险	土石坝
	漏洞	漏水量少，清水	漏清水量较少，浑浊度较低	漏水量大，浑浊度高	

表 2.2 土石坝结构破坏险情严重程度等级划分及出险部位

险情种类		Ⅲ级 （一般险情）	Ⅱ级 （较大险情）	Ⅰ级 （重大险情）	出险部位
滑坡		小范围浅层滑坡	较大面积深层滑坡	大面积深层滑坡	土石坝
结构破坏	裂缝	长度较短的纵向裂缝或面积较大的龟纹裂缝	未贯穿的横缝或不均匀沉陷裂缝	贯穿性的横缝或滑坡裂缝	土石坝
	风浪淘刷	坝前护坡被风浪冲刷，出现的冲坑面积较小	坝前护坡被风浪水流冲刷淘空，冲刷面积较大，未形成坍塌	坝前护坡被风浪冲刷淘空，严重坍塌	土石坝、上游护坡
	塌坑	背水侧无渗漏情况，坍塌不发展或坍塌体积较小	背水侧有渗漏情况，坍塌不发展、坍塌体积较小	经鉴定，与渗水、漏洞有直接关系，或坍塌持续发展，坍塌体积较大	土石坝

表 2.3　土石坝输水、泄水建筑物险情严重程度等级划分及出险部位

险情种类		险情等级			出险部位
		Ⅲ级 （一般险情）	Ⅱ级 （较大险情）	Ⅰ级 （重大险情）	
输水、泄水建筑物	输水、泄水建筑物与土石坝结合部位渗漏	下游背水面出现渗漏，渗少量清水	出现渗漏，渗清水，略有浑水	出现严重渗漏，渗较多浑水	结合部位
	输水、泄水建筑物破坏	输水、泄水建筑物出现裂缝较窄	输水、泄水建筑物出现裂缝较宽	输水、泄水建筑物发生显著位移、失稳、倒塌	输水、泄水建筑物
	闸门及启闭机破坏	坝前护坡被风浪冲刷，出现的冲坑面积较小	闸门变形不能正常启闭	闸门严重变形损坏，启闭失灵	闸门及启闭机等
	溢洪道堵塞	非降雨期间，溢洪道发生局部堵塞，对泄洪影响不大，险情未见继续发展	溢洪道发生局部堵塞，对泄洪有较大影响，将危及局部工程安全	在大暴雨期间，溢洪道边坡发生滑坡导致严重堵塞，影响泄洪，有垮坝危险	溢洪道

2.3　土石坝失事原因分析

引起土石坝失事的原因有多种，可能是自然的因素，也可能是人为的原因，即由人力无法抗拒的自然因素或人为因素引起。要确切找出土石坝失事的原因往往是很困难的，在一般情况下我们所谈及的原因，更多是指土石坝失事时的明显特征，比如当土石坝因为下游坡的滑动引起了破坏，我们常称引起这种破坏的原因是下游滑坡，而真实的原因可能是"抗剪强度不够""排水堵塞""结构不合理"等。由于在大多数情况下，都难以充分地获得这些真实原因，因此，只能把大坝失事时的明显特征当作失事的原因。应该指出，作这样的处理，虽然未能完全的详究失事的确切原因，但仍能够从整体上探求失事的规律，从而改进设计与施工的方法，提供抢险处

置的依据。所以，本书中分析大坝失事的原因，更多的是从大坝失事时的明显特征这一"原因"进行统计分析，然后对每一类特征的内在因素进行剖析。

在破坏形式上，大坝可能逐渐溃决，也可能瞬间溃决，这取决于导致溃决的原因和坝型，土石坝的溃决多为逐渐溃决（Ponce and Tsiviglou，1981）。自然溃坝可能因结构老化，超常自然事件如极端暴雨、洪水、地震、差异沉降、岩石滑坡、管涌、渗流、漫顶、波浪作用等原因引发。人为因素包括轰炸、人为破坏、主动拆除、劣质施工、设计错误、水库运行管理不当、选址错误、生物洞穴等。Johnson 和 Illes（1976）对土坝的主要垮坝原因进行了分类，出现的部位和诱因包括漫顶、管涌、坝基与波浪作用。

LaginhaSerafim 与 Coutinho-Rodrigues（1989）对引起混凝土坝、土坝、砌石坝以及附属建筑物与水库溃坝的原因进行了分类，其中引起土石坝、附属建筑物失事的原因见表 2.4。

表 2.4　　　　　　　　土石坝及附属建筑物失事原因

建筑物	主要方面	具体描述
土石坝 （包括坝基）	设计不当	各方面
	基础	变形与沉降、抗剪强度、渗透、内部侵蚀（管涌）、加固处理
	土坝及其施工方法 （不包括反滤和排水层）	分散性黏土、场地、压实
	不可预见的情况	静水压力以及水库淤积（压力）和冰的影响、降雨量、水库波浪、冰冻和融化、地震（自然的或诱发的）、漫顶、大坝上游面开裂
	大坝的结构性状	防渗心墙、其他防渗系统（包括钢、木、混凝土）、过渡区、护坡、不均匀变形（包括荷载传递、裂缝、拱效应、水力劈裂等）、坝体中不均匀沉降产生裂缝、渗透、内部侵蚀（管涌）、液化、上游滑坡、下游滑坡、坝体埋管断裂或漏水
	维护	防浪墙防止漫顶

续表

建筑物	主要方面	具体描述
附属建筑物	设计不当	管道与渠道
	基础	变形与沉降、内部管涌
	结构性状	溢洪道结构特性、溢洪道泄洪能力不足、溢洪道基础冲刷、溢洪道或渠道设计不当
	水流、水位以及漂浮物（包括施工期）	超量水流、水流携带的固体物质、漂浮物排出、埋管外壁管涌
	运行	排放设备的运用操作不当
	维护	排放设施故障
库区	滑坡	滑坡涌浪等

Biswas 和 Chatterjee（1971）通过对世界上 300 座大坝溃决案例的统计研究，得到不同原因引起大坝溃决的百分比见表 2.5。从表中可以看出坝基问题导致溃决的比例占 40%，这一比例相当惊人；另外一个主要溃决原因是溢洪道设计不当，占 23%。

表 2.5　　　　　不同原因引起大坝溃决的百分比

序号	破坏原因	百分比/%	序号	破坏原因	百分比/%
1	坝基问题	40	7	土坝滑坡	2
2	溢洪道设计不合理	23	8	材料质量差	2
3	施工质量低劣	12	9	运行不当	2
4	不均匀沉降	10	10	地震	1
5	孔隙压力高	5	11	总计	100
6	战争	3			

从以上分析可以看出，不同研究人员对引起溃坝的原因分类是不同的，也可以看出溃坝原因的复杂性。

造成大坝失事的原因复杂多样，包括了结构因素和非结构因素。通常来说，溃坝是不合理设计和不恰当施工的结果，也是完工后保养不足或操作管理不当的结果。溃坝也可能是由于如特大洪水或地震等自然灾害引起。但是，合理的设计和恰当的保养可以缓解普通灾害带来的影响，极端事件除外。大坝失事可以由下述一种或多种因素造成：溢洪道不能排出过多的洪水而造成漫顶、蓄意破坏行为、大坝建造物料造成结构失事、坝基移动或失事、土坝的沉降和断裂、土石坝的管涌和土料内部侵蚀、保养不足和管理不当等。

根据《全国水库垮坝登记册》（1981），将水库溃决的原因分为5大类，见表2.6。但实际上，大坝溃决的原因很复杂，有很多溃坝都是由于多种原因共同导致的。通过对因质量问题而导致溃坝的原因进行了进一步细化，发现土石坝不同结构部分的接触面发生集

表 2.6 各种原因溃坝数和百分比

序号	溃坝原因	溃坝原因细项	溃坝数/座	百分比/%	正常运行的溃坝数/座	百分比/%	合计百分比/%
1	漫顶	超标准洪水	440	12.58	309	12.91	47.85
		泄洪能力不足	1352	38.65	836	34.94	
2	质量问题	坝体渗漏	593	16.95	456	19.06	41.2
		坝体滑坡	113	3.23	87	3.64	
		坝体质量差	50	1.43	32	1.34	
		坝基渗漏	40	1.14	31	1.30	
		坝基滑动或塌陷	6	0.17	5	0.21	
		岸坡与坝体接头处渗漏	79	2.26	70	2.93	
		溢洪道与坝体接触处渗漏	22	0.63	20	0.84	
		溢洪道质量差	192	5.49	105	4.39	
		涵洞（管）与坝体接合处渗漏	155	4.43	138	5.77	
		涵洞（管）质量差	40	1.14	27	1.13	
		生物洞穴	4	0.11	3	0.13	
		新老接合处渗漏	14	0.40	11	0.46	

序号	溃坝原因	溃坝原因细项	溃坝数/座	百分比/%	正常运行的溃坝数/座	百分比/%	合计百分比/%
3	管理不当	超蓄	40	1.14	32	1.34	4.69
		维护运用不良	62	1.77	31	1.30	
		溢洪道筑埝不及时拆除	15	0.43	11	0.46	
		无人管理	51	1.46	38	1.59	
4	其他	库区或溢洪道塌方	68	1.94	50	2.09	
		人工扒坝	81	2.32	58	2.42	
		工程设计布置不当	20	0.57	14	0.59	
		上游垮坝	5	0.14	2	0.08	
		其他	5	0.14	2	0.08	
5	原因不详	原因不详	51	1.46	25	1.04	1.04
合计			3498	100	2393	100	100

中渗流而引起垮坝的比例占有相当数量，例如岸坡与坝体接头处、溢洪道与坝体接触处、涵洞（管）与坝体接触处、坝体新老接合面等，这些部位都是土石坝的薄弱环节，很容易发生渗流破坏。

从各种破坏原因来看，漫顶是最主要的原因，占 47.85%，其中由超标准洪水导致漫坝破坏的占 12.91%，由泄洪能力不足导致溃坝的占 34.94%，它会因溢洪道设计不良、坝顶沉降、溢洪道堵塞和其他因素而出现。从我国建坝的历史来看，绝大多数坝都是新中国成立初期几个年代修建的，对水库防洪库容和泄洪能力估计不足，再加上技术水平有限和没有意识到后果的严重性，许多水库设计和建设标准低。

表 2.7、图 2.1 为不同历史时期各种原因引起溃坝所占的比例。从表中可以看出，各个时期漫坝和质量问题是最主要的两种原因，20 世纪 80 年代之前由漫坝而破坏的超过了一半以上，90 年代以后由漫坝而破坏的比例有所增加，这是因为这一时期全球气候变

化，我国发生了几次流域历史大洪水。

表 2.7　　　　　　　不同时期各类原因导致的溃坝比例

时间	漫顶 /%	质量问题 /%	管理不当 /%	其他原因 /%	原因不详 /%	合计 /%
1954—1980 年	51.5	38.5	4.2	4.6	1.2	100
1981—1990 年	37.3	35.9	15.5	11.3	—	100
1991—2006 年	65.0	29.0	2.7	3.3	—	100

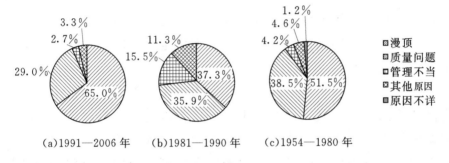

(a)1991—2006 年　　(b)1981—1990 年　　(c)1954—1980 年

图 2.1　不同历史时期、各类原因所导致的溃坝比例

从前面的分析可以看出，所有坝型中土坝所占的比例超过90%，均质土坝由于坝体尺寸不足导致失事是最主要的原因。其他薄弱环节，包括新老坝体接触面、溢洪道与坝体接触处、涵洞（管）与坝体接触处、坝体新老接合面等，这些部位处理不好很容易发生渗漏破坏。

在中国，一些历史性溃坝事件曾是其他灾难的直接后果。主要成因有山泥倾泻、地震、大暴雨、设备失灵、结构受损、坝基失事和蓄意破坏。通常来说，中国发生溃坝的原因主要是漫顶、坝基缺陷、管涌和渗漏。

综合不同原因导致溃坝的案例可以看出，土石坝溃决主要由以下原因引起：①洪水漫顶引起的溃坝；②蓄水高程上升引起的静水压力增大，如在洪水期间引起的溃坝；③因地震颤动触发的溃坝；④大坝材料强度的降低和退化引起的溃坝；⑤其他原因引起的破坏，如蓄意破坏（战争、恐怖袭击）等。

（1）洪水漫顶。世界上大多数的溃坝都是由严重洪灾漫顶造成的。这些大坝大多数都是土石坝，其泄洪道没有足够的泄洪能力来将水库水位的上升限制在坝顶下。大多数的土石坝无法承受长期的洪水漫溢是因为其坝顶和下游坡面的无抗冲刷侵蚀的设计。在某些情况下，泄洪设备控制时发生人为错误和泄洪闸门的故障也使情况恶化。

许多重力坝也可作为泄洪道，让洪水漫过一部分的坝顶。这些重力坝的坝体通常能抵抗漫溢引起的冲刷侵蚀。然而，很多报道指出在重力坝下游其消水池或跌水池的基岩会迅速被过度侵蚀。重力大坝下游被过度冲刷侵蚀可能危及大坝稳定性，因为减少了重力坝抵抗滑动的阻力。

（2）蓄水高程上升引起的静水压力增大。随着水库蓄水高程的升高大坝静水荷载增大。对于土石坝，蓄水高程的升高不仅会增大坝体的静水压力，也可能会增大坝内的孔隙水压力，从而导致坝边坡失稳。土石坝坝体内渗流压力的增大也可能会增大内部侵蚀和管涌的潜力。

水库蓄水高程的上升而在大坝上游面产生较高的静水压力，静水压力的增大也将引起坝体和基础的浮力增大，从而进一步导致大坝失稳。

（3）地震震动触发。大部分由地震引发溃坝的报告均显示与坝体或基础含松散砂质材料有关。

地震引发松散砂质材料的液化，把它们变成毫无抗剪能力的果冻状材料，从而导致边坡失稳或坝体的侧向扩展。对于其他类型的大坝以及如由非可液化材料建造的土石坝，其破坏是由地震时诱发的附加惯性力和水力荷载引起的。

（4）材料强度的降低和退化。因为大坝材料强度的退化和减低，大坝可能在没有过量水文或地震荷载的正常操作情况下溃坝。

可能导致恶化的原因有大坝或其基础材料的应变衰弱；因内部侵蚀和管涌引起的渗水增大造成管涌事故或因孔隙水压力增大造成

土石坝边坡失稳；土石坝坝体内动物的洞穴缩短了渗流通道，增加渗水或管涌侵蚀坝体裂缝或接缝处发生浸析，导致大坝裂缝或接缝处抗剪能力的降低等。

（5）其他导致溃坝的原因。除上述溃坝的主要原因外，还有许多其他的溃坝原因。例如坝体内铺设的压力管道破裂导致过度伤痕侵蚀和坝体裂口；洪水通过泄洪道漫过导流墙，造成冲刷侵蚀和邻近的大坝的事故；垃圾和植被阻塞溢洪道导致洪水漫顶；恐怖主义的蓄意破坏等。

2.4　土石坝溃决失事模式与路径

土石坝破坏的外部原因与降雨、洪水、地震、暴风等有关。降雨和洪水是形成洪水灾害的主要外力；地震和洪水同时发生的概率很小，目前还没有因地震而引起的洪水泛滥的先例；暴风虽然能够造成树木倒塌而使土石坝发生局部破坏，但不是发生大坝灾害的主要原因。漫顶和淘刷主要是与水力学相关的问题，比如设计流量或高水位的决定有误。而管涌是属于土力学范畴的问题，因渗流作用使坝体内部筑坝材料受到侵蚀，形成小洞，逐渐侵蚀扩大导致坝体的坍塌而溃决。但是现实中造成土石坝破坏的原因往往是几种原因综合作用引起的。先是发生渗漏、滑坡，造成土石坝局部破坏；然后由于不断的淘刷使破坏逐渐扩大，最后导致大坝决口。

溃坝失事模式分析是大坝风险分析过程中的重要环节，根据各种可能出现的外荷载，分析在荷载作用下，大坝各组成部分（包括挡水、输水、泄水建筑物及附属建筑物）可能出现的破坏形式，并分析是否可能发展成为溃坝事件。水库大坝溃决是在内部的薄弱环节和外部荷载共同作用下发生的，可能方式很多，内部薄弱环节存在不确定性，外部荷载的出现也具有不确定性，不同的荷载组合会出现不同的溃决模式。如果在水库大坝发生溃决事故前就能够分析出可能发生的溃决方式和可能性，则对于水库大坝的安全将会起到决定性的作用，可以针对性地预防溃坝灾害的发生和减少溃决带来的损失。

根据对我国已溃坝溃决情况的分析，可总结出我国主要溃决模式：①汛期洪水荷载引起的溃坝，如漫顶、渗流破坏、滑动（含倾覆）、溢洪道冲溃；②非汛期水荷载溃坝，如渗流破坏；③地震引起的溃坝，如渗流破坏、液化、漫顶、结构破坏（裂缝、滑动等）。

由于我国 95% 以上的水库大坝均为土石坝，因此对土石坝的可能溃坝模式进行初步分析后得到以下五大类溃坝模式和 24 种可能的土石坝溃决路径。但是对某一座水库来说大坝特性不同，内部薄弱环节不同，溃决模式和破坏路径都会有所区别。

（1）汛期由于无溢洪道、溢洪道泄量不足、坝顶高度不足、闸门故障等原因引起洪水漫顶：①洪水—闸门操作正常—坝顶高度不足—不能及时加高坝顶—漫顶—冲刷坝体—干预无效—大坝溃决；②洪水—部分闸门故障—逼高上游水位—坝顶高度不足—不能及时加高坝顶—漫顶—冲刷坝体—干预无效—大坝溃决；③洪水—全部闸门故障—逼高上游水位—坝顶高度不足—不能及时加高坝顶—漫顶—冲刷坝体—干预无效—大坝溃决；④洪水＋持续降雨—无溢洪道—近坝库岸滑塌—涌浪—漫顶—冲刷坝体—干预无效—大坝溃决；⑤洪水—溢洪道泄量不足—逼高上游水位—坝顶高度不足—不能及时加高坝顶—漫顶—冲刷坝体—干预无效—大坝溃决；⑥洪水—上游水库垮坝洪水—坝顶高度严重不足—漫顶—冲刷坝体—干预无效—大坝溃决。

（2）汛期由于溢洪道被冲毁或（上下游坡）滑坡引起溃决：①洪水—洪水不能安全下泄—溢洪道冲毁—冲淘溢洪道基础—库水无控制下泄—溃口扩大—大坝溃决；②洪水—洪水不能安全下泄—溢洪道冲毁—冲淘溢洪道基础—库水无控制下泄—上游坝坡滑坡—大坝溃决；③洪水—洪水不能安全下泄—溢洪道冲毁—冲淘溢洪道基础—库水无控制下泄—回流冲刷下游坝脚—下游坡滑动—大坝溃决；④洪水—大坝下游坡滑坡—坝顶高度降低—坝顶高度不足—漫顶—冲刷坝体—干预无效—大坝溃决；⑤洪水—闸门全部开启—上游水位下降过快—上游坡滑坡—坝顶高度不足—漫顶—冲刷坝体—

干预无效—大坝溃决；⑥洪水—持续降雨—上部坝体饱和—纵向裂缝—坝体局部失稳—坝顶高度降低—人工抢险干预—干预无效—大坝溃决；⑦洪水—坝体深层横向贯穿性裂缝—集中渗流破坏—人工抢险干预—干预无效—大坝溃决。

（3）非汛期坝体坝基或坝下埋管发生渗透破坏：①坝体、坝基集中渗漏—管涌—人工抢险干预—干预无效—大坝溃决；②坝下埋管发生接触冲刷破坏—人工抢险干预—干预无效—大坝溃决；③坝体渗流管涌破坏—坝体失稳—坝顶高度降低—漫顶＋管涌—人工抢险干预—干预无效—大坝溃决。

（4）汛期坝体坝基或坝下埋管渗透破坏导致溃决：①洪水—坝体集中渗漏—管涌—人工抢险干预—干预无效—大坝溃决；②洪水—坝基集中渗漏—管涌—人工抢险干预—干预无效—大坝溃决；③洪水—坝下埋管发生接触冲刷破坏—人工抢险干预—干预无效—大坝溃决；④洪水—下游坡大范围散浸—浸润线抬高—坝体失稳—坝顶高度降低—漫顶—人工抢险干预—干预无效—大坝溃决；⑤洪水—坝体渗流管涌破坏—坝体失稳—坝顶高度降低—漫顶＋管涌—人工抢险干预—干预无效—大坝溃决。

（5）由于地震引起的大坝溃决，实际溃坝记录上并无此类记录：①地震—坝体横向裂缝—漏水通道—管涌—人工抢险干预—干预无效—大坝溃决；②地震—坝体纵向裂缝—坝体滑动—坝顶高度降低—漫顶—人工抢险干预—干预无效—大坝溃决；③地震—基础液化—大坝破坏（坝顶高度降低、滑动、裂缝）—漫顶或管涌—人工抢险干预—干预无效—大坝溃决。

第 3 章　土石坝溃坝分析与计算

3.1　国内外溃坝案例分析

3.1.1　国外溃坝统计

大坝溃决指主体工程和附属结构物的完全破坏（Middle-brooks，1953），包括因溢洪道设计不当而漫顶或因设计洪水估算错误而在泄洪中引起的结构破坏（Johnson and Illes，1976）。尽管大坝工程建设技术不断进步，但仍存在很多不确定因素引起大坝失事。特别是一些老坝，不像今天的大坝一样按严格的准则进行设计与施工，其溃决的比例将会更大一些。

根据 Jansen（1980）的统计，自从公元 12 世纪以来，在世界范围内有接近 2000 座大坝溃决，失事大坝中大约 10% 发生在 20 世纪，见表 3.1。Schnitler（1967）收集了西欧与美国已溃决的大坝中坝高高于 15m 的大坝，见表 3.2。Laginha Serafim 和 Coutino-Rodrigues（1989）根据 24 个国家近 3 个世纪内的资料进行了溃决大坝的统计。根据 Laginha Serafim（1981）的调查，大坝失事的年概率约为 10^{-4}，在其使用寿命（以 100 年计）内失事的概率为 10^{-2}。国外大坝年平均溃坝概率情况见表 3.3。

Schnitter（1979）根据国际大坝委员会（ICOLD）收集的材料，分析认为修建于某一时期内的土坝由于水库水流快速下泻而导致破坏的百分比在 20 世纪前 50 年内至少降低了 10 倍。Da Silveira（1984，1990）根据 ICOLD 收集的材料，得到土坝的失事概率已经从 1900—1920 年间的 0.028 降低到 1960—1975 年间的 0.0035。自从 1900 年以来，大坝失事的概率已经显著降低，但大坝隐患仍

42

然存在。

表 3.1　　　　　截至 1965 年历史上的大坝溃决情况

年份	影响重大的溃坝数目 （近似）	年份	影响重大的溃坝数目 （近似）
1900 以前	38	1940—1949	11
1900—1909	15	1950—1959	30
1910—1919	25	1960—1965	25
1920—1929	33	日期不详	10
1930—1939	15	合计	202

表 3.2　1900 年后西欧（A）与美国 15m 以上大坝除战争原因外的
溃决情况（Schnitter，1967）

建成 年份	大坝 总数	溃坝		溃　坝　名　称	死亡人数 （溃坝数 目[c]）
		数量	百分比		
1900—1909	190/100[B]	9/9[B]	4.7/9.0[B]	Scottdal（1904）；Hauser（1908）；Zuni（1909）；Jumbo West（1910）；Austin（1911）；Hatchtown（1914）；Sepulveda（1914）；Long Tom（1916）；Lake Toxaway（1916）	100
1910—1919	280/220	12/12	4.3/5.5	Stony river（1914）；Horse Creek（1914）；Hebron（1914，1942）；Lyman（1915）；Plattsberg（1916）；Mammoth（1917）；Schaeffer（1921）；Bully Creek（1925）；Wagner（1938）；Sinker Creek（1943）；Swift（1964）	10（3）
1920—1929	430/280	8/6	1.9/2.1	Apishapa（1923）；Gleno（1923）；Moyie（1925）；Lake Lanier（1926）；Diandi（1926）；St. Francis（1928）；Balsam（1929）；Sella Zerbino（1935）	1010（5）
1930—1939	450/280	1/1	0.2/0.4	La Fruta（1930）	0（1）
1940—1949	390/240	0	0		

续表

建成年份	大坝总数	溃坝		溃 坝 名 称	死亡人数（溃坝数目[c]）
		数量	百分比		
1950—1959	960/530	4/2	0.4/0.4	Stockton（1950）；Vega de Tera（1959）；Malpasset（1959）；Baldwin Hills（1963）	570（3）
合计（60 年内）	2700/1650[D]	34/30	1.3/1.8	23 座土坝，11 座混凝土坝	1690（18）[E]

注　A 为不包括斯干那维亚半岛；B 为"/"后面的数目为美国的；C 为有溃决资料的溃坝数目；D 为其中土坝 1260/1040 座；E 为美国在 14 次溃坝中死亡 410 人。

表 3.3　　　　　　　　国外大坝年平均溃坝概率情况

国家	年平均溃坝率/10^{-4}	参考资料来源
美国	4.68	Grunner（1963，1967）
美国	2.76	Post—1940 dams
美国	6.55	美国大坝委员会（USCOLD，1975）
美国	2.00	美国肯务局
美国	4.17	Mark and Stuart-Alesander，1977
西班牙	6.39	Grunner（1963，1967）
世界	1.92	Middlebrooks（1953）

　　国际大坝委员会曾对溃坝事故进行了过三次调研（1973，1983，1995），1983 年的第三次调研中，专门对溃坝事故进行了统计分析，其中不包括中国的数据。研究成果发表于国际大坝委员会第 99 号专题报告内（Bulletin 99）。根据该报告的研究结果，1900—1951 年共建各种大坝 5286 座（不包括中国，下同），其中溃坝 117 座，溃坝率 2.2%。1951—1986 年共建大坝 12138 座，其中溃坝 59 座，溃坝率 0.49%。

　　按溃坝年代统计，1910—1920 年建成的坝溃决数量最多，其次是 1950—1960 年这一时期［图 3.1（a）］，该时期正好与两次世界大战的时间相接近。按溃坝坝型统计，土石坝溃坝数量最多，见图 3.1（b）。分析表明，土石坝溃坝数占总溃坝数的 70%。但如以每种坝型的溃坝数与总溃坝数的比值（A）和每种坝型的已建坝数与总建坝数的比值（B）比较，则两者大致接近，见图 3.2（b）。

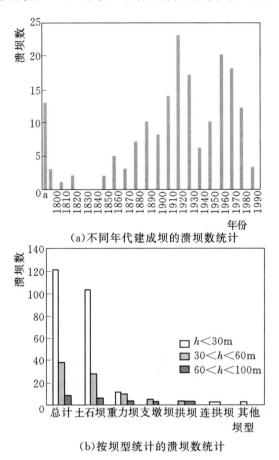

（a）不同年代建成坝的溃坝数统计

（b）按坝型统计的溃坝数统计

图 3.1　按建设年代与坝型统计的溃坝数

a—建成年代不明；h—坝高

根据 ICOLD 的研究结果，绝大多数的溃坝发生在投入运行后 10 年内，见图 3.2（a）。其中，蓄水运行第一年就溃决的又占大多数。

美国大坝委员会在 20 个世纪 70 年代和 80 年代进行了两次全面的事故调查，其成果分别在发表在 1976 年和 1988 年的出版物中（1975，1998）。1976 年的调查收集了重大事故案例 349 宗，包括

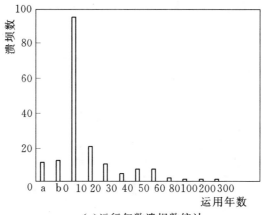

（a）运行年数溃坝数统计

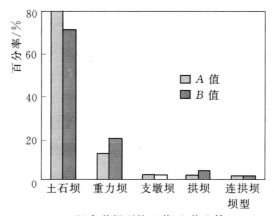

（b）各种坝型的 A 值、B 值比较

图 3.2　运行年数溃坝数与坝型的 A 值、B 值

土石坝溃坝 52 宗。当时美国已建大坝 4974 座，其中土石坝 3896 座，土石坝溃坝率为 1.33%。

3.1.2　国内溃坝统计

3.1.2.1　年份统计分析

我国溃坝情况的统计先后进行过三次，分别是 1962 年、1979 年和 1991 年，汝乃华和牛运光（2001）对此进行过专门论述。1962 年，由水利电力部管理司根据各地溃坝报告资料汇编并刊印了《水库失事资料汇编》，收录了 1954—1961 年失事的坝共 532

座。1979 年，由水利部工程管理局在 1962 年资料汇编的基础上，进一步补充，编制了《全国水库垮坝登记册》（1981）。1991 年，水利部水利管理司又补充登记了 80 年代的 266 座溃坝，编写成《全国水库垮坝统计资料》（1993）。在上述三次统计成果的基础上，本书统计数据纳入了近期收集的溃坝案例资料。据统计，1954—2006 年全国有 3498 座水库垮坝。

我国李雷等人在前人的工作基础上，对我国 1954—2006 年水库大坝的溃决情况进行了统计分析。根据他们的统计，截至 2006 年年底，我国已发生的溃坝中，大型水库 2 座（"75·8"大洪水中溃决的板桥和石漫滩水库），中型水库 129 座，小（1）型水库 677 座，小（2）型水库 2685 座，见表 3.4。按年代划分，1954—1990 年，共有 3230 座水库垮坝，年均约 88 座；1991—2000 年，共有 227 座水库垮坝，年均约 23 座；2001—2006 年，共有 35 座水库垮坝，年均 6 座。从统计分析可以看出，我国历史上出现了两个垮坝高峰，一个是 1960 年前后，即 1959—1961 年，共计垮坝 507 座；另一个高峰期在 1973 年前后，仅 1973 年就有 554 座坝溃决。进入 20 世纪 90 年代以来，特别是 2001 年以后，年溃坝数量明显减少。

表 3.4　　　　　　　　不同年代溃坝百分比表

年　份	中型水库		小（1）型水库		小（2）型水库		全国水库	
	溃坝数/座	百分比/%	溃坝数/座	百分比/%	溃坝数/座	百分比/%	溃坝数/座	百分比/%
1954—1960	64	1.83	156	4.46	129	3.69	349	9.98
1961—1970	29	0.83	154	4.40	404	11.55	587	16.78
1971—1980	26	0.74	282	8.06	1719	49.14	2030	58.03
1981—1990	4	0.11	45	1.29	215	6.15	264	7.55
1991—2000	2	0.06	31	0.89	194	5.55	227	6.49
2001—2006	4	0.11	6	0.17	21	0.60	35	1.00
年代不明		0.00	3	0.09	3	0.09	6	0.17
合计	129	3.69	677	19.35	2685	76.76	3498	100.00

按水库规模统计，各种规模水库的垮坝数量和比例见表 3.4，从中可以看出，小（2）型坝占绝大部分，占总溃坝数的 76.8%。特别是 20 世纪 70 年代，溃坝数超过总溃坝数的一半以上，该时段所溃的小（2）型水库几乎占总溃坝数的一半。

表 3.5　　我国各类水库在不同时期的年平均溃坝概率

项　　目	中型水库	小（1）型水库	小（2）型水库	全国水库
1954—2000 年年平均溃坝概率/10^{-4}	9.78	9.60	8.85	8.95
1959—1960 年年平均溃坝概率/10^{-4}	107.86	45.61	8.46	18.32
1973—1975 年年平均溃坝概率/10^{-4}	10.97	31.95	55.23	49.16
1982 年后的年平均溃坝概率/10^{-4}	1.017	2.13	2.73	2.54
最高年平均溃坝概率/10^{-4}	110.70	51.79	72.46	66.13
最低年平均溃坝概率/10^{-4}	0	0	0.15	

表 3.5 的计算中中型水库 2735 座，小（1）型水库 15126 座，小（2）型水库 65573 座。各个时期的水库年溃坝概率也不同，见图 3.3。可以看出，1959—1960 年和 1973—1975 年这两个时期是我国溃坝发生的高频率期。这与特定历史时期的技术、经济和社会环境等因素有关。

3.1.2.2　溃时坝体状态分析

我国不同年代所建大坝均有其特殊性，一些大规模水库建设处于特殊的历史时期。20 世纪 50—70 年代，水库大坝建设技术还处在初步探索阶段，加上水文历史数据短，以及经济基础薄弱，因此许多大坝在建设阶段就溃决，还有许多大坝由于各种原因而处于停建状态，这些水库都不完全具有防洪功能，溃坝的概率更大。一般可将溃坝水库的状态区分为：正常运行、停建、施工和不详四种状态，不同状态下的溃坝所占百分比见表 3.6。从中可以看出处于施

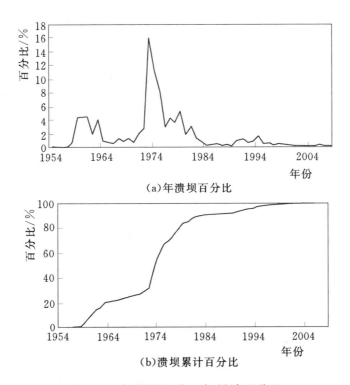

(a)年溃坝百分比

(b)溃坝累计百分比

图3.3 年溃坝百分比与累计百分比

工、停建状态溃坝的水库占总溃坝数的22.6%，这是我国溃坝率比其他国家高的原因之一。

表3.6 溃 时 坝 体 状 态

溃时坝体状态	溃坝数/座	百分比/%
施工	525	15.01
停建	267	7.63
运行	2393	68.41
不详	313	8.95
合计	3498	100.00

3.1.2.3 坝型与坝高统计分析

表3.7列举了全国已溃坝体不同坝型的溃坝数和百分比，从中可以看出，已溃坝中土坝所占的比例达93%。表3.8列举了土坝

49

中各种坝型已溃坝数和百分比,从中可以看出,均质土坝溃坝占总数的85%以上,所占比例最大。

表 3.7　　　　　　　　各 种 坝 型 溃 坝 比 例

坝　型	溃坝数/座	百分比/%
混凝土坝	12	0.34
浆砌石坝	34	1.00
土坝	3253	93.00
堆石坝	32	0.91
其他（包括混合坝等）	5	0.14
不详	162	4.63

表 3.8　　　　　　　　土坝中各坝型溃坝比例

序号	坝型	溃坝数/座	百分比/%
1	均质土坝	3002	85.85
2	黏土斜墙坝	11	0.31
3	黏土心墙坝	183	5.23
4	土石混合坝	19	0.54
5	其他	2	0.06
6	不详	36	1.03

　　按坝型所进行的统计结果与 ICOLD 的统计结果相比较,可以得出基本一致的结论,即按溃坝坝型统计,土坝溃坝数量最多,国内约为93%,世界上其他国家为70%。但如以每种坝型的溃坝数与总溃坝数的比值和每种坝型的已建坝数与总建坝数的比值比较,两者大致接近。

　　表 3.9 为我国不同坝高溃坝统计结果,从中可以看出,坝高在10～20m 的溃坝数量最多,几乎占总溃坝数的一半,其次是坝高小于 10m 的大坝,而高于 50m 的大坝发生溃决的很少。

表 3.9　　　　　　　　我国不同坝高溃坝统计

序号	坝高/m	溃坝数/座	百分比/%
1	≤10	1094	31.28
2	10～20（含）	1597	45.65
3	20～30（含）	421	12.04
4	30～40（含）	58	1.66
5	40～50（含）	14	0.40
6	>50	8	0.23
7	不详	306	8.75

3.2　溃坝模拟数值模型

水库溃坝洪水分析主要分为两步：①模拟大溃口及其发展过程；②进行通过溃口的泄洪过程演算。泄洪过程线的预测可以再细分为溃口特征参数的预测（例如形状、深度、宽度、溃口形成速率）、建立水库蓄水量和通过溃口的下泄流量关系。洪水演算分析（溃口和下游山谷的洪水）通常用一些广泛应用的一维洪水演进模型进行模拟。当前，有很多软件工具可以用于模拟大坝溃决及其所导致的洪水过程。最著名的和应用最广的模型有美国气象局的大坝溃决洪水预报模型（NWS-DAMBRK），美国陆军工程师团水文工程中心洪水分析软件包（HEC-1），美国气象局大坝溃决洪水预报模型的简化版本 SMPDBK（Wetmore and Fread，1983）等。然而，这些软件在模拟溃口发展过程时却有很大不同。许多模型不是直接模拟溃口发展，而是用户自己确定溃口特征值，并把这些特征值作为演算的输入信息。

美国垦务局把溃口洪水的分析方法分为四类。

（1）建立在物理意义上的分析方法。采用泥沙侵蚀模型预测溃口的发展及相应的溃口下泄洪水，侵蚀模型是建立在水力学、泥沙输送和土力学等原理的基础上（例如 NWS－BREACH）。

（2）参数化模型。利用溃坝实例信息来估计最终溃决时间和溃口几何尺寸，然后把溃口的发展作为一个与时间相关的线性发展过程，采用水力学原理计算溃口泄洪量。

（3）预测方程方法。采用经验方程估计洪峰流量，该经验方程是建立在实例研究数据基础上，并假定一个合理的洪水过程线形态。

（4）比较分析法。如果所考虑的大坝尺寸和施工方法与一座已溃决的大坝非常相似，且对该溃坝的记载很详细，可以通过类比法确定合适的溃口参数或溃口洪峰流量。

以上四类方法中，后三类是最直接的，但它们都依赖于溃坝案例数据，模型方程式的选择要求溃坝案例的状况与所分析的大坝具有可比性。通常，记载完整的大坝溃决案例数量很少，高坝和大库容的案例就更少。通常情况下，很难选择和确定具有相似特征的溃坝案例，特别是高坝或采用特殊施工工艺的坝，几乎不可能找到相似的案例。此外，在大多数情况下，溃口尺寸按线性扩展方法进行建模也是不合实际的。

除溃坝洪水分析方法对洪水过程线分析结果有影响外，溃口参数也有较大的影响。Singh 和 Snorrason（1984）采用 DAMBRK和 HEC－1 模型，假设了 8 组大坝溃口参数，研究溃口参数的变化对洪峰流量预测值的影响。通过变化溃口宽度、深度、破坏时间和漫顶水头来研究洪峰流量，这些参数的变化范围是根据他们所研究的 20 座实际溃坝案例而确定的。研究发现，对于库容相对较小的水库，溃坝时间的变化将对洪峰流量产生较大的影响。在可能的最大洪水（PMF）水位过程线的时间段内，溃坝时间减少 50％，则洪峰流量将增加 13％～83％。对于库容相对较大的水库，洪峰流量受破坏时间的变化影响不敏感，溃坝时间减少 50％，其变化仅为 1％～5％。

相反地，对于库容相对较大的水库，溃口宽度的变化将导致洪峰流量的较大变化（35％～87％）；而对于库容相对较小的水库，洪峰流量的变化受溃口宽度的变化影响较小（6％～50％）。在 Singh 和 Snorrason（1984）所研究的 20 座溃坝案例中，洪峰流量对溃口深度变化的敏感性相对较小。在模拟的溃口深度变化范围内，洪峰流量的变化大约仅有 20%，研究还显示其与水库规模没有明显的关系。

Petrascheck 和 Sydler（1984）也论证了溃口流量、洪水位和洪水到达时间对溃口宽度及形成时间的变化的敏感性。对于距大坝近的地方，这两个参数都有强烈的影响。而对于紧靠大坝下游的区域，洪峰流量和洪水位对溃口参数的变化不敏感。

很明显，恰当地预测溃口参数，对准确地估计洪峰流量及紧邻大坝下游区域的洪水是必要的。Wurbs（1987）根据研究得出结论，认为溃口模拟在溃坝洪水波模拟的各环节中，具有最大的不确定性。不同参数的重要性随水库规模的改变而变化。对于规模大的水库，洪峰流量发生于当溃口达到其最大深度和宽度之时。水库水头的变化在溃口形成时段内的影响相对较小。在这些情况下，准确预测溃口尺寸是最关键的。对于规模小的水库，在溃口形成过程中其库水位变化较大，洪峰流量发生于溃口完全形成之前。对于这类情况，溃口形成速率是最关键的。

预警和撤退时间的长短将决定溃坝导致的生命损失的大小。在灾害分级、准备应急行动计划或设计早期预警系统时，报警时间进行恰当估计是非常关键的。报警时间是以下三部分时间之和，即溃口开始时间、溃口形成时间和洪水波从大坝演进至居民区的时间。美国垦务局开发的基于历史案例的软件分析结果说明：当报警时间为 90min 时，生命损失为风险人口的 0.02%；而当报警时间少于 15min 时，生命损失可达风险人口总数的 50%（Brown and Graham 1988）。Dekay 和 McClelland（1991）的研究得出了类似的结论，生命损失对报警时间非常敏感。Costa（1985）的报告指出：当预警不充分或者是没有预警时，由每座坝溃决导致的平均死亡人数将增加 19 倍。

大坝失事的主要模式有漫顶、渗流破坏（包括管涌）和结构破坏等。大坝的溃决可能是瞬间发生的，也可能是逐渐破坏的，这取决于其原因和坝型。一般情况下，混凝土坝因漫顶或滑动为突然溃决，土石坝溃决则多为逐渐溃决（Ponce and Tsiviglou，1981）。Singh 与 Snorrason（1982）注意到土坝溃决的持续时间从 15min 到 5h 以上不等。Ponce（1982）指出土坝溃决持续时间在 3～12h。某些情况下一些边坡较缓的土坝，破坏过程甚至可以持续 24～48h。对于突然溃决大坝，库水突然释放产生的洪水波以起始流速、流量传播，它的锋面为立波，溃坝洪水的计算不需考虑溃口的发展过程，相对简单。对于逐渐溃决大坝，其溃口形成需要一个过程，水流的前锋没有冲击波，而且水流是逐渐发展的。对于逐渐溃决大坝，大坝溃口过程及其溃决洪水的模拟，对于险情评估及减灾策略的制定非常关键。因此，土石坝的溃口形成和发展模式研究具有重要的理论和现实意义。对于战争或其他引起的漫顶破坏，属于瞬时溃坝，而管涌等渗流引起的溃坝属于逐渐溃坝。

3.2.1　瞬时溃坝模型

溃坝水流属于非恒定流，根据《水电水利工程溃坝洪水模拟技术规程》（DL/T 5360—2006）第 6.2.4 条，溃口流量采用宽顶堰流量公式进行计算，溃口流量计算模式见图 3.4。

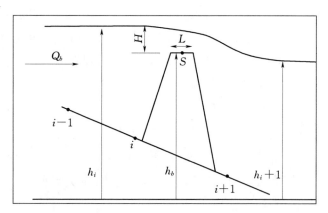

图 3.4　瞬时溃坝溃口流量假设

溃口处瞬时流量的计算有多种方法，根据一些国际上通用模型的处理办法，溃口流量采用堰流计算公式，一般表达形式为：

$$Q_b = C_v k_s C_d \sqrt{2g} \left[\frac{2}{3} b_s (h_i - h_b)^{1.5} + \frac{8}{15} z (h_i - h_b)^{2.5} \right] \quad (3.1)$$

$$C_v = 1 + 0.023 \frac{Q_i^2}{B_d^2 (h_i - h_{bm})^2 (h_i - h_b)} \quad (3.2)$$

式中：Q_b、b_s 分别为溃口流量和溃口宽度；C_v 为行进流速改正系数；k_s 为反映溃口下游淹没情况的改正系数，美国著名的 DAM-BRRK 模型中采用公式 $k_s = 1 - 27.8 \max[0, (R - 0.67)]^3$ 进行计算；C_d 为流量系数，瞬时溃坝模型中取值为 0.579；R 为淹没指标参数，$R = \dfrac{h_{i+1} - h_b}{h_i - h_b}$；$b_s$ 为瞬时溃口底宽；h_i 为坝上游水位；h_b 为溃口底部高程；z 为梯型溃口的边坡；B_d 为坝址处河道峡谷的宽度；h_{bm} 为溃口发展最终高程。

从式（3.1）以看出，在其他条件不变的情况下，溃口流量变化依赖于水库水位的变化，根据水量平衡关系，水库内任意时刻的水量平衡服从 $W = W_0 - \Delta t^* q_m$，式中 W、W_0 分别为时段 Δt 前后的库容，q_m 为计算时段 Δt 的平均溃口流量。

3.2.2 逐渐溃坝模型

因管涌引起的溃坝属于逐渐溃坝。其模拟过程如下。

（1）模型中假设管涌为宽度很小的矩形，出现在坝体某个水位上。

（2）管涌阶段，水流通过管涌管道的流量采用孔流公式计算：

$$Q_b = A \left[\frac{2g(H - H_p)}{1 + f \dfrac{L}{D}} \right]^{0.5} \quad (3.3)$$

式中：H 为水库水位；A 为水流流过的断面面积；H_p 为管道中心线高程；f 为达西摩擦系数，取决于 D_{50} 直径，也可以用 Moody 曲线计算；L 为管道沿水流方向的长度；D 为管道的直径或宽度。

（3）上游水库下泄水流通过管道时不断冲蚀大坝坝体，使管道断面逐渐扩大，假设管道底部和顶部以同样大小的速率发生向下和向上的侵蚀。

（4）当管涌管道尺度满足不等式 $H < H_p + 2(H_{pu} - H_p)$ 时，管

道顶部发生坍塌，形成溃口。

（5）溃口形成后的流量采用宽顶堰流公式计算：

$$Q = 3k_s B_0 (H - H_c)^{1.5} + 2k_s \tan\alpha (H - H_c)^{2.5} \qquad (3.4)$$

式中：B_0 为溃口底宽，$B_0 = BY$；Y 为溃口入口处的临界水深，H 为水库水位；H_c 为溃口底部高程；α 为溃口边坡与竖向的夹角；k_s 为考虑尾水影响出流的淹没影响系数，当 $\dfrac{H_t - H_c}{H - H_c} \geqslant 0.67$，$k_s = 1.0 - 27.8\left(\dfrac{h_t - h_b}{h - h_b} - 0.67\right)^3$，否则 $k_s = 1.0$；H_t 为尾水位高程。

从管涌变成溃口的具体过程如下：在到达从孔口变成堰的水流的转换时刻时，管道顶部以上和坝顶以下的坝体假设发生坍塌，坍塌的材料并非都会被上游水流冲走，有一部分会发生沉积，这个与泥沙输运水流速率有关，因此形成的初始溃口底部高程会高于管道的底部高程，导致下泄流量有所减少。随着侵蚀的进一步发展溃口将逐渐增大。

整个溃口流量计算过程见图 3.5。

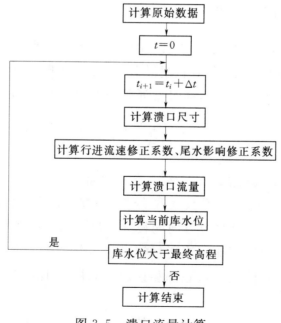

图 3.5　溃口流量计算

3.3 溃口特征参数预测

本节内容主要基于 Wahl（1998）的技术报告，对国际上在溃口参数预测的研究进展进行一个总结介绍。

3.3.1 溃口形成过程与参数分析

溃口参数包括描述溃口的所有物理参数（深度、宽度、侧坡坡度）和描述溃口形成的时间参数（即溃口从开始形成发展到最终形态的时间）。对于土石坝，溃口一般表现为矩形或梯形，矩形可看作梯形的特殊情况，见图3.6。

溃口深度。在很多文献中也指溃口高度，即沿垂向的溃口深度（h_b），其值是从坝顶向下至溃口冲刷最低点的直线距离。一些文献也表述为溃口上的水头（h_w），即水库水面至溃口最低点的水深。

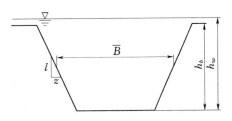

图3.6 概化的大坝溃口形状和参数

溃口宽度。最终溃口宽度和溃口扩展速率将极大地影响溃坝洪峰流量及大坝下游的洪水过程。在过去的研究中，对溃口宽度参数的表述有三个：平均溃口宽度（$\overline{B}$），溃口顶部（B_{top}）和底部的宽度（B_{bot}）。

溃口侧坡坡度。已知溃口宽度值和深度值之后，加上溃口侧坡坡度，就完全定义了溃口形状。准确预测溃口侧坡坡度对于预测溃口宽度和深度通常也是非常重要的。

溃口时间参数有溃口开始时间（breach initiation time）和溃口形成时间（breach formation time）（有时也指溃口发展时间）。引入这两个有明显区别的参数的前提是土石坝的溃决不是瞬间溃，它分为两个阶段。在这两个阶段内，溃口区坝坡侵蚀的机理和速率截然不同。在溃口开始阶段，大坝还没有破坏，通过坝体的水流很少，水流包括超过坝顶的漫顶水流和从正在发展的渗流通道中的水流。在溃口开始阶段，如果漫顶或渗透水流停止，大坝仍然可能保持不失事。在溃口形成期间，出流量和侵蚀都迅速增加，几乎不可能阻止出流和坝的失事。

两个阶段的划分是很重要的，因为溃口开始时间直接影响预警时间的长短，预警时间越长，对应急预案的制定越有利，如下游人口的安全转移。虽然一些调查人员承认存在溃口开始阶段，但过去的研究（研究实例、经验关系式、数值模型等）主要集中在溃口形成时间上。对于大多数溃坝研究实例来说，溃口开始时间通常还没有作为一个具体的参数见诸于各报告中。此外，在 DAMBRK 和 FLDWAV 模型中，溃口开始时间不是也不应该作为一个输入数据，因为它不影响实际的洪水演进。截至目前，对溃口开始时间还没有一个公认合理的估算方法。基于物理意义的溃口模拟模型（例如 BREACH）把溃口开始阶段作为牵引力侵蚀问题来模拟，这与在实验室观察到的侵蚀机理和文献中的研究实例结论是不一致的。

对大坝失事过程中的这两个时间段加以区分是一项困难的工作，即使是有经验的现场观测人员也很难区分。为了相对合理地确定溃口开始时间和形成时间，或使各类报告具有一致性，美国垦务局大坝安全办公室推荐采用以下定义。

溃口开始时间定义为始于水流首次漫过坝顶，此时将开始报警、下游人员转移或加强对大坝状态的监视。溃口开始时间终于溃口形成阶段的开始。

溃口形成时间，不同的观测人员对溃口形成时间有不同的方法，然而，所有的定义都与 DAMBRK 所采用的相似。DAMBRK 中所采用的溃口形成时间是指大坝上游面刚开始溃裂到溃口完全形成的时间段。对于漫顶破坏，溃口开始时间是指当大坝下游面开始被侵蚀掉，且所产生的裂口沿坝顶向上游发展至大坝上游面。

3.3.2　溃口参数预测

溃口参数的预测方法有三种：相似案例的比较分析法、建立在大量案例基础上的经验关系式或预测方程法和基于物理过程的模拟法。前两种是比较简单的方法，第三种方法采用水力学原理、泥沙运动学来模拟溃口的发展。第三种方法模型较复杂，但可能会获得比较详细的结果，例如预测溃口开始时间、溃口发展过程中溃口的尺寸和最终溃口参数。美国国家气象局的 BREACH 模型就是基于物理过程的模型（Fread，1988），目前被广泛应用。

这三种方法各有优缺点。比较分析法缺乏精确度，如果要获得精确的结果，需要收集许多不同类型的溃坝案例资料，特别是高坝案例。而大坝的条件非常复杂，往往不具有可比性。预测方程法也有相似的问题，且建立在已有数据基础上的回归关系式有很高的不确定性。此外，因为目前对溃口发展机理的认识还不完善，基于物理过程的模型法不能模拟溃口发展的真实机理，也无法模拟对大坝溃口有决定性影响的高速水流侵蚀过程。

到目前为止，已经提出了许多洪峰流量和溃口参数的预测方程。总的来说，对溃口侧坡的预测有很高的不确定性，尽管如此，预测结果对洪峰流量的影响不大，因为溃口流量对侧坡不敏感。溃口形成时间的预测也具有很高的不确定性，许多大坝失事时没有目击证人，缺乏可靠的案例数据，且溃口开始时间和溃口形成时间的区分问题还可能使许多数据的统计缺乏一致性。

表 3.10 为前人所建议的溃口参数预测关系式，这些关系式是在历史溃坝案例数据基础上总结出来的溃口参数预测方程（如溃口几何尺寸、形成时间）。最早对溃口进行研究的是 Johnson 和 Illes (1976)，他们对土坝、重力坝和拱坝的溃口形状进行了分类。在过去，土坝的溃口形状在溃口发展过程中通常被认为是三角形或梯形。绝大多数土坝溃口是作为梯形来处理的。

Singh 和 Snorrason（1982）最早提出了定量确定溃口宽度的指导性方法。绘制了 20 座溃坝的溃口宽度与坝高的关系线，发现溃口宽度通常在 2～5 倍坝高范围内。从溃口开始到完全形成的时间一般是 15min 到 1h。对于漫顶破坏，大坝破坏之前的漫顶水深为 0.15～0.61m。

表 3.10　建立在大坝溃口研究实例基础上的溃口参数关系式

溃坝案例数/座	关　系　式	参考资料
	填筑坝：$0.5h_d \leqslant B \leqslant 3h_d$	Johnson 和 Illes（1976）
20	$2h_d \leqslant B \leqslant 5h_d$；$0.15\text{m} \leqslant d_{\text{ovtop}} \leqslant 0.61\text{m}$；$0.25\text{h} \leqslant t_f \leqslant 1.0\text{h}$	Singh 和 Snorrason（1982，1984）
42	填筑坝： $V_{er} = 0.0261\,(V_{\text{out}} h_w)^{0.769}$ ［最优拟合］ $t_f = 0.0179\,(V_{er})^{0.364}$ ［上包络线］ 非填筑坝： $V_{\text{out}} = 0.00348\,(V_{\text{out}} h_w)^{0.852}$ ［最优拟合］	MacDonald 和 Langridge-Monopolis（1984）
43	B 通常为 h_d 的 2～4 倍 B 可以在 $1h_d$～$5h_d$ 之间变化 $Z = 0.25$～1.0［经过工程设计的压实坝］ $Z = 1$～2［未经工程设计的尾矿坝］ $t_f = 0.1$～1h［经过程设计的压实土坝］ $t_f = 0.1$～0.5h［未经工程设计，压实很差的土坝］	FERC（1987）
	$\overline{B}^* = 0.47K_0\,(S^*)^{0.25}$　$K_0 = 1.4$（漫顶）；$K_0 = 1.0$（其他） $Z = 0.75K_c\,(h_w^*)^{1.57}\,(\overline{W}^*)^{0.73}$　$K_c = 0.6$（有心墙）；$K_c = 1.0$（无心墙）；$t_f^* = 79\,(S^*)^{0.47}$	Froehlich（1987）
	$B = 3h_w$，$t_f = 0.011B$	Reclamation（1988）
52	溃口几何尺寸和溃决时间的趋势，$B_{\text{top}}/B_{\text{bottom}}$ 平均为 1.29	Singh 和 Scarlatos（1988）
57	提出了确定 B，Z，t_f 的导则	VonThun 和 Gillette（1990）
57	溃口开始模型；确定 B，Z，t_f 的指导性方法	Dewey 和 Gillette（1993）
63	$\overline{B} = 0.1803K_0\,V_w^{0.32}\,h_b^{0.19}$； $t_f = 0.00254V_w^{0.53}\,h_b^{(-0.90)}$； $K_0 = 1.4$（漫顶）；$K_0 = 1.0$（其他）	Froehlich（1995b）

注　B 为溃口宽度，m；h_d 为坝高，m；h_b 为溃口深，m；d_{ovtop} 为漫顶水深，m；t_f 为溃口形成时间，h；V_{out} 为通过溃口下泄的水量，m^3；V_w 为大坝破坏时高于溃口底面的水库库容，m^3；h_w 为溃口水深，m；V_{er} 为坝体被水流冲刷掉的体积，m^3；S 为水库库容，m^3；Z 为溃口侧坡坡度。

MacDonald 和 Langridge-Monopolis（1984）建议了一个溃口形成系数（breach formation factor），定义为大坝溃决时溃口下泄水流体积与高出溃口最低点的水深的乘积。认为被洪水侵蚀而冲走的坝体材料体积与该系数有关，对于填筑坝体和非填筑坝体（例如砌石坝，或者是有抗侵蚀心墙的土坝）都是如此。对于土坝，还提出了一条闭合曲线，用于表示溃口形成时间与被水流侵蚀掉的坝体材料体积的函数关系。对于非填筑坝，溃口形成时间是不可预测的。因为在一些情况下，溃决是因为结构失稳所造成的，而不是连续侵蚀引起的破坏。阐述了以下问题的求解方法：估计溃口参数，采用 DAMBRK 或其他模型模拟溃口水流，在必要的时候修改溃口参数估计值。

Froehlich（1987）提出了一套无量纲预测方程，可用于估计平均溃口宽度、平均侧坡坡度和溃口形成时间。这些预测方程依赖于大坝特征，包括水库库容、高出溃口底部的水深、溃口高度、坝顶的溃口宽度和溃口底部的宽度、反映非漫顶与漫顶破坏的系数及反映有心墙或无心墙的系数。Froehlich 还得出，在所有其他因素都是相同的情况下，与其他破坏方式相比，漫顶破坏形成的溃口较宽，且侧向侵蚀速率较快。

Froehlich 在 1995 年的一篇文章中对其 1987 年的分析进行了修改，采用了 63 座溃坝案例的数据，其中 18 座是以前的文章中没有的。他还推导了新的平均溃口宽度和溃口形成时间的预测方程。与 1987 年的关系式不同的是，这些新方程是有量纲的。虽然两套方法的溃口形成时间关系式的差别非常小，但 1995 年的关系式具有确切的系数。在 Froehlich1995 年发表的文章里，他没有给出溃口侧坡平均坡度的预测方程，仅建议假定溃口侧坡坡度 Z 等 1.4（漫顶破坏）或 0.9（其他破坏），63 座溃坝案例的溃口侧坡坡度平均值接近于 1.0。

Reclamation（1988）提出了一个导则，以便确定最终溃口宽度和溃口形成时间，为进行溃坝洪水灾害分级研究提供参数（采用 SMPDBK 模型）。建议的值并不试图得到溃口洪峰流量的精确预测值，而是得到一个相对保守的上限值，这将在灾害分级方法中引进一个安全系数。对于土石坝，推荐的溃口宽度是溃口深度的 3 倍，溃口深度是从初始库水位到溃口底端的高度（通常假定为坝脚处的河床高程）。推荐的溃口发展时间（小时）是溃口宽度（米）的 0.011 倍。Singh 和 Scarlatos（1988）调查了 52 座溃坝案例，证明了溃口几何特征和破坏时间的趋势。得出溃口顶宽和底宽之比 B_{top}/B_{bottom}，其范围为 1.06～1.74，平均为 1.29，标准差为 0.180；溃口顶宽与坝高的比值很分散；溃口侧坡坡角在大多数情况下是倾向垂向 $10°～50°$；此外，大多数溃口形成时间都少于 3h，50％的溃坝溃口形成时间小于 1.5h。

　　Von Thun 和 Gillette（1990）和 Dewey 和 Gillette（1993）采用 Froehlich（1987）和 MacDonald 和 Langridge-Monopolis（1984）的数据来研究估计溃口侧坡坡度、溃口一半高度处的宽度（平均宽度）和溃口形成时间，提出相关导则。提出溃口侧坡坡度假定为 1∶1，以上假定不适用于黏土坝壳或黏土心墙非常厚的坝型，对于这些坝，侧坡坡度取 1∶2 或 1∶3 可能更合适。

　　对于溃口平均宽度，Von Thun 和 Gillette 建议采用以下关系式：

$$\overline{B}=2.5h_w+C_b \tag{3.5}$$

式中：h_w 是大坝溃决时溃口水深；C_b 是水库库容的函数，见表 3.11。

表 3.11　　　　　　　　　C_b 与水库库容的关系

水库规模/m³	C_b/m	水库规模 （英亩—英尺 acre-feet）	C_b/（英尺 feet）
＜1.23×10⁶	6.1	＜1000	20
1.23×10⁶（含）～6.17×10⁶	18.3	1000（含）～5000	60
6.17×10⁶（含）～1.23×10⁷	42.7	5000（含）～10000	140
≥1.23×10⁷	54.9	≥10000	180

　　在历史溃坝案例数据的所有范围内，Von Thun 和 Gillette 建议的这一关系式比根据土石坝侵蚀体积建立起来的关系式更加准

确。土石坝侵蚀体积关系式是在溃口形成系数基础上提出的，是 MacDonald 和 Langridge-Monopolis 建议的。然而，土石坝侵蚀体积是很有用的，可作为检查其他方法预测得到的溃口几何尺寸的合理性的一项指标。Von Thun 和 Gillette 提出了一条曲线，用于表示土石坝侵蚀体积与溃口出流水体体积和高于溃口最低点的水深的关系，其中的等值线显示出合理溃口几何参数估计值的上限。他们还注意到，由于大坝（高坝）溃坝数据库很少，这使得 150m 高的坝就有可能是确定溃口宽度的上限案例。Von Thun 和 Gillette 建议了两种方法用于估计溃口形成时间。溃口形成时间与高于溃口最低点的水深的关系曲线暗含了耐侵蚀材料和易侵蚀材料的预测方程的上下限，预测方程分别如下。

耐侵蚀材料：

$$t_f = 0.020 h_w + 0.25 \tag{3.6}$$

易侵蚀材料：

$$t_f = 0.015 h_w \tag{3.7}$$

式中：t_f 的单位是 h，h_w 的单位是 m。

Von Thun 和 Gillette 推导了溃口形成时间的预测方程，该方程是建立在平均侧向侵蚀率的观测值与高于溃口最低点的水深关系基础之上的，侧向侵蚀率是指最终溃口宽度与溃口形成时间之比。侧向侵蚀率和水深有较强的相关性，比总溃口形成时间与水深的相关性更强。更容易侵蚀的自溃坝试验暗含了侧向侵蚀率的上限。采用侧向侵蚀率数据，Von Thun 和 Gillette 提出了另外两个方程。

耐侵蚀材料：

$$t_f = \frac{\overline{B}}{4 h_w} \tag{3.8}$$

易侵蚀材料：

$$t_f = \frac{\overline{B}}{4 h_w + 61.0} \tag{3.9}$$

式中：h_w 和 $\overline{B}$ 的单位是 m。以上两个方程都需要假定一个溃口平均宽度或溃口平均宽度的预测值。

这些方程既反映了溃坝案例数据又反映了自溃土坝室内试验结果，试验是 Pugh 于 1985 年采用高侵蚀性和微黏结性材料进行的。

3.3.3　溃口洪峰流量预测

在 20 世纪 80 年代，一些研究人员统计了一些记载相对完整的溃坝实例数据，试图研究溃口参数和溃口洪峰流量的预测关系式（SCS，1981；Singh and Snorrason，1982；MacDonald and Langridge-Monopolis，1984；Costa，1985；Froehlich，1987，1995a，1995b；Singh and Scarlatos，1988）。其他一些研究人员利用这些整理好的数据库来研究溃口参数和流量的关系确定的指导方法（FERC，1987；Reclamation，1988；Von Thun and Gillette，1990）。表 3.12 为研究者根据溃口案例数据而提出的经验关系式。

表 3.12　　　　　　溃口参数与洪峰流量预测经验关系式

溃口实例数/座	建议的关系式	参考的研究实例	备注
16（加上 5 起假想的溃决）	$Q_p = f\ (h_w)$	Kirkpatrick（1977）	
13	$Q_p = f\ (h_w)$	SCS（1981）	
6	$Q_p = f\ (h_w S)$	Hagen（1982）	
21	$Q_p = f\ (h_w)$	Reclamation（1982）	
20 起真实溃坝实例及 8 起模拟溃决	$Q_p = f\ (S)$； $Q_p = f\ (h_d)$	Singh 和 Snorrason（1982，1984）	Q_p 的关系式建立于模拟案例基础上
19	$Q_p = f\ (h_w,\ S)$	Graham（时间不详）	
42	$V_{er} = f\ (V_{out} h_w)$； $t_f = f\ (V_{er})$； $Q_p = f\ (V_{out} h_w)$	MacDonald 和 Langridge－Monopolis（1984）	
31 座严格施工的大坝	$Q_p = f\ (h_d)$； $Q_p = f\ (S)$； $Q_p = f\ (h_d S)$	Costa（1985）	包括天然大坝的信息
	$Q_p = f\ (V_w)$	Evans（1986）	
22	$Q_p = f\ (V_w,\ h_w)$	Froehlich（1995a）	

从现有的溃口洪峰流量预测经验关系式来看，大多数建议的经验关系式是在 20~50 座溃坝数据库基础上得来的，且大部分坝都相对较小。超过 20m 高的大坝破坏资料非常稀有。许多现有的大坝破坏资料大坝高度都为 6~15m（Graham，1983）。这些因素可能会限制该类方法的应用，或者是影响预测的精度。

3.3.4 国外溃坝案例溃口参数分析

美国内务部、美国垦务局大坝安全办公室的有关研究人员，根据前人的研究结果，收集了历史上报道过的 108 座溃决土坝的溃口信息。在这些溃坝案例，单个案例研究得到的数据的类型、数量和质量差别非常大。因此，就出现过不同调查人员针对相似的数据却给出具有较大差异结论的情况。以下统计分析将根据以上人员根据收集到的历史溃坝案例，对溃口特征参数和发展模式的研究成果。

溃口研究案例数据中最常见到的溃口参数是溃口深度、宽度和侧坡角度。对溃口形成时间的报告相对较少，且常常具有很大的不确定性。在大多数情况下，最终溃口深度的估计能达到一个合理的精度，因为溃口深度通常与大坝初始高度近似。而最终溃口宽度和溃口形成时间却显示了很大的可变性。

3.3.4.1 溃口宽度分析

据许多研究人员的研究得出溃口宽度的范围在 2~5 倍坝高或溃口高度（通常约等于大坝高度）之间。图 3.7 为美国大坝安全办公室收集的溃坝数据库中 84 座大坝的平均溃口深度及相应的平均宽度实测值。从该图可以看出，即使数据库再扩大，这一建议的范围也是合理的，但如果不采用多参数关系，就不可能对这一范围值再进行精炼。

根据美国垦务局建议的关系式（Reclamation，1988）、Von Thun 和 Gillette（1990）建议的关系式和 Froehlich（1995b）建议的关系式，比较预测关系式预测结果与实测值之间的关系，见图 3.8。图中显示了 78 个案例实测值与 Von Thun 和 Gillette 建议的关系式的预测结果对比，77 个案例实测值与 Froehlich 方程预测值

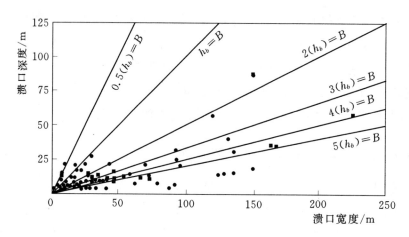

图 3.7　84 座大坝的溃口深度和宽度观测值

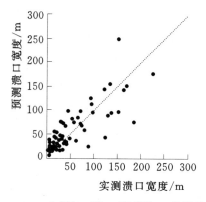

（a）Von Thun 和 Gillette（1990）

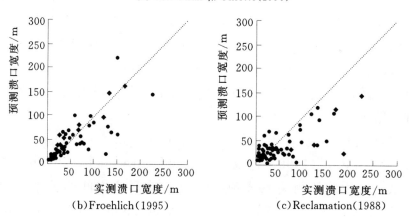

（b）Froehlich（1995）　　　　　（c）Reclamation（1988）

图 3.8　三个不同预测方程预测的宽度与相应的观测值

相比，80 个案例实测值与 Reclamation 方程预测值相比（Von Thun 和 Gillette 用了案例中的 57 个，Froehlich 用了案例中的 60 个来建立他们的关系式）。相比而言，对于溃口宽度观测值小于 50m 的那些案例，Froehlich 的关系式是最优的预测方程。

3.3.4.2 溃口形成时间分析

一些研究人员试图把大坝溃口形成时间与大坝参数（几何、水文和水力学参数）的关联起来。其中一些关系式采用几个参数来直接预测溃决时间，这些参数在大坝溃决之前就可能估算出来，且具有合理的精度，例如高于假定溃口最低点的水头、溃口高度或库容。另外一些关系式取决于是否知道溃口宽度或坝体材料被侵蚀掉的体积。这些参数在溃坝发生后可以被确定，但在溃口发生前是不能被具体地估计出来的。

MacDonald 和 Langridge-Monopolis（1984）根据研究得出，溃口形成时间的下包线是坝体材料被侵蚀掉的体积的函数。而该体积被视为溃口形成因子的函数（下泄水流体积与溃口最低点之上的初始水深的乘积）。图 3.9 为被侵蚀掉的材料体积的预测值，其中

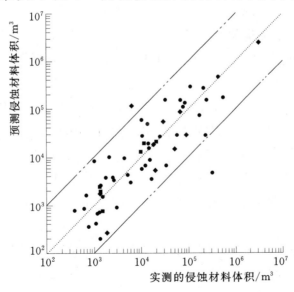

图 3.9　60 座溃坝案例的坝体侵蚀材料体积的预测值及实测值

的数据是采用所收集到的溃坝案例中的 60 个，其中的 37 个被用于关系式的初始推导中。

　　在许多案例中，对构成溃口形成因子的明确参数并没有记载，虽然类似的参数可以查到。在这一问题的分析中，这些参数的其他类似参数被用于代替严格定义的参数，用于计算溃口形成因子。当水库总库容或高于溃口底面以上的水库库容有记录的情况下，这些参数过去曾被用于代替通过溃口的总流量。当有坝高和溃口高度数据时，这些参数过去曾被用于代替高于溃口底面的水头。

　　图 3.10 为大坝溃口形成时间预测值与实测值的关系，分别采用了 Von Thun 和 Gillette（1990）、Froehlich（1995b）、MacDonald 和 Langridge-Monopolis（1984）、Reclamation（1988）推荐的关系式，其中的数据引自溃坝案例数据库。对于一些案例，不同的观测人员给出了不同的大坝溃口形成时间或可能的范围。这些数据被绘制于图上，并用线段标出了水平误差，以显示不确定性的范围。这些图表明了当前一些预测方法的不准确性。大多数方程有低估溃口形成时间的趋势，但 MacDonald 和 Langridge-Monopolis 建议的包络方程在一些案例中却高估了溃口形成时间。

3.3.4.3　洪峰流量关系分析

　　许多研究人员长期以来试图把溃口洪峰流量与大坝特征参数关联起来，例如高度、水头（坝高、溃口高度、溃口底面之上的水深等）、库容或下泄的水流体积、高度与体积的乘积等。图 3.11 比较了这些关系式的结果与溃坝案例实测洪峰流量的差异，可知，每一个关系式都是从一个相对较小的数据系列推导而来的，且许多案例中的数据仅局限于特定系列的坝。图 3.11 还显示了案例数据的变异性程度，根据多数洪峰流量观测值的范围，其变异性至少是一个数量级。

　　Froehlich（1995a）利用 22 座溃坝的数据，将洪峰流量与一个能量方程联系起来，建立了包含溃口水头和下泄水流体积的洪峰流量方程，具体如下：

$$Q_p = 0.607 V_w^{0.295} h_w^{1.24} \tag{3.10}$$

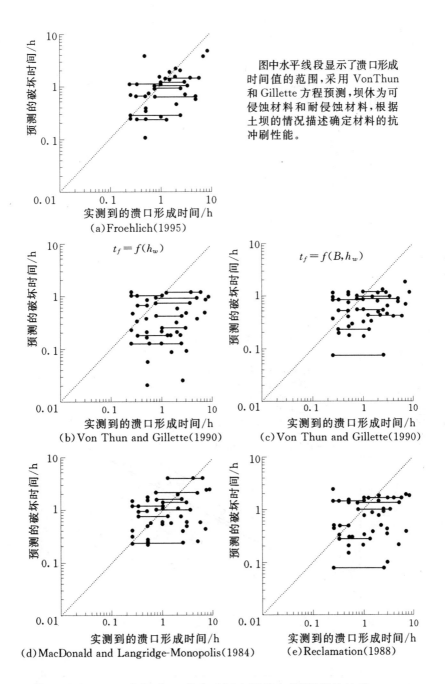

图中水平线段显示了溃口形成时间值的范围,采用 VonThun 和 Gillette 方程预测,坝休为可侵蚀材料和耐侵蚀材料,根据土坝的情况描述确定材料的抗冲刷性能。

(a)Froehlich(1995)

(b)Von Thun and Gillette(1990)

(c)Von Thun and Gillette(1990)

(d)MacDonald and Langridge-Monopolis(1984)

(e)Reclamation(1988)

图 3.10 大坝溃口形成时间实测值与预测值的比较

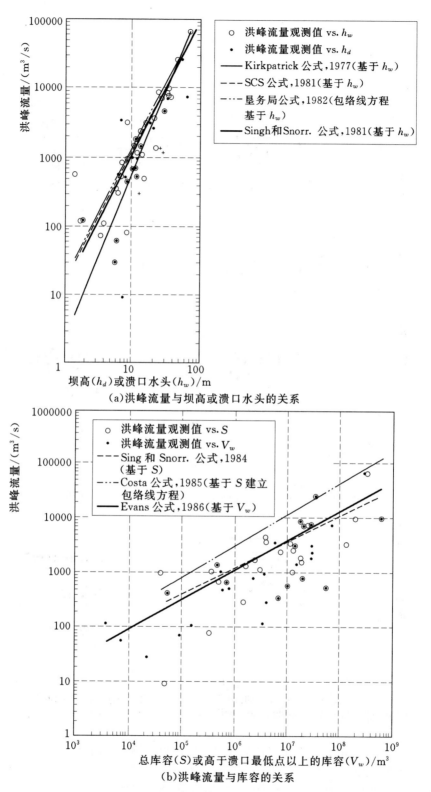

图 3.11（一）　溃坝洪峰流量实测值与经验关系式的预测值的比较

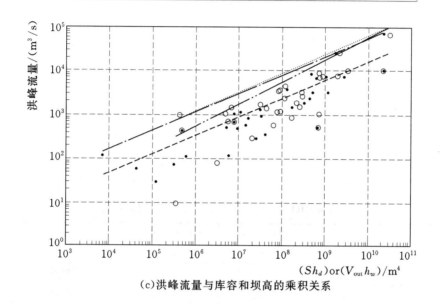

○ 洪峰流量观测值 vs. $S \times h_d$
● 洪峰流量观测值 vs. $V_{out} \times h_w$
--- Hagen,1982(包络线方程基于 $S \times h_d$)
—— Costa,1985(基于 $S \times h_d$)
⋯⋯ Costa,1985(包络线方程基于 $S \times h_d$)
--- MacDonald and Langridge-Monopolis,1984(基于 $V_w \times h_w$)
-·- MacDonald and Langridge-Monopolis,1984(包络线方程基于 $V_w \times h_w$)

(c)洪峰流量与库容和坝高的乘积关系

图 3.11（二） 溃坝洪峰流量实测值与经验关系式的预测值的比较

图 3.12 是根据方程预测溃口洪峰流量的结果，共采用了 32 座溃坝的数据，其中 22 个案例曾用于该方程的推导，另外 10 组数据点跟该关系式吻合得很好，这 10 个案例的详细信息概述在表 3.13 中。Schaeffer 和 Swift 坝的实测数据是紧挨着大坝下游进行的，因此大坝附近的水流的观测更加容易，其结果为预测方程的验证提供了有利的数据。

从以上分析可以看出，Froehlich 公式是目前直接预测溃口洪峰流量的一个比较好的方法。在表 3.13 中，最后面的 5 个案例并不适合以上关系式，因此，图 3.12 中没有绘出。

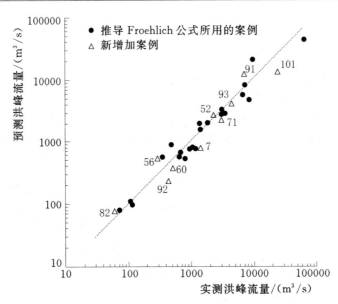

图 3.12　Froehlich 公式（1995a）预测洪峰流量与实测洪峰流量的比较
［洪峰流量作为高度与参数的乘积的函数，Froehlich 方程（1995a）］

表 3.13　　　Froehlich 公式（1995a）的预测洪峰流量

坝名	预测洪峰流量 /（m³/s）	实测洪峰流量 /（m³/s）	确定洪峰流量的方法
Buffalo Creek	762	1420	实测数据
Lake Avalon	2540	2320	不详
Lake Latonka	525	290	不详
Lawn Lake	354	510	溃坝模型
Martin Cooling Pond Dike	2170	3115	不详
Otto Run	74.2	60	实测数据
Salles Oliveira	11600	7200	不详
Sandy Run	219	435	不详
Schaeffer	3840	4500	下游 13km 处实测数据
Swift	12600	24900	下游 27km 处实测数据
South Fork Tributary	14.5	122	实测数据
North Branch Tributary	96.0	29.4	实测数据
Goose Creek	106	565	不详
Frankfurt	358	79	不详
Davis	2470	510	不详

Webby（1996）在讨论 Froehlich（1995a）的方法时，采用了量纲分析技术推导出了一个类似的溃口洪峰流量预测方程，采用了 Froehlich 的数据。方程如下：

$$Q_p = 0.0443 g^{0.5} V_w^{0.367} h_w^{1.40} \tag{3.11}$$

如果以无量纲的形式表示，则可以表示如下：

$$\frac{Q_p}{\sqrt{g V_w^{5/3}}} = 0.0443 \left(\frac{h_w}{V_w^{1/3}} \right) \tag{3.12}$$

与 Froehlich 方程相比，这两个关系式在拟合数据方面相较差些，但在量纲一致性方面较好。

Walder 与 O'Connor（1997）提出了一个相对简单的基于物理过程的大坝溃口形成模型，用它来显示无量纲溃口洪峰流量（无量纲参数的函数）。

$$Q_p^* = Q_p / (g^{1/2} d^{5/2}) \tag{3.13}$$

$$\eta = k V_p / (g^{1/2} d^{7/2}) \tag{3.14}$$

式中：Q_p 为溃口洪峰流量；g 为重力加速度；d 为库水位的下降深度；V_p 为下泄水流体积；k 为溃口平均垂向侵蚀速率。

对于 η 远大于 1 的情况，随 η 值的增加，无量纲洪峰流量渐近地达到最大值。最大值是溃口宽度与深度之比、溃口侧坡角度、初始水深的一个弱函数。从物理上讲，这是溃口形成相对较快或大库容水库的真实过程，对于这类水库，洪峰流量发生于溃口达到最大深度之前，且在库水位无明显下降之前。

对于 η 远小于 1 的情况，无量纲洪峰流量主要是 η 的一个能量函数，即

$$Q_p^* = \alpha \eta^\beta \tag{3.15}$$

式中：α、β 为水库和溃口几何参数的弱函数。从物理意义上讲，这是溃口形成相对较慢或者库容较小的实际情况，对于这类坝，溃口洪峰流量正好在溃口达到最大深度之前发生。当溃口达到最大深度时，水库里所剩余的水头几乎为零。

Walder 与 O'Connor 建议了一个快速估计溃口水位线的简单程序，具体如下。

（1）根据 d、V_p 和 k 计算 η。依据研究的实例结果，k 通常为

$10\sim100\text{m/h}$。水面的下降值 d 通常是坝高的 $50\%\sim100\%$，对良好设计的结构，其值趋近于 100% 坝高。

（2）对 η 在 $0.6\sim6$ 范围之外的情况，采用以下关系式（有量纲形式）：

$$Q_p = 1.51(g^{1/2}d^{5/2})\left(\frac{kV_0}{d}\right)^{0.94} \quad \text{当} \quad \frac{k}{(gd)^{1/2}}\frac{V_0}{d^3} < \sim 0.6 \quad (3.16)$$

$$Q_p = 1.94(g^{1/2}d^{5/2})\left(\frac{D_c}{d}\right)^{3/4} \quad \text{当} \quad \frac{k}{(gd)^{1/2}}\frac{V_0}{d^3} \gg 1 \quad (3.17)$$

式中：D_c 为坝顶相对于坝基的高度。

（3）对 η 为 $0.6\sim6$ 的情况，无量纲洪峰流量可采用图表来确定，该图表可以参考 Walder 与 O′Connor 发表的文章中，该图表显示的是无量纲洪峰流量的渐近线方法与上述两式的关系。

（4）关于出现洪峰流量的时间 t_p，也可以采用相似的方法来确定，采用 Walder 与 O′Connor 发表的文章中关系式和一张图。近似溃口水位线可以假定为三角形，洪峰流量 Q_p 在时间 t_p 发生，当时间为 $2V_0/Q_p$ 时下泄水流将停止。

该求解方法提供了一个理论基础，说明用于大库容和小库容案例时存在的差异和局限性。

3.3.5　国内溃坝案例溃口参数分析

本节主要根据收集到的国内溃坝数据，对水库溃口的特征参数和发展模式进行分析。由于我国很多溃坝的调查中，未详细实测或记录前面章节所述的技术参数，或者有些技术资料散落在一些老专家的资料库中，一时难以获取。本文仅根据一些有限的资料，借鉴国外研究成果，开展溃口参数的统计分析。

3.3.5.1　溃口形状与参数分析

国内，概率统计没有引起足够的重视，水库溃口的特征参数的记载和研究文献很少，因此许多参数都无法统计，或者误差较大。

（1）溃口形状。从国内有记载的一些溃坝资料来看，溃口的形状有三角形、矩形和梯形，相比较而言，呈矩形和梯形的溃口较多一点。在33个有记载的溃口案例中，矩形有17个，三角形有2个，梯形有14个，各种溃口形状比例见图3.13。

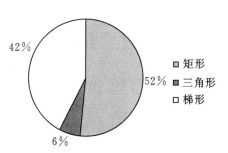

图3.13 溃口形状统计

（2）溃坝时的水深。对国内34座因漫顶而溃决大坝进行统计分析。漫顶水深为0.3～3m，平均漫顶水深0.953m，标准差0.696。漫顶水深统计表见表3.14，分布见图3.14。

表3.14 漫 顶 水 深

均值/m	标准误差/m	中位数/m	众数/m	标准差/m	方差	最小值/m	最大值/m	观测数	置信度(95.0%)
0.953	0.119	0.6	0.5	0.696	0.484	0.3	3	34	0.243

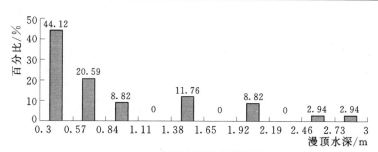

(a)漫顶水深分布柱状图

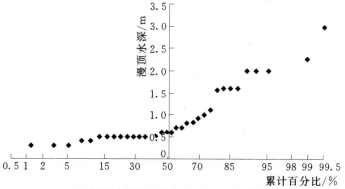

(b)漫顶水深累计分布图(按正态分布曲线)

图3.14 漫顶水深统计分布图

坝体溃决时，库水位距离坝顶的距离见表 3.15，在所统计的 24 个案例中，最小距离为 0.2m、最大为 7m，平均 2.528m，标准差 1.949，详见表 3.15，图 3.15。

表 3.15　　　　　　　　溃坝时水位距坝顶距离

均值 /m	标准误差/m	中位数 /m	众数 /m	标准差 /m	方差	最小值 /m	最大值 /m	观测数	置信度 (95.0%)
2.528	0.382	2	2	1.949	3.800	0.2	7	26	0.787

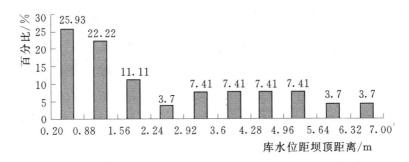

（a）非漫顶溃决坝库水位距坝顶距离分布柱状图

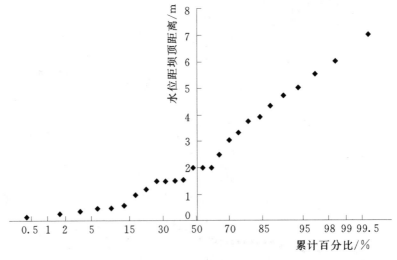

（b）非漫顶溃决坝库水位距坝顶距离累计分布（按正态分布曲线）

图 3.15　非漫顶溃决坝库水位距坝顶距离统计分布图

（3）溃坝历时。表 3.16 为溃坝历时，从表中可以看出大坝溃决时间为 10～450min，平均 145.8min。明显高于美国大坝安全办公室的结果，这可能是许多观测值并不是指溃口形成所需要的时间，有的可能延续到库水放空。溃坝历时统计分布见图 3.16。

表 3.16   溃   坝   历   时

均值 /h	标准误差/h	中位数 /h	众数 /h	标准差/h	方差	最小值 /h	最大值 /h	观测数	置信度 (95.0%)
2.43	0.56	2.00	0.50	2.31	5.34	0.17	7.50	17	1.19

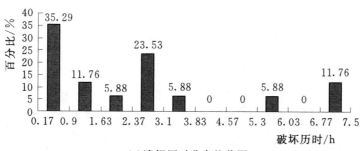

(a)溃坝历时分布柱状图

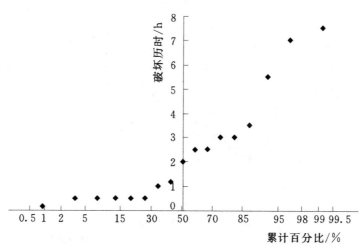

(b)溃坝历时累计分布图(按正态分布曲线)

图 3.16   溃坝历时统计分布图

（4）溃口深度。表 3.17 为溃口深与坝高比值的统计参数。从表中可以看出溃口深与坝高比值平均值为 0.772，出现最多的是 1，这就说明许多大坝都接近溃到坝基。溃口深与坝高比值的分布见图 3.17。

表 3.17　　　　　　　　　　　溃口深与坝高比值

均值	标准误差	中位数	众数	标准差	方差	最小值	最大值	观测数	置信度 (95.0%)
0.772	0.046	0.791	1	0.281	0.079	0.176	1.333	38	0.092

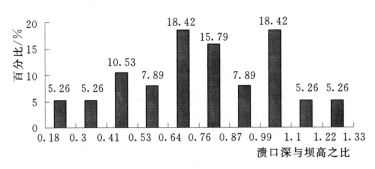

（a）溃口深与坝高比值分布柱状图

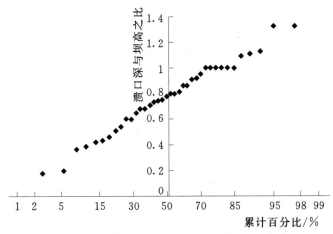

（b）溃口深与坝高比值累计分布图（按正态分布曲线）

图 3.17　溃口深与坝高比值统计分布图

3.3.5.2 溃口计算

图 3.18 根据溃坝案例参数，按线性拟合溃口深与坝高的关系结果，拟合方程如下，拟合参数见表 3.18。从拟合结果可以看出溃口深与坝高基本满足线性关系：

$$h_b = 0.599 h_d + 1.398 \tag{3.18}$$

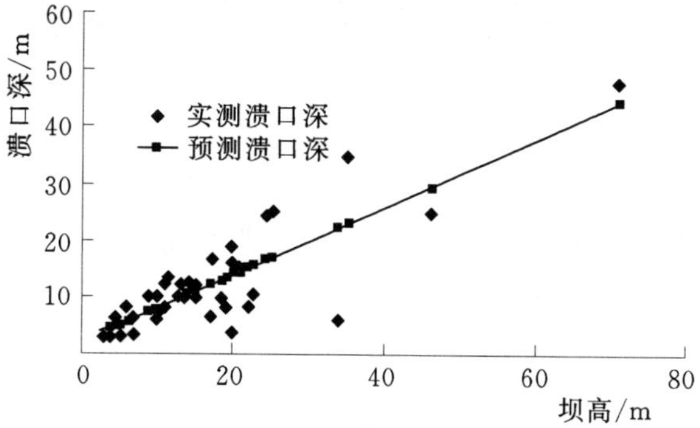

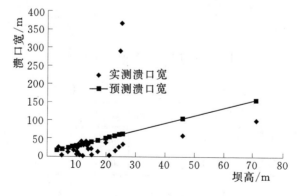

图 3.18 溃口深与坝高的线性拟合

表 3.18 溃口深与坝高的线性拟合参数表

项 目	系数	标准误差	t-Stat	P-value	下限 95%	上限 95%
线性方程截距	1.871	1.398	1.338	0.189	−0.965	4.706
自变量系数	0.599	0.066	9.063	0.000	0.465	0.733

图 3.19 给出了溃口宽与坝高的线性拟合图，拟合参数统计值

图 3.19 用坝高拟合溃口宽

见表 3.19。溃口宽与坝高的拟合关系见式（3.19），从拟合结果可以看出溃口宽度与坝高的关系基本上与国外的相当，溃口宽大致在 2～5 倍坝高（或溃口深范围内）。

$$\bar{B}=2.066h_b+9.278 \tag{3.19}$$

表 3.19　　　　　　**溃口宽与坝高的线性拟合参数表**

项　　目	系数	标准误差	t-Stat	P-value	下限 95.0%	上限 95.0%
线性方程截距	9.278	24.169	0.384	0.704	−40.311	58.868
自变量系数	2.066	1.111	1.859	0.074	−0.215	4.346

图 3.20 给出了溃口宽与溃口深的线性拟合图，拟合参数统计值见表 3.20，拟合关系式为：

$$\bar{B}=5.028h_b-11.156 \tag{3.20}$$

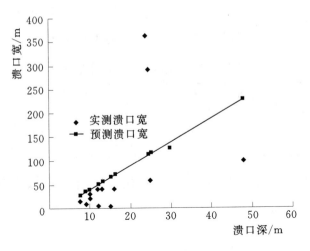

图 3.20　用溃口深拟合溃口宽

表 3.20　　　　　　**溃口宽与溃口深的线性拟合参数表**

项目	系数	标准误差	t-Stat	P-value	下限 95.0%	上限 95.0%
线性方程截距	−11.156	51.971	−0.215	0.834	−124.392	102.079
自变量系数	5.028	2.615	1.923	0.079	−0.670	10.726

根据国内溃坝案收集到的资料，图 3.21 给出了洪峰流量与坝高的关系图，其中洪峰流量数值采用了 29 个案例。国内的溃坝案

例的洪峰流量数值大多是事后估计得到的，很少有经过实测的数据。这也影响了数据的可靠性。从图 3.21 可以看出洪峰流量与坝高的相关性较差。

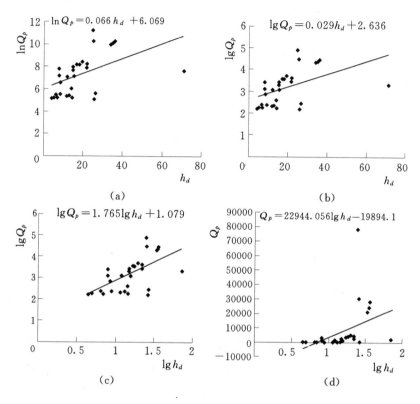

图 3.21 洪峰流量与坝高的关系

图 3.22（a）给出了洪峰流量与水库总库容的线性拟合图，图 3.22（b）给出了洪峰流量与水库总库容和坝高乘积的线性拟合图。从中可以看出洪峰流量与水库库容的相关性相对较强。

图 3.23 根据 Froehlich（1995a）建议的经验关系式计算所得，由于国内溃坝案例数据中许多案例缺乏溃口水深（h_w）和经过溃口的水流体积，因此采用水库坝高和总库容进行拟合，从这两张图上可以看出国内的数据比 Froehlich 采用的数据分散。

本节对国内的溃坝数据进行了统计分析，并根据国际上一些研究较多的溃口特征参数预测方法，对国内的数据进行了类型的拟

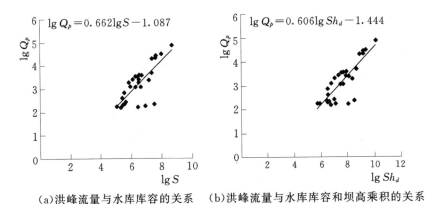

（a）洪峰流量与水库库容的关系　　（b）洪峰流量与水库库容和坝高乘积的关系

图 3.22　洪峰流量与水库库容、库容和坝高乘积的关系

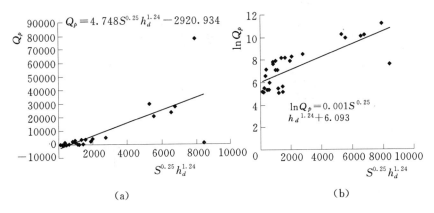

图 3.23　洪峰流量与水库库容和坝高乘积的关系

合。从国内的数据结果可以看出，国内的数据量相对较少，很多数据可靠性都较差，这些因素影响了结果。

3.4　溃 坝 后 果 分 析

溃坝风险主要体现在两方面：①溃坝事故发生的可能性，主要通过风险概率计算方法进行分析；②溃坝事故导致的后果严重程度。对溃坝后果进行分析，有助于抢险人员尤其是决策人员，对险情进行更深入的分析判断，同时它也影响着对处置险情的方案的选择。一般将溃坝失事后果分为四个方面，即生命损失、经济损失、社会影响和环境影响等。本节主要介绍溃坝损失的一些估算方法。

3.4.1 生命损失

美国垦务局（USBR）自从 20 世纪 80 年代末期就开展了溃坝生命损失研究，将溃坝生命损失估算纳入大坝安全管理风险的范畴之内，提出的溃坝生命损失估算方法主要有 B&G 法、D&M 法和 Graham 法。

B&G 法：Brown 和 Graham（1988）最早研究了溃坝生命损失，根据美国和世界各国历史上发生的一些溃坝生命损失数据，利用数学统计方法对溃坝历史数据进行分析，建立一个简单的溃坝生命损失（即死亡人数）经验估算公式如下：

$$LOL \begin{cases} 0.5 \times (PAR), & WT < 15 \\ (PAR)^{0.6}, & 15 \leqslant WT \leqslant 90 \\ 0.0002 \times (PAR), & WT > 90 \end{cases} \tag{3.21}$$

式中：LOL 为潜在生命损失；PAR 为风险人口；WT 为警报时间，min。

生命损失变化主要取决于警报时间的长短。假设风险人口为 5000 人，如果这些人位于接受到的警报时间 $WT < 0.25h$ 的区域，那么生命损失可能会达 2500 人；如果这些人位于接受到的警报时间 $WT > 1.50h$ 的区域，那么生命损失将会仅仅是 1 人。

D&M 法：DeKay 和 McClellabnd 于 1993 年拓展了 Brown 和 Graham 的研究。根据对溃坝洪水事件的研究，得到类似 B&G 法的生命损失经验估算公式，并提出生命损失与风险人口之间存在着非线性的关系。考虑洪水的实际破坏能力，分别采用如下经验公式：

水破坏力小情况下，20% 以下房屋被毁坏或严重破坏时：

$$LOL = \frac{PAR}{1 + 13.2777(PAR^{0.440})e^{[0.759(WT)]}} \tag{3.22}$$

水破坏力大情况下，20% 以上房屋被毁坏或严重破坏时：

$$LOL = \frac{PAR}{1 + 13.2777(PAR^{0.440})e^{[2.982(WT)-3.790]}} \qquad (3.23)$$

式中：LOL 为潜在生命损失；PAR 为风险人口；WT 为警报时间，min。

Grahaln 法：B&G 法和 D&M 法提出基于风险人口、警报时间与溃坝洪水严重性之间相互关系的溃坝生命损失经验估算公式，但是他们并没有认识到风险人口对溃坝洪水严重性的理解程度也会影响到溃坝生命损失的多少。Graham（1999）建议应用基于溃坝洪水严重性的新方法来估算溃坝生命损失，给出了溃坝（土坝）洪水警报发布时间估算指南和估算溃坝生命损失所建议的风险人口死亡率表，并提出一个估算溃坝生命损失的基本步骤：①确定所要评估的溃坝工况（溃坝模式、溃坝洪水情况等）；②确定需要进行生命损失评价的溃坝发生时间；③确定发布溃坝的警报时间 Wr；④确定各种溃坝工况下的淹没区域；⑤计算各种溃坝工况和时间条件下的风险人口为 R；⑥运用经验公式或方法估算生命损失 LOL；⑦评估不确定性。

Graham 不仅定性地对洪水严重性加以区分，还考虑到了公众对溃坝洪水严重性的理解程度，并将其分成明确理解和模糊理解两种类型。比较充分地考虑到溃坝生命损失的各种主要影响因素，估算溃坝生命损失结果更为精确。

3.4.2　溃坝经济损失

经济损失包括直接经济损失和间接经济损失。关于经济损失的分析工作，比较典型的计算方法如下。

（1）直接经济损失计算。直接经济损失包括水库工程损毁所造成的经济损失和洪水直接淹没所造成的可用货币计量的各类损失。直接淹没损失包括工业、农业、林业、牧业、渔业、商业、交通、邮电、文教卫生、粮油贮存、工程设施、物资库存、农业机械、房屋、群众家产和专项损失这类。可在具体计算时与社会经济资料、洪灾损失资料调查、洪灾损失率相对应，根据需要对每一类继续分解，从而对全社会各类财产建立一个完整的层次结构体系。如可将工业部门分为冶金、电力、煤炭、石油、化工、机械、建材、木材加工、纺织、造纸等行业，对每个行业又可按企业规模（大、中、小）、经营性质（国营、集体、个人等）或损失种类（固定资产、流动资产、利税管理费）再加以细分，据此来计算直接经济损失。具体计算过程中可分析承载体的类别按照下列办法进行分类计算。

1）针对各类社会固定资产，按照损失率进行计算，计算公式如下：

$$S_1 = \sum_{i=1}^{n} S_{1i} = \sum_{i=1}^{n} \sum_{j=1}^{m} \sum_{k=1}^{l} \beta_{ijk} W_{ijk} \tag{3.24}$$

式中：S_1 为按照损失率计算的直接经济损失；S_{1i} 为按照损失率计算的第 i 类财产损失；β_{ijk} 为第 i 类第 j 种财产在第 k 类风险区的损失率；W_{ijk} 为第 i 类第 j 种财产在第 k 类风险区的价值；n 为财产类别数；m 为第 i 类财产类别数；l 为风险区类别数。

2）按照长度、面积进行计算，适用于铁路、公路、管道、房屋等设施的修复费用计算。计算公式如下：

$$S_2 = \sum_{i=1}^{n} S_{2i} = \sum_{i=1}^{n} \sum_{j=1}^{m} \sum_{k=1}^{l} A_{ijk} f_{ijk} \tag{3.25}$$

式中：S_2 为按照长度、面积计算的直接经济损失；S_{2i} 为按照长度、面积计算的第 i 类设施损失；A_{ijk} 为第 k 种毁坏程度下第 i 类第 j 种设施的毁坏长度或面积；f_{ijk} 为第 k 种毁坏程度下第 i 类第 j 种设施的单位长度或面积的修复费用；n 为设施类别数；m 为第 i 类设施类别数；l 为毁坏程度等级数。

3）按照经济活动中断时间进行计算。适用于工业、商业、运输、供电、邮电等部门经济活动中断所造成的损失的计算。计算公式如下：

$$S_3 = \sum_{i=1}^{n} S_{3i} = \sum_{i=1}^{n} \sum_{j=1}^{m} \sum_{k=1}^{l} t_{ijk} S_{ijk} \tag{3.26}$$

式中：S_3 为按经济活动中断时间计算的直接经济损失；S_{3i} 为第 i 类部门损失；t_{ijk} 为第 i 类部门第 j 种行业第 k 类经济活动中断时

间；S_{ijk} 为第 i 类部门第 j 种行业第 k 类经济活动单位时间中断的损失值；n 为部门类别数；m 为第 i 类部门行业类别数；l 为第 i 类部门第 j 种行业经济活动类别数。

4）农业收益损失计算公式如下：

$$S_4 = S_0 + R_c + I_1 \tag{3.27}$$

式中：S_4 为农业收益型直接经济损失；S_0 为当年（季）减产绝产损失；R_c 为重置恢复费用；I_1 为恢复期丧失的收入。

5）工程设施毁弃损失计算公式如下：

$$S_5 = A + V \tag{3.28}$$

式中：S_5 为工程设施毁弃损失；V 为灾前价值；A 为工程修复或重置增加的费用。

（2）间接经济损失计算。间接经济损失主要包括由于采取各种措施（如防汛、抢险、避难、开辟临时交通线等）而增加的费用、骨干交通线路中断给有关工矿企业造成原材料中断而停工停产及产品积压的损失或运输绕道增加的费用、农产品减产给农产品加工企业和轻工业造成的损失等。其涉及面广，内容繁杂，计算范围无明显界限，全面完整的精确定量计算困难。目前一般根据具体情况，可采用直接法或系数法进行估算，但采用直接法计算一般来说计算参数取决于计算者人为指定的损失范围及损失取值。

1）直接估算法。模拟或分析确定溃坝洪水的淹没范围和淹没程度，分析其对社会经济生活的影响，分类直接估算各种间接经济损失。主要包括以下 3 方面。

（a）各种费用的支出。诸如：洪水发生后的各种紧急救护服务支出（含地方机关、军队、警察、医疗、消防等各种志愿人员的费用和物质费用）；交通、通信、供电、供水等临时工程的费用；防汛抢险费用等。按实际需要估算。

（b）工矿企业停产减产损失。例如：农产品损失后造成相关工业企业（如啤酒生产、粮食加工、食品、纺织、造纸等）原料短缺引起的停产或增加的生产费用；交通、商业、供电（水、油、气、煤）、邮电中断时造成有关工业企业原材料短缺、产品积压和停产减产的损失（无替代办法时）或增加的生产费用；乡村居民家庭农副产品加工业、养殖业停产减产损失等。停产减产损失可按"有计划停产损失法"计算，即根据各种因素影响估计情况，确定溃坝洪水淹没情况下的停产行业或部门及停产时间，再根据单位时间损失值估计停产损失值，其中停产损失主要指减少的利润、税金和管理费。替代办法主要指铁路、公路绕道或改用空运以及各种特殊替代措施，采用进口或从其他地区调运等。增加的生产费用按最可能的方案估计。

（c）对工业、商业、交通、通信、工用事业、公共服务等部门还应计入由于洪水造成的系统运行费用的增加。在计算间接经济损失时，要剔除那些从国民经济角度看不属于"损失"而仅属于转移支付的部分费用。如救灾物资、粮食、衣服支出，洪灾区税赋减免，部分工商贸易额转移等。

2）系数法。系数法一般通过典型抽样调查，进行抽样数据处理分析，找出洪水给不同部门和事业造成的间接经济损失与直接经济损失之间的关系。如下式：

$$S_{ij} = K_i S_{di} + b_i \tag{3.29}$$

式中：S_{ij} 为洪水给第 i 部门或事业造成的间接经济损失；S_{di} 为洪水给第 i 部门或事业造成的直接经济损失；K_i、b_i 为系数。经济损失系数 Taylor 给出了参考值，即 $b_i=0$，对于商业 K_i 可取值 33%，对于工业 K_i 取值为 70%。

3.4.3 社会影响

溃坝社会影响评价是从社会宏观角度出发，分析溃坝对社会各方面的影响作用，主要包括对国家、社会安定不利的政治影响，因受伤或精神压力给受灾群众所造成的身心健康伤害，受灾群众日常生活水平和生活质量的下降，无法补救的文物古迹、艺术珍品及稀有动植物等的损失方面。

对于大坝溃决的社会影响评价，无论是国内还是国际上都比较匮乏，王仁钟、何晓燕等对于社会和环境的综合影响进行了定性分析，但对于单纯的社会影响方面，国内冯迪江等对其进行了初步的定量分析。运用模糊灰色理论的思想，构造自化全函数，通过对工程等级、风险人口、经济总量、城镇等级、重要设施及文化遗产等六方面影响因素的分析，建立了溃坝社会影响评价指标体系，见图3.24。并基于灰

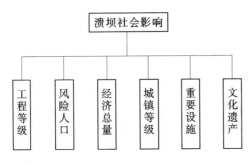

图3.24 溃坝社会影响评价指标体系

色理论提出了溃坝社会影响的评价方法，主要步骤为：①确定评价灰度及自化权函数；②计算灰色评价系数；③确定灰色评价权向量及权矩阵；④计算综合灰色评价系数；⑤综合评价。

（1）工程等级。水利枢纽工程等级根据工程规模、库容、保护城镇及工矿区、保护农田面积、灌溉面积、水电站装机容量等指标来确定，国家制定了工程等级的分等分级标准。一项水利枢纽工程不但对国民经济具有重要作用，而且其成败对国际名声有直接影响。不同规模的工程其影响程度也不同，工程等级不同，对其规划、设计、施工、运行管理的要求也不同，等级越高者要求也越高。这种分等分级、区别对待的方法，也是国家经济政策和技术政策的一种重要体现。

（2）风险人口。风险人口是指溃坝影响的人口数量，一般认为，风险人口越多，溃坝造成的生命损失越大，则造成的社会影响越严重。通过溃坝洪水模拟来确定淹没范围，然后调查统计淹没区内的人口数量即可得到风险人口数量。

（3）经济总量。经济总量是指溃坝洪水淹没区内所有国民经济财产的价值数量。溃坝洪水淹没区内的经济总量越多，则经济损失越大，其社会影响越严重。大量经济财产损失会导致今后一段时间内当地经济的衰退，甚至会倒退。经济总量通过淹没区内经济财产分类调查统计得到。

（4）城镇等级。城镇是一定地区范围内的政治、经济、文化、

金融中心，对地区的发展、稳定具有十分重要的作用。溃坝淹没区内的城镇职能越重要，则社会影响越严重。一般将溃坝淹没区内城镇分为7个等级：首都、直辖市或省会、地级市府或城区、县级市府或城区、乡镇政府、乡村、散户。

（5）重要设施。重要设施也是社会关注的重要内容，如交通、输电、油气干线及厂矿企业和军事设施等，这些重要设置遭到破坏在一定程度上将影响人们的生产、生活以及国民经济的运转，这些设置越重要，则其社会影响越严重。

（6）文化遗产。这里文化遗产包括文物古迹、艺术珍品及稀有动植物，文化遗产的社会关注度很高，其价值很难用货币进行估量，一旦遭到破坏很难恢复、甚至无法弥补。

将溃坝社会影响程度分为5级，分别为"轻微""一般""中等""严重"和"极其严重"，在此基础上拟定了溃坝社会影响各评价指标的相应等级标准，见表3.21。

表 3.21　　　　　溃坝社会影响等级标准建议表

影响程度	溃坝社会影响评价指标					
	工程等级	风险人口/人	经济总量/万元	城镇等级	重要设施	文化遗产
轻微	五	$1\sim10$（含）	$10\sim10^2$（含）	散户	一般设施	一般文物古迹、艺术品及动植物
一般	四	$10\sim10^3$（含）	$10^2\sim10^3$（含）	乡村	一般重要设施	县级文物古迹、艺术品及动植物
中等	三	$10^3\sim10^5$（含）	$10^3\sim10^4$（含）	乡镇政府所在地	市级重要交通、输电、油气干线及厂矿企业	省市级重点保护文物古迹、艺术珍品及稀有动植物
严重	二	$10^5\sim10^7$（含）	$10^4\sim10^6$（含）	县（地）级市府或城区	省级重要交通、输电、油气干线及厂矿企业	国家级重点保护文物古迹、艺术珍品及稀有动植物
极其严重	一	$>10^7$	$>10^6$	直辖市或省会或首都	国家级重要交通、输电、油气干线及厂矿企业和军事设施	世界级文化遗产、艺术珍品和稀有动植物

3.4.4　环境影响

在目前的风险研究中，溃坝的可能性分析无论是定性还是定量我国已有大量研究成果，溃坝后果分析中的生命损失、经济损失部分亦比较完善，社会影响部分小有成果，只有溃坝的环境影响方面，无论是国内还是国际上，都基本上是空白。

第4章 大坝安全风险管理与应急预案

　　大坝安全风险管理是围绕风险特征所进行的降低风险、保障安全的所有管理活动，其目的就是要保证大坝和下游的安全。大坝作为特殊的建筑，其安全性质与房屋等建筑物完全不同，大坝安全出现问题，将会引发大坝下游一定范围的人员和财产、环境损失。大坝安全风险管理的目标是通过一系列工程与非工程措施降低大坝及其影响对象的风险。因此，大坝安全管理始终应该坚持两个原则：①减少或防止事故发生；②一旦发生事故，减少事故损失。对前者，我们需要加强大坝运行管理者的安全意识，建立健全大坝安全规章制度，对大坝实施定期检查，发现问题及时补强加固，降低大坝内部风险；对后者，则需要对大坝可能的失事模式进行险情预计、开发、布置大坝安全预警系统，编制、推广、实施大坝应急处理预案，提高抵御灾害的意识，加强对各种险情的应急处置能力，降低大坝的安全风险。本章主要介绍大坝风险分析的理论及主要方法，然后针对大坝风险等级的划分及应急预案制定等方面，具体介绍水库风险管理的内容。

4.1 基 本 概 念

4.1.1 应急预案

　　应急预案（Emergency Preparedness Plan 或 Emergency Plan，EPP），亦称应急行动计划（Emergency Action Plan，EAP），是针对灾难性事件（自然事件和工程事故）制订的应付灾害的一种应急方案。具体到水库大坝安全方面，则是当不利的自然事件或人为事故发生时保护大坝下游、减少洪灾损失的一种基本手段，可在一定程度上发挥减灾救援的预防作用。大坝安全管理应急预案的研究来源于突发事件（如溃坝洪水）对水库大坝下游的严重威胁及其后果的分析，它是大坝安全管理的重要组成部分。一个先进的、完善的应急预案往往会在很大程度上减少大坝灾难性事件所造成的下游财产和生命损失，减小对社会和环境的破坏影响等。对应急预案而言，制订只是第一步，还需要进行宣传、培训、测试。计划制订后，所有相关的技术人员和社会抢险人员都应在应急模式下进行训练培训，并指派专人或机构定期对应急预案进行检查、更新，这样才会最大限度地发挥应急预案的作用。

4.1.2　水库大坝突发事件

水库大坝突发事件是指突然发生的、可能造成重大生命、经济损失和严重社会环境危害、危及公共安全的紧急事件，一般包括以下内容。

（1）自然灾害类，如洪水、上游水库大坝溃决、地震、地质灾害等。

（2）事故灾难类，如因大坝质量问题导致滑坡、裂缝、渗流破坏，进而导致的溃坝或重大险情；工程运行调度、工程建设中的事故及管理不当等导致的溃坝或重大险情；影响生产生活、生态环境的水库水污染事件。

（3）社会安全事件类，如战争或恐怖袭击、人为破坏等。

（4）其他。

4.1.3　应急管理措施

水库大坝安全管理应急预案中的应急具体措施一般可划分为两类。

（1）内部应急措施。侧重于每座大坝的安全措施和手段，其内容包括突发事件的确定和估计，应明确在发生突发事件时降低库水位的方法，如溢洪道、泄水孔的开启规则和步骤等，减少进出水库流量的方法，通知程序和流程，通信系统，交通计划，无电力情况下的对应措施，物资储备，报警与疏散撤离系统。

（2）外部应急措施。侧重于每座大坝下游的保护措施和救治手段，其内容包括明确下游流域重要的特征，进行溃坝洪水分析研究，利用 GIS、遥感（RS）技术对下游地区进行淹没范围分析，设立整个流域的预警和疏散系统，明确安全责任及作用，救急物资的数量、位置、性能及分发、领用的程序，保护区及交通道路，确定突发事件时可使用的通信、运输系统等。

4.2　风　险　分　析　理　论

4.2.1　风险的定义

风险，通俗地说是可能发生的损失。目前对风险的定义没有公论，说法不一。在贝叶斯框架下，"风险"被定义为一个精确失事事件所引起的期望损失；在随机水文学中它被定义为一个失事事件发生的概率。风险也可以说是"一种不利事件发生的概率及其严重程度的度量"，可以以概率和其不利后果的乘积，作为表示风险的定量指标。1981 年，美国成立了风险分析研究协会，组成了一个专门委员会来研究风险的定义。经过三四年的努力，它们列出了多达 14 种风险的定义，指出这些定义不太可能获得完全的统一。目前，一般认为风险定义应包括以下三个方面的内容：①可能会发生什么事故（事故类型）；②发生该类型事故的可能性有多大（概率）；③发生该类型的事故后果如何（经济损失、生态环境的影响）。国内开展的风险研究中，风险大多都是指事故概率，而不包括考虑事故的后果。这种风险定义只包括了风险的前两个方面，会发生什么事故，发生事故的可能性，人们最关心的问题——究竟这样的事故会造成多大的后果却并未考虑。P_f 只是风险所发生的概率，可以称为风险率，或者称为失事概率。风险定义可扩展为：

$$R = P_f \times l \tag{4.1}$$

式中：P_f 为风险率或失事概率；l 为事故发生造成的损失。该风险定义可称为广义的风险定义。将此定义引入大坝安全风险中，则 P_f 表示溃坝概率，l 表示溃坝后果。一般将溃坝后果分为三个方面，即生命损失、经济损失和社会环境影响。

（1）生命损失 M 是指溃坝后所造成的大坝下游人员的伤亡。对伤亡的情况，又有损伤程度的区别，分因伤致残和伤后治愈，对后者其医疗费和生活补助费可划到经济损失之中。这样生命损失包括死亡和伤残两项。

（2）经济损失 N 是指溃坝造成大坝本身损失以及由于溃坝而引起下游的经济损失。大坝系统外的直接经济损失根据各类财产调查确定。

（3）社会环境影响 P 是指因溃坝而造成某地区的生活环境和生产环境的恶化以及自然生态条件的恶化甚至破坏。环境恶化由一系列指标来衡量和表示。对轻微的环境恶化，可通过治理和改造加以恢复，这种环境恶化可用其相应的治理费用来表示，从而可以划归到经济损失一类中；而对那些给社会和人民生活造成严重破坏的环境恶化，则不能单纯从经济角度考虑，需要从社会、政治、经济等方面加以综合考虑。

由此可见，溃坝后果 l 需要用三个量来描述，即生命损失 M、经济损失 N 和环境恶化 P。为此，可用以下函数来表示溃坝后果：

$$l = f(M, N, P) \tag{4.2}$$

4.2.2　风险的计算方法

针对不同类型的风险建立风险模型，确定合理的功能函数，建立极限状态方程。极限状态方程的建立须考虑风险体所处环境的本构关系以及极限状态判断准则。极限状态方程具有随机性和模糊性，而这种随机性和模糊性在统计意义上还难于研究。

4.2.2.1　随机风险分析

随机模拟方法适合于极大规模、复杂问题。常用方法有以下几种。

（1）重现期法。重现期法是发展最早，也是最简单的方法。重现期 T_r 定义为作用 L 等于或大于特定抗力 R 的平均时间长度，T_r 以年为单位。

（2）直接积分法。直接积分法是通过对荷载和抗力的概率密度函数进行解析和数值积分得到。而在工程实际中，由于系统的复杂性以及受资料的限制，很难用解析方法推导出荷载和抗力的适当概率密度函数，即使有了解析式，求解积分也是相当困难的，特别是对于非线性的变量不同分布的复杂系统，直接积分法尤其显得无能为力。但直接积分法用于处理线性的、变量为同分布且相互独立的简单系统是比较有效的。

（3）Monte-Carlo 法。由概率论的定义可知，某件事的概率可以用大量试验中该事件发生的频率来估算。Monte-Carlo 法，又称随机抽样法或统计试验法，在目前结构可靠度计算中，它被认为是一种相对精确的方法。该方法回避了结构可靠度分析中的数学困难，不管状态函数是否非线性、随机变量是否非正态，只要模拟的次数足够多，就可以得到一个比较精确的失效概率和可靠度指标，特别在岩土体分析中，变异系数往往较大，与 JC 法计算的可靠度指标相比，结果更为精确。目前，计算机硬件技术日新月异，CPU 主频提高很快，内存容量越来越大，存储子系统的传输速度也越来越快，这些都一定程度上克服了 Monte-Carlo 法计算量大、效率相对较低的缺点。

（4）FPI 算法。该方法以矩法为基础，按展开点和展开阶次的不同，可分为一次二阶矩法和二次二阶矩法等。其中一次二阶矩法只需要随机变量的一阶矩（均值）和二阶矩（方差），而且只考虑功能函数泰勒级数展开的一次项，它包括中心点法、验算点法、映射法等。JC 法能够考虑非正态的随机变量，对于线性或非线性程度不高的功能函数，可以迭代出精度较高的可靠指标 β，并能求得满足极限状态的验算点设计值，从而推动了结构可靠度理论的应用，因此，它得到了 JCSS 组织的推荐，并成为国内外土木工程领域制定分项系数极限状态设计规程规范时所通用的方法之一。但JC法的收敛性问题并未从理论上予以证明，且该法的计算精度与模式失效概率的大小、随机变量的变异系数以及失效面在设计点附近的局部形状相关，特别是面对不能用显式表达功能函数的复杂结构的概率设计问题时，则显得无能为力。

（5）可靠指标。为便于实用计算，常用可靠度指标代替失效概率来度量结构的可靠度，与失效率具有意义对应的关系。可靠指标是结构的极限状态函数的平均值与标准差之比值，是一种近似方法。

（6）随机有限元法。将随机模型与有限元结合，成为分析局部力学状态、变形破坏机制等结构问题的强有力的工具。目前随机有限元法已在土木结构、重力坝等结构工程，边坡、基础等岩土工程中得到了成功的应用，但大规模三维问题、随机耦合问题还难于应用。

4.2.2.2　模糊风险分析

（1）随机变量的模糊性。常规确定值安全系数法和随机的概率分析法，都是以某定值为判别安全的标准。实际上，安全域中具有的潜在风险，需应用模糊数学理论研究隶属安全的程度，以隶属函数进行分析描述。在连续随机变量问题中，数据不充分、概率密度函数不能完全确定的情况下，用模糊值函数来描述概率密度函数更具实际意义。

（2）风险模糊分析法。风险模糊分析理论，包括风险模糊变换、风险模糊综合评价模型、多层次模型。风险模糊聚类分析法涉及模糊标定、模糊聚类、构造风险模糊等价矩阵、风险模糊分类等。尽管模糊风险分析的结果合理，但针对一个具体问题，要确定变量的隶属函数和隶属度，是缺乏统计依据的。风险模糊分析法在复杂大系统的应用中也还有很多问题需要解决。

（3）灰色-随机风险率方法。

多重不确定信息指同时含有随机、模糊、灰等不确定的信息。对含有多种不确定性信息的处理是当今国内外研究的新课题。其中，灰信息的已知成分相对较少，约束条件相对较弱，灰信息是不确定最强的一种不确定信息，对灰信息的表达和处理方法研究更具一般性。

参数由于缺乏充足的观测试验信息而存在灰色不确定性，如各参数存在一定范围的随机波动，波动值呈正态分布，则用 Shafer 方法可将正态分布的均值处理成灰区间形式，即得到各参数的上、下期望值。根据荷载效应与各参数的正、负相关关系，组合变量参数，分别求得风险的最小值和最大值。

灰色-随机风险率可以转化为一般风险率，避免了 Monte-Carlo 模拟方法带来的复杂与耗时，可在信息不充分的情况下对有模糊因素影响的事物进行综合评判。用三参数表示灰色模糊数，将灰色数和模糊数都视为其特例，允许参数在一定范围内变化，计算后得到的结果是一个区间数的向量，然后对这些区间数进行排序获得评价结果，所给出的隶属度是一个范围，而非一个数值。但其工程应用还未见报道。

（4）基于最大熵的风险分析。风险分析要根据所获得的一些先验信息设定先验分布。而设定的先验分布不能独立于决策者的个性。因此，找到一种有普遍意义并能广泛使用的设定先验分布的客观准则就显得十分重要，最大熵准则便应运而生，并在实践中应用越来越广。熵是系统内部不确定性程度的度量。最大熵法实质是将问题转化为信息处理和寻优问题。在水利工程项目风险分析中，许多风险因子的随机特性都无先验样本，而只获得一些数字特征，而这些数字特征的概率分布有若干个甚至无穷多个，这样应用最大熵准则从中选择一个先验分布作为其分布，以进行风险分析。但信息的熵度量与传统的风险度量之间的转化，以及工程师的直观接受习惯等都限制了其应用。

4.2.3 风险分析的程序与内容

风险分析就是一个识别、确定和度量风险，并制定、选择和实施风险处理方案的过程。其内容包括查明项目活动在哪些方面、哪

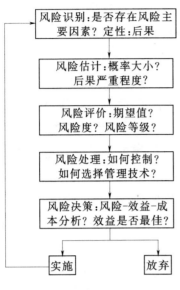

图 4.1　风险分析程序图

些地方、什么时候可能会隐藏风险，查明之后要对风险进行量化，确定各风险的大小以及轻重缓急。风险分析应是一个系统的、完整的过程，一般也是一个循环的过程。风险分析过程包括风险识别、风险估计、风险评价、风险处理和风险决策 5 个方面的内容。风险分析的一般程序见图 4.1。

4.2.3.1　风险识别

风险识别又称风险辨识，就是要对系统可能出现的失事形式、这些失事形式的影响因素以及系统失事可能造成的后果加以识别。水利工程风险识别往往是通过对经验的分析、风险调查、专家咨询等方式，在对工程风险进行多维分解的过程中认识工程风险和建立工程风险清单。风险识别主要包括收集资料、分析不确定性、确定风险事件、编制风险识别报告等。

（1）危险识别。对水库大坝进行风险分析，首先要确定可能引起水库大坝破坏的所有危险。所谓危险，是指由内因和外因引起水库大坝破坏的因素。内因是指水工建筑物自身存在的问题，如大坝存在问题、溢洪道存在问题、输水洞存在问题等。外因是指洪水、地震、人为失误等可能导致水库大坝破坏的因素。

危险识别是识别可能引起水库大坝破坏的所有危险，要把所有可能的危险都找出来，然后确定哪些危险有可能发生、哪些危险比较严重。导致水库大坝破坏的危险有的比较明显，如洪水、地震、库水位急剧下降、大坝滑坡，有些则不太明显，如操作人员失误、故意破坏、战争行为、火灾、水库边坡滑坡、雷击、大风、沿海地区某些低坝可能遇到海啸、火山活动等。另外，库水本身就是一个危险。

确定了可能引起水库大坝破坏的所有危险之后，就要考虑各种运用条件下的破坏模式，进行破坏模式分析。

（2）破坏模式分析。破坏模式是指在某种危险作用下，导致水库大坝最终破坏的路径。如洪水—溢洪道堵塞—库水位上升—漫顶—大坝溃决便是一种破坏模式。破坏模式分析是指应用系统综合筛选过程确定水库大坝所有可能的破坏模式，如破坏模式和影响分析，破坏模式、影响和危急程度分析。这里"影响"是指某种破坏模式对水库大坝造成的后果，这种后果仅仅是对水库大坝本身而言，并不包括溃坝洪水对大坝下游的生命损失和财产损失。在定性风险评价中一般使用破坏模式、影响和危急程度分析（FMECA），在定量风险评价中一般使用 FMEA，因为在随后的风险评价中会对每种破坏模式的危急程度进行分析的。当然，这种区分并不十分严格，在定量风险评价中也可应用 FMECA 来确定那些需要进行详细分析的破坏模式。

进行破坏模式分析时，把水库大坝看作一个总体，按照功能把水库大坝分成挡水建筑物、泄水建筑物和输水建筑物等子系统，再把子系统细分成一个个要素。所谓要素，是指构成水库大坝的有一定功能的最小单元。把水库大坝的所有要素都罗列出来，然后分析在每一种危险下要素的反应，考虑各种要素的危险组合，找出水库大坝所有可能的破坏模式。只要某种破坏模式有可能发生，则需进一步分析其风险。只有当某种破坏模式明显可以忽略时，才可以不作进一步风险分析。不过也有人认为，不管风险大小如何，所有破坏模式都应进行风险分析。

确定破坏模式以后，应根据不同危险对破坏模式进行分类，以便和相应的荷载状态联接起来。一般根据危险把破坏模式分为与洪水有关、与地震有关、正常运用条件下和与其他危险有关的 4 大类。不同的破坏模式其严重性是不同的，应根据水库大坝要素及其破坏后果的严重性对破坏进行分类，以便划定风险评价的范围。如可以把水库大坝破坏分为灾难性洪水溃决、较大洪水溃决、中等洪水溃决、较小洪水溃决和没有溃决 5 类。

FMECA 方法，最早应用于电子、机械、航空、石化和核工业，到 20 世纪 80 年代开始应用于大坝工程。它可以为事件树和事故树分析提供依据，对那些确认的重要的破坏模式，应用事件树或事故树方法，可以进行更加详细的分析。通过 FMECA 分析可以找出水库大坝的各种安全隐患，这对那些至今还没有安全监测的大坝进行险情分析特别有用。在大坝设计阶段也可以应用 FMECA 方法，根据设计方法和指南，把潜在大坝破坏模式消灭在萌芽状态中。

FMECA 的基本步骤如下。

把水库大坝看作一个总体，按照功能把水库大坝分成挡水建筑物、泄水建筑物和输水建筑物等子系统，再把子系统细分成一个个要素。有些要素由不同的材料构成，因此还可以进一步划分为不同的子要素。把水库大坝划分完毕，用表格形式记录下来，并把要素或子要素的主要功能和辅助功能列于表里。

根据上述划分原则，确定每种要素或子要素的破坏模式。有的要素或子要素不止一种破坏模式，应把所有可能的破坏模式都找出来。然后把每种破坏模式的主要影响和次要影响以及破坏原因列出来。最后计算每种破坏模式的危急程度。

4.2.3.2　风险估计

明确可能存在的风险种类后，必须进行风险估计以确定风险程度。风险估计又称风险衡量，是指在风险识别的基础上，通过对所收集的大量的失事资料加以分析，运用概率论和数理统计方法，对风险发生的概率及其损失程度作出定量的估计。风险估计有主观的和客观的两种。客观的风险估计以历史数据和资料为依据。主观的风险估计无历史数据和资料可参照，靠的是人的经验和判断。一般情况下这两种估计都要做，因为现实项目活动的情况并不总是泾渭分明，一目了然。对于新技术项目，主观的风险估计尤显重要。一般性的风险估计方法有主观估计、客观估计、外推法（包括前推、后推和旁推）及蒙特卡洛数字仿真法。

4.2.3.3 风险评价

风险评价是根据风险估计得出的风险发生概率和损失后果，把这两个因素结合起来考虑，用某一指标（如期望值、标准差、风险度）等决定其大小及其影响，再根据国家所规定的安全指标或公认的安全指标衡量风险的程度，以便确定风险是否需要处理和处理的程度。在风险分析中，对风险的测度有两类指标，即平均指标和变异指标。平均指标反映了风险变量的集中趋势，而变异指标则表达了风险变量的离散趋势。常用的平均指标为期望值，变异指标为标准差和变异系数（也称风险度）。标准差体现了在客观状态下的风险损失与风险损失期望值的离散程度，是风险测度的绝对指标，变异系数是标准差与期望值之比，为风险测度的相对指标，是相对标准差的补充。

正确地判断风险的大小是风险分析中的关键问题，一般常用的以方差和标准差来衡量风险程度时只有在数学期望值相同时，在理论上才是可行的。但在应用时与人们的习惯概念不相符，即用该方法衡量的结果是越接近数学期望值其风险越小，这与实际情况不符。只有在劣于期望目标的事件出现时才构成风险。因此在建立风险模型时我们要建立一种既可充分考虑各种风险目标，又可考虑决策者对待风险的态度的主观、客观因素相结合的度量模型。

4.2.3.4 风险处理

对比风险和风险标准，根据不同结果对风险进行不同的处理。如果对风险能够接受，就不需对风险进行处理。如果风险不可接受但可容忍，应用 ALARP 原则，如果满足 ALARP 原则就不需要处理风险，如果不满足 ALARP 原则就要对风险进行处理。如果风险不可容忍，则必须立即对风险进行处理。处理风险方法有如下几种。

（1）降低风险：包括降低大坝溃决可能性和减少溃决后果，前者如对大坝进行加固、建立大坝安全监测系统和对大坝进行定期检查，后者如建立应急撤退计划和迁移风险人口。

（2）转移风险：通过立法、合同、保险或其他手段将溃坝损失的责任或负担转移到另一方。

（3）回避风险：如果大坝风险分析结果不满足可接受风险标准，而且降低风险措施费用与取得的效益非常不相称时，可以让大坝报废退役从而回避风险。

（4）保留风险：在降低风险或转移风险之后的剩余风险如果满足可接受风险标准就不需要进一步处理。

至于具体采用什么方法，根据风险处理过程来决定。风险处理过程见图 4.2。

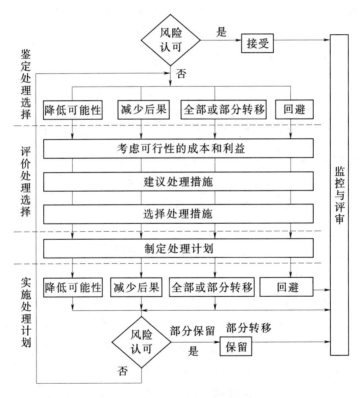

图 4.2   风险处理过程图

4.2.3.5   风险决策

风险决策是风险分析中的一个重要阶段。在对风险进行识别，做了风险估计及评价，对其提出了若干可行的风险处理方案时，需要由决策者对各种处理方案可能导致的风险后果进行分析并作出决策，即决定采用哪一种风险处理的对策和方案。常用的风险决策方法有期望值法、均值方差两目标法、决策树法、机会损失法、极小化风险率法、极大化希望水平法、多目标风险型决策方法等。

4.3 大坝风险评价方法

约 40 年前，卡萨格兰迪提出了风险概念，并根据风险进行安全评价的思想，20 世纪 80 年代初美国最先将风险分析引入大坝安全管理中，1984 年国际大坝安全会议关于大坝风险的讨论有力地推动了风险管理在世界各国的迅速发展，经过几十年的不断发展和完善，20 世纪 90 年代，该方法取得了相当大的成就。目前，已经形成了专门以风险评价技术为基础的新兴管理学科。各个国家依据自身的特点，形成了各自不同的水库大坝风险评价理论和方法，特别是在美国、加拿大、澳大利亚、芬兰、瑞典、挪威、荷兰、英国、巴西和泰国等，并且得到了很好的运用。

长期以来，我国水库大坝安全管理的重点是关注水工结构的自身安全，大坝安全评价往往偏重于工程结构安全系数的复核，大坝安全保障体系的中心是"工程安全"，忽略了非工程措施在降低大坝风险中所发挥的作用。近几年，我国借鉴国外经验，开始致力于大坝安全风险管理理念和技术的探索。由于起步晚较晚，有关风险分析、溃坝损失评价、风险标准等各个方面的研究还处于起步阶段，特别是对一些关键技术的研究很少涉及，尚未形成一套完整的大坝风险评价体系。

4.3.1 国外大坝风险评价方法

风险分析技术的发展，最早起源于美国，首先使用于军事工业方面。早在 20 世纪 60 年代，美国学者 Casagrande A 就指出考虑到土木及基础工程中涉及各种不确定的变量，应根据工程失事造成的损失大小来确定一个合适的设计安全度，实际上已经模糊涵盖了风险的两部分内容，即工程自身的失事概率与失事造成的损失。

1973年，美国土木工程师协会（ASCE）发表了一篇用风险分析方法对溢洪道设计进行评估的检查报告，由此拉开了水工建筑物风险分析的序幕。1974年美国原子能委员会发表了商用核电站风险评价报告网，引起了世界各国的普遍重视，推动了风险分析技术在各个领域的研究与应用。在美国，由于1976年Teton坝和1977年Taccoa Fall坝的相继失事，美国总统卡特1978年在对全美水利资源委员会的工作指示中就强调了对水利工程进行系统风险分析的必要性和重要性，推动了风险分析与管理技术在水库大坝领域的研究与应用。美国政府于1979年颁布了联邦大坝安全导则（FccST），其中有关安全评价、大坝设计、坝址选择的不确定性的风险决策分析引人注目。同时，联邦紧急管理机构和斯坦福大学、美国垦务局、曼彻斯特研究院等开展合作，重点研究大坝安全问题的风险分析方法。其后，美国土木工程师协会（1988年）发表了一篇关于"大坝水文安全评估程序"的报告，提出利用赔偿费用进行损失补偿，但没有解决如何考虑生命损失的问题。20世纪80年代，David Bowles运用了风险分析方法为美国西部几个大坝业主进行了大坝风险评价。其中两例使用了"每挽救一人的成本费用"作为"减少生命安全风险的成本效益"的衡量尺度，以考虑生命方面的损失。

大坝风险管理最早由加拿大B. C. Hydro公司于1991年应用到大坝安全管理中，对大坝风险分析与管理技术的应用起到了积极地推进作用。在20世纪90年代初期，B. C. Hydro和澳大利亚大坝委员会（ANCOLD）根据在其他领域的实践经验（如工业设施和核电），制定了暂行的生命损失可接受的风险标准，这些标准是风险分析在大坝安全评价应用中的一个转折点。

自从20世纪80年代初美国发表了不少关于水库大坝风险分析的原理、方法和实例的文章以来，大坝风险分析技术发展很快，特别是在美国、加拿大、澳大利亚和西欧国家发展迅速，并且得到了很好的运用，其他国家主要是向这些国家学习后回去推广应用的。

（1）美国陆军工程师团（USACE）。美国陆军工程师团（US-

ACE）用相对风险指数来判别大坝风险。相对风险指数包括两大类风险因素，即洪水漫顶和结构险情，各类风险值依靠专家判断。相对风险指数用下式计算：

$$R_r = \sum_{i=1}^{3} O_i + \sum_{j=1}^{3} S_j \tag{4.3}$$

式中：有两大类风险因素，按项分别打分，共 250 分，即漫顶因素（占 125 分）和结构险情因素（占 125 分）；O_i 为洪水漫顶的第 i 项风险因素值；O_1 为溃坝危及的家庭数；O_2 为按现行洪水设计标准工程达到的防洪库容；O_3 为大坝抗御漫顶破坏的能力；S_j 为建筑结构的第 j 项险情（含地震及洪水）值，S_1 为溃坝危害的家庭数，S_2 为建筑物明显的损坏，S_3 为潜在地震活动性 O_i、S_j 值随风险的高低而相应增减。R_r 值越高，则表明该工程越危险。USACE 将风险评价的方法作为大坝安全评价的一种工具，对所属大坝进行群坝的风险分析，用于指导降低大坝风险的决策过程。目前 USACE 认为风险分析可用于工作的排序，也可用于传统的决策支持。

（2）美国垦务局（USBR）。美国垦务局（USBR）采用现场评分法来评价水库大坝的风险，通过比较大坝在不同荷载作用下所导致的风险和不同大坝之间的风险，对产生不可接受风险的大坝进行确认，并采取合理的、有效的工程或非工程措施来降低或消除这些风险，以保证大坝不会出现威胁公众生命、财产和社会安全的不可接受风险。USBR 认为安全的大坝首先是它的风险可以被公众接受，其次才是完成预定的功能。他们把大坝风险评价作为一种决策的工具，用以指导资金投入到风险最大的工程上，所采用的计算公式如下：

$$SR = \sum_{i=1}^{g} (SR)_i \tag{4.4}$$

式中：$(SR)_i$ 为第 i 项因素的评分值，所考虑的各项风险因素见表 4.1。表 4.1 中各因素构成的险情分成低、中、高、极高四个等级，各级从低到高赋予相应的风险值。SR 值越大，则表明工程越危险。他们把大坝风险评价作为一种决策工具，指导对风险最大工程的投入。

表 4.1　　　　　　　现场评分法所考虑的风险因素表

风险类别	大坝工程						潜在险情		
因素	工程龄期	建筑质量	渗流态势	结构	库容	水头	隐患	洪水	地震

（3）犹他州（Utah）大坝监督处。犹他州大坝监督处应用基于风险的程序来确定大坝排序。排序的过程是根据犹他州大坝失事统计资料进行评分。各部分的得分数相加后，再乘以风险人口得分，即为总体风险得分。犹他州州立大学土木及环境工程系教授 David Bowles 的研究小组在大坝安全方面基于风险方法的发展、应用做了大量工作，特别是在群坝风险评价的应用方面。此外，美国的华盛顿州、蒙大拿州等其他州也在大坝安全方面应用了基于风险的方法，把风险分析与管理作为大坝安全程序的一个部分。

（4）美国国家气象局（NWS）。美国国家气象局考虑到大坝风险分析的一个重要组成部分是大坝溃决后对下游的影响分析，为此开发了一系列溃坝模型，从 DAMBRK 模型到 BTEACH 模型，再到现在广泛应用的 FLDWAV 模型，为溃坝洪水计算提供了强大的软件支持。在进行大坝风险分析时，可以直接应用这些软件的计算成果进行溃坝后果评价。

（5）加拿大 B. C. Hydro。1991 年，加拿大 B. C. Hydro 把风险分析方法引入大坝安全评估中。B. C. Hydro 风险分析有 3 个主要目标：①确定水库大坝的安全程度；②确定水库大坝是否安全的判别标准；③用最经济的方法加固不安全大坝达到安全的标准。风险评估的程序包括风险分析和风险评价两个部分，它们的综合运作方式显示在图 4.3 中。在过去的 20 年内，B. C. Hydro 不断改进风险评价方法，特别是有关大坝风险标准的制定，在国际上占有重要位置。B. C. Hydro 根据业主大坝安全管理条例、下游居民的生命财产价值、国家法律和业主的赔偿能力来制定大坝风险标准，在经济有效地使用及管理这些大坝方面取得了良好的效果。近十年来，

B. C. Hydro 先后在瓦利奇坝、阿洛伊特坝、泰沙基坝和拉斯金坝等数十个工程上成功应用了风险评价技术，量化了大坝的风险，并且得到的分析结果和权威性的工程实践相当一致。

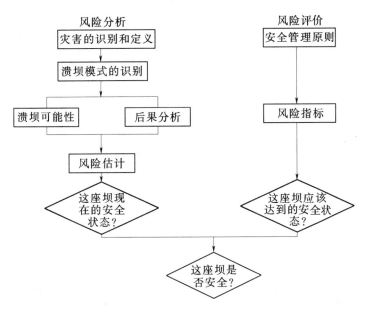

图 4.3 大坝风险评估

（6）澳大利亚。1994 年，澳大利亚大坝委员会（ANCOLD）颁布了《ANCOLD 风险评估指南》，为大坝安全评估的应用提供了概念性基础，1995 年之后不断进行修订，提供了大坝风险管理的一般性框架，逐步确定了风险分类、风险分析、风险评估和风险处理过程中的主要步骤。1994 年，澳大利亚颁布了《大坝安全管理指南》。1995 年，澳大利亚和新西兰标准局颁布了《风险管理标准》，奠定了风险分析和管理的基础。澳大利亚的大坝风险评价目前受《水法 2000》控制。《水法 2000》明确规定由业主负责大坝安全，需要加固的大坝必须根据溃坝影响评价确定风险人口。当今澳大利亚有相当数量的水库大坝已经做过风险分析，如昆士兰州，已在 2/3 的水库大坝上应用。群坝风险评价也已在澳大利亚的几个大坝群中应用，该方法是在对每一座大坝进行风险分析的基础上实现的，即对某一管辖范围内所有大坝的风险分析情况进行评价，从而提出经济而高效的风险降低策略，指导大坝安全管理工作，具体操作过程见图 4.4 和图 4.5。

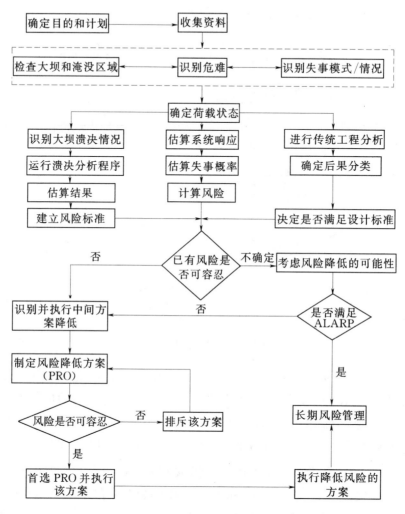

图 4.4　ANCOLD 典型大坝风险评价程序

（7）葡萄牙。葡萄牙工程师考虑了多达 11 个风险因素，提出综合风险指数（α）法，其计算公式如下：

$$\alpha = \frac{1}{n_e(n_f - n_e - 1)(n_r - n_f - 1)} \sum_{i=1}^{n_e} \alpha_i \sum_{j=n_e+1}^{n_f} \alpha_j \sum_{j=n_f+1}^{n_r} \alpha_k \quad (4.5)$$

式中：α_i 为环境因素，分为地震、库岸滑坡、洪水、水库调节能

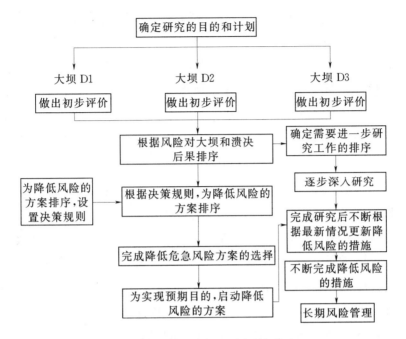

图 4.5 典型群坝风险评价程序

力、环境侵害等 5 项；α_j 为工程结构因素，分为结构可靠性、坝基优劣、防洪设施安全性、工程管理维坏等 4 项；α_k 为溃坝损失因素，分为水库库容、洪泛区可能损失情况等。各种风险，均按低、中、高三级风险划分，每一级又细分为两级，也就是将风险共细分为 6 级，每级 1 分，每一因素最低风险值为 1，最高风险值为 6。α 值愈高，水库大坝愈危险。这种风险指数法计算简单，可操作性强，可用于定性风险分析。

4.3.2 国内风险分析方法

我国对水库大坝安全评价，过去一般按照设计规范分别对防洪、抗滑、抗震、抗渗、抗裂等功能分项作安全计算，按规范要求用大于 1 的安全系数 $[K_0]$ 值作为安全与否的衡量标准。然而水库大坝的地质、水文、环境及勘测、施工、运行管理等涉及大量随机因素的影响，即使用最先进的勘测试验手段，按现代的力学原理及筑坝技术和管理知识，仍难完全弄清地质、水文和环境等在庞大空间和漫长时间内的变异，也难免施工质量的缺陷及管理工作的失误等。因此用安全系数 $[K_0]$ 分项计算的结果仍难确保工程的绝对安全，也没有绝对安全的水库大坝。何况水库各子项工程之间的相互关联、水库经济效能及事故风险等均未深入系统分析。近 20 年来，结构可靠度分析方法渐渐在大坝上应用，其考虑了许多随机变量及它们的相依关系，弥补了 $[K_0]$ 法的一些缺点。我国根据《混凝土重力坝设计规范》（SDJ 21—78），《水工钢筋混凝土结构设计规范》（SDJ 20—78）两本规范校准后，参照国内外的技术标准及长期积累的工程经验，确定了这两种结构持久状况承载能力极限状态的目标可靠指标。但是，它仍然限于工程结构的力学问题，而对水库经济效能、失事风险及其影响等仍未触及。一些坝工先进及水库灾害频繁的国家，迫于水库下游经济高度发展，人口密集等社会压力，非常重视上述问题，产生了水库大坝安全评价的新方法。我国水利部大坝安全管理中心在这样的情况下，于 1990 年提出了水库大坝总体安全度法（SD）及相应的安全度判别标准。运用概率论、坝工原理和现代计算技术及工程数据库信息，提出了计算方法和计算程序，将总体安全度定义为：

$$SD = \frac{P_S}{\eta} \tag{4.6}$$

式中：P_S 为某一水库大坝的工程安全度；η 为水库的社会经济影响因子。

关于大坝工程安全度 P_S 的分析，按坝的防洪、抗滑、抗裂、抗渗、抗震及抗生物破坏共六个方面进行计算，认为其中任何一项功能失效，都将造成坝工结构的整体破坏，因此工程安全度可表达为：

$$P_S = \prod_{i=1}^{6}(1 - P_{fi}) = \prod_{i=1}^{6} P_{si} \tag{4.7}$$

式中：P_{fi} 为第 i 项功能的失效概率；P_{si} 为第 i 项功能的可靠度。

根据水库大坝总体安全度 SD，参考水库大坝安全度评判标准，得出水库大坝的风险程度。这种方法理论上可将水库大坝的安全度予以量化界定，既以结构安全的可靠度为基础又考虑了工程的社会及经济等影响。代表了我国坝工界从工程安全管理向风险管理的转化和探索。但是由于大坝溃决概率的可靠性分析的复杂性、所需计算参数获得的困难性，这种方法距实用还有较大的困难。不过对大坝风险管理的探索并未停止，2002 年水利部大坝安全管理中心对江西省 29 座大中型水库按照 USBR 现场评分法和葡萄牙综合风险指数法进行了风险排序。由于排序的目的是了解水库大坝的安全现状，以便在对各工程作除险加固规划时权衡其轻重缓急，因此排序的原则主要考虑各坝的相对安全程度，作出定性比较，水库效益则置于从属位置，仅作适当考虑。

另外，南京水利科学研究院姜树海、范子武等利用数值模拟技术、GIS 技术等，从洪水灾害风险分析角度，对区域洪水的调度、调蓄、滞洪、溃坝过程进行数值模拟和洪水调控、防洪失控风险的分析评估。这些研究基于可靠度分析方法，考虑影响风险的不确定性因素的随机性，建立风险模型及计算方法。

我国是一个水资源紧缺的国家，水库大坝在防洪减灾及水资源利用中发挥了重要作用，大坝安全管理的重要性日益为人们所认同。现阶段我国病险水库工程的突出病险正通过国家的大规模除险加固工作得到一定的缓解，但由于资金的限制，除险加固将是一个长期的任务。目前我国的大坝安全管理仍主要偏重于工程安全管理，相应地对下游公共安全关注依然不足。随着经济社会的高速发展，现有的工程安全管理模式已不能满足现代管理的需要。如何提高大坝安全，平衡大坝安全、公共安全与水资源利用之间的关系是当前水库大坝管理面临的主要问题，而风险管理技术可以较好地解决这一问题，因其不仅考虑了工程自身安全，而且考虑了水库大坝的下游公共安全。为此，风险管理技术引入大坝安全管理中不仅可以有效克服现有管理模式的不足，而且对保障大坝工程及下游公共安全、提高水库大坝安全管理水平都有现实而紧迫的意义。

4.4　大坝风险等级划分

4.4.1　风险标准的建立方法

在国外，可接受风险（acceptable risk）和可容忍风险（tolerable risk）是两个不同的概念，进行了严格的区分。根据英国健康和安全委员会（HSE）定义，可接受风险是这样一种风险：任何会受风险影响的人，为了生活或工作的目的，假如风险控制机制不变，准备接受的风险。HSE 对可容忍风险作了如下定义：为了取得某种纯利润，社会能够忍受的风险；这种风险在一定范围之内，不能忽略也不能置之不理；这种风险需要定期检查，并且如果可以的话应该进一步减少这种风险。HSE 还特别强调"可容忍并不意味着可接受"。因此，研究风险标准，不但要讨论可接受风险标准，也要讨论可容忍风险标准。

4.4.1.1　生命风险标准的建立

关于生命风险的研究，我国开展的极少。但是在世界上，生命损失风险的重要性要大大超过经济损失。随着加入 WTO，我国在大坝溃决的生命损失风险的研究也必将加强。生命风险的评价需要满足如下三个准则。

（1）单个风险标准：大坝溃决所增加的生命风险增量不应该超过某一指定值，这一值以生命基本风险为依据。

（2）社会风险标准：导致 N 个或更多生命损失事件发生概率不应该超过某一指定值，这一值是 N 的函数，随 N 增加而递减。

（3）ALARP 原则：即风险在合理可行情况下应尽可能地低，只有当减少风险是不可行的，或投入的经费与减少的风险是非常不相称时，风险才是可容忍的。

单个风险分为可接受单个风险和可容忍单个风险，社会风险也分为可接受社会风险和可容忍社会风险。可接受风险和不可容忍风险之间为 ALARP 过渡带。

(1) 单个风险标准的建立。根据澳大利亚统计局 1998 年对澳大利亚人口的统计，人口基本风险随年龄而变化，见图 4.6。由图可见，澳大利亚人口最大死亡概率约为 10^{-4}/年，据此，《澳大利亚风险评价指南》(2003) 建议已建坝对个人或团体如果单个风险超过 10^{-4}/年是不可容忍的；而对新建坝和已建坝扩建工程，单个风险超过 10^{-5}/年是不可容忍的。HSE 则不是根据平均基本风险来确定单个风险，而是根据风险能否为工人和公众所容忍来确定可容忍风险。不过工人和公众实际经历过的大部分风险都比 HSE 规定的可容忍风险值小很多，HSE 建议"在广泛的社会利益下"强加在工人和公众身上的可容忍风险值，工人为 10^{-3}/年，公众为 10^{-4}/年。对工人和公众来说，广泛可接受风险值为 10^{-6}/年，见图 4.6。

(2) 社会风险标准的建立。确定社会风险标准主要有两种方法：

1) F—N 线：N 为死亡人数，F 为 N 的累积分布函数，即大于或等于 N 个生命损失的概率。通过确定 F—N 线来确定社会风险标准。

2) 每年生命损失期望值：每年生命损失期望值为溃决概率和死亡人数的乘积，通过确定每年生命损失的极限值和目标值来确定社会风险标准。

F—N 标准线可通过在双对数坐标系中确定 F—N 线的起点位置和斜率来确定。Ball 和 Floyd (1998) 讨论了如何确定 F—N 标准线的起点位置和斜率。荷兰建设环保部认为人们不愿意接受生命损失的直线递增和加速递增，即一条斜率比－1 更陡的直线和斜率递增的曲线，据此，Ball 和 Floyd 确定 F—N 线的斜率为－1。也有专家认为超过 1000 人的生命损失是不可容忍的，因此以一条竖线在此截断 F—N 线，当然这种方法对已建坝是不切实际的，因为已建坝下游住着大量人口，可考虑在新建坝中使用。

每年生命损失期望值实际上是 F—N 线包含的面积，由于每年生命损失期望值方法一不直观，二不能很好反映溃决概率极低但后

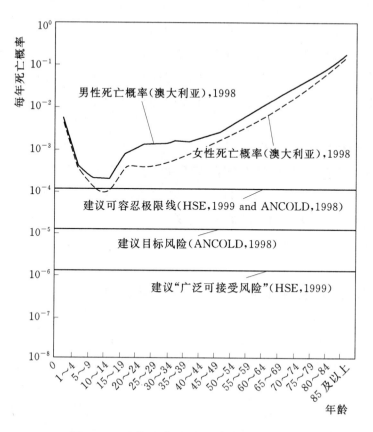

图 4.6　平均基本风险和建议单个风险

果极大的风险，因此目前除了美国垦务局（USBR）应用每年生命损失期望值对其坝群进行排序外，一般都应用 F—N 线法。

目前 ANCOLD 应用的是 F—N 线法，图 4.7 是 ANCOLD 制定的社会风险标准。由图可见，在澳大利亚高于 10^{-3} 人/年的社会风险是不可容忍的，低于 10^{-4} 人/年的社会风险是可以接受的。值得注意的是图中两条水平线，水平线是 ANCOLD 根据目前知识和大坝技术以及估算风险方法得出的：对于可容忍风险和不可容忍风险之间那条线，以 20 世纪澳大利亚年平均溃坝率的 10% 来确定；对于可容忍风险和可接受风险之间那条线，以年平均溃坝率的 1% 来确定。

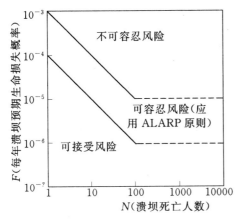
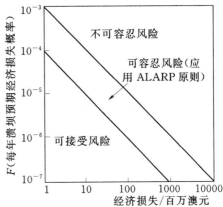

图 4.7　ANCOLD 社会风险标准　　图 4.8　ANCOLD 经济风险标准

4.4.1.2　经济风险标准的建立

　　经济风险标准的建立和社会风险标准的建立一样需要考虑社会的价值观念。经济风险的制定一般根据溃坝造成的经济损失比例和当时的社会经济发展水平来确定。在国外一般都是大坝业主根据自己承受风险的能力来确定经济风险标准，重点是根据 ALARP 原则来降低经济风险。图 4.8 为目前 ANCOLD 制定的经济风险标准。它是在 ANCOLD 对大量大坝进行风险分析和风险评价的基础上得出的。

4.4.2　国外风险标准制定情况

　　大坝常处于低失事率、高后果风险之中，大坝一旦溃决就会造成灾难性的后果，不但经济财产遭受重大损失，人员遭受重大伤亡，而且对环境造成重大破坏。过去十几年来，在对大坝安全风险评估的同时不断探讨风险标准问题。以前用一条简单的极限线标准来进行判别，在极限线之上认为风险不可接受，在极限线之下认为风险可以接受。但是，用一条简单的极限线作为标准，忽略了其他在大坝安全决策中需要考虑的因素。另外，在与风险标准进行比较时，估算风险具有不确定性，这种不确定性会影响风险标准的制定。因此，随着大坝风险评价技术不断发展，风险标准也越来越重要。

在风险评价刚引进大坝安全领域时，使用的是纯经济风险标准，包括人员伤亡也用经济价值来表示，目前这一方法基本上被淘汰。一些国家制定单个风险标准时通常参考自然危险（如闪电）和疾病引起的风险：①自然危险引起的生命损失风险大约为 10^{-6}/年，类似于这样的风险是可接受的；②疾病引起的生命损失风险大约为 10^{-3}/年，类似于这样的风险是不可容忍的。下面主要介绍三个风险标准情况。

4.4.2.1　生命风险标准

下面概括的三个生命风险标准，前两个为社会风险标准后一个为单个风险标准。ANCOLD 标准广泛应用于澳大利亚，USBR 风险标准在降低风险中作为重要参考依据，而 B. C. Hydro 提出的风险标准并未被他们的部门所采纳，也没有被管理层所批准，目前 B. C. Hydro 主要应用 ALARP 原则，也就是说，只要合理和可行，就要尽量降低风险。

（1）ANCOLD（2003）社会风险标准。该标准以 F-N 形式表示，见图 4.7。包括可容忍风险标准和可接受风险标准。在可接受风险和可容忍风险之间应用 ALARP 原则。

（2）美国垦务局（USBR）社会风险标准。对每种荷载类型，如洪水、地震和正常运行条件下，溃坝引起的每年生命损失期望值 n 应该低于 10^{-3}/年。并在垦务局指南里特别指出：①$n > 0.01$，无论是长期运行还是短期运行，强烈要求采取措施降低风险；②$0.001 \leqslant n \leqslant 0.01$，如果持续长期运行，强烈要求采取措施降低风险；③$n < 0.001$，评价费用效益比（即 ALARP 原则）看是否需要降低风险。

美国垦务局建议单个大坝每年最大溃决概率（即所有荷载状态和破坏模式组合）为 10^{-4}/年。对一座大坝来说，如果估算溃决概率大于 10^{-4}/年，就意味着需要采取措施降低溃决概率；如果估算溃决概率小于 10^{-4}/年，就意味着这样的溃决概率是可以容忍的。

（3）ANCOLD（2003）单个风险标准。ANCOLD 风险评价指南（2003）建议，对于处于最大风险之中的个人或团体（PGMAR）可接受单个风险为 10^{-5}/年，PGMAR 可容忍单个风险为 10^{-4}/年。

4.4.2.2 经济风险标准

各国经济风险标准的制定并没有一个统一值，都是大坝业主根据自己的情况制定的。ANCOLD 经济风险标准见图 4.8。加拿大 B. C. Hydro 曾制定过一个临时性的经济风险标准，规定大坝的经济风险应小于 10000 美元/年。

4.4.3 我国风险标准划分

我国是一个溃坝率比较高的国家，大坝年平均溃坝率达到了 8.761×10^{-4}。Baecher 等（1980）计算了美国以及世界范围内的溃坝率，美国垦务局年平均溃坝率为 2.0×10^{-4}，日本年均溃坝率为 0.4×10^{-4}，世界年平均溃坝率为 2.0×10^{-4}，可见我国大坝年均溃坝率相当高。不过自从 20 世纪 80 年代开始，我国年溃坝率已大幅降低，特别是中型水库和小（1）型水库，年平均溃坝率只有 1.1×10^{-4} 和 2.8×10^{-4}。小（2）型水库则偏高，年平均溃坝率仍有 6.4×10^{-4}。由于 20 世纪 80 年代以来，我国经济高速发展，中央和地方各级政府对溃坝可能造成的人员伤亡和经济损失越来越重视，我国大坝年均溃坝率越来越接近西方经济发达国家水平，因此，本书中介绍的是以我国 1980 年以后的年均溃坝率为依据的一套风险标准。

4.4.3.1 大坝单个风险标准

可容忍单个风险应该以不超过人们日常生活所面临的风险为根据。根据统计，日常生活中人们乘坐非机动车辆意外死亡的风险为 1.7×10^{-4}/年，乘坐机动车辆意外死亡的风险为 3.3×10^{-4}/年，人们遭受闪电雷击的风险为 1.0×10^{-6}/年。另外，根据澳大利亚统计局的统计，人口最大死亡概率为 1.0×10^{-4}/年。因此可以把我国大坝可容忍单个风险定为 1.0×10^{-4}/年，低于这个风险可以认为是可容忍的，超过这个风险一般可以认为是不可容忍的。但也可以适度放宽一点，如把可容忍单个风险定为 2.0×10^{-4}/年。

对于可接受风险，当然风险越低人们越愿意接受，一般风险达到 1.0×10^{-6}/年时人们不再担心这种风险。但目前对我国来说，要使大坝单个风险达到这么低的水平还是有一定困难，可参照核电站对周围人们的风险为 1.0×10^{-5}/年而暂采用此标准，对于这样的风险，绝大多数人还是可以接受的。

4.4.3.2　大坝社会风险标准

由于 $F—N$ 线的直观，因此对我国大坝社会风险标准采用 $F—N$ 标准线。确定了 $F—N$ 标准线的起点位置和斜率便可确定大坝社会风险标准。

$F—N$ 线起点坐标位置：1980 年以后，我国大坝年均溃坝率为 5.6×10^{-4}/年，但溃坝死亡人数变化很大，少则几人，多则几百人，假定溃坝死亡人数为 $10 \sim 100$，则大坝溃坝生命损失风险为 $5.6 \times 10^{-3} \sim 5.6 \times 10^{-2}$/（年·人）。对中型水库，年均溃坝率最低，为 1.1×10^{-4}/年，溃坝生命损失风险为 $1.1 \times 10^{-3} \sim 1.1 \times 10^{-2}$/（年·人）；对小（1）型水库，年均溃坝率为 2.8×10^{-4}/年，溃坝生命损失风险为 $2.8 \times 10^{-3} \sim 2.8 \times 10^{-2}$/（年·人）。溃坝生命损失风险上限一般是不可容忍的，因此以下限作为可容忍风险标准。同时根据我国目前实际情况，划分为大型、中型水库大坝可容忍风险标准和小型水库大坝可容忍风险标准。根据以上分析，确定大型、中型水库大坝 $F—N$ 线起点为 1.1×10^{-3}，小型水库大坝 $F—N$ 线起点为 2.8×10^{-3}。

斜率确定：如前所述，斜率定为 -1 比较合适。关于可接受社会风险标准问题，一般情况下可以认为，可容忍社会风险的 10% 以下是可以接受的。因此，对大型、中型水库大坝可接受社会风险 $F—N$ 标准线起点可定为 1.1×10^{-4}，对小型水库大坝起点可定为 2.8×10^{-4}。本书中采纳 ANCOLD 的建议，以一条水平极值线截断 $F—N$ 线，以年均溃坝率的 10% 作为可容忍风险的水平极值线，以年均溃坝率的1‰作为可接受风险的水平极值线。据此，对大型、中型水库大坝的可容忍社会风险的水平极值线为1.1×10^{-5}，可接受社会风险的水平极值线为1.1×10^{-6}；对小型水库，可容忍社会风险的水平极值线为2.8×10^{-5}，可接受社会风险的水平极值线为2.8×10^{-6}。根据以上讨论，可以画出我国水库大坝社会风险标准$F—N$线参考图，分别见图4.9和图4.10。

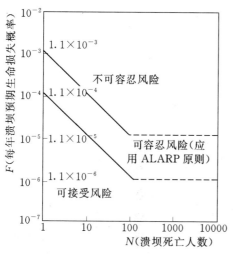

图4.9　我国大型、中型水库大坝
社会风险标准建议图

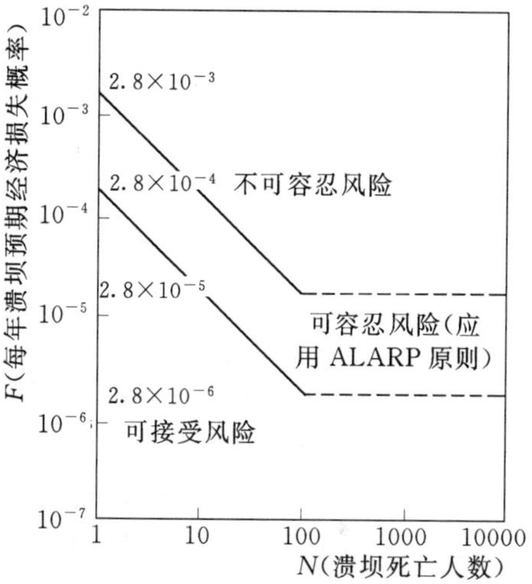

图4.10　我国小型水库大坝
社会风险标准建议图

4.4.3.3　经济风险标准

由于我国在此之前尚未对任何一座水库大坝进行过上述意义的风险分析，因此经济风险标准难以确定，只能根据经验确定一个大致范围，以后再根据对不同水库大坝进行风险分析的结果来不断修正经济风险标准。在我国可以认为，溃坝经济损失超过1亿元时，溃坝概率大于1.0×10^{-4}/年是不可容忍的，溃坝概率小于1.0×10^{-6}/年是可接受的。在此范围之内风险是可容忍还是不可容忍，是可接受还是不可接受，以后可以不断地进行修正。据此，我国经济风险标准范围见图4.11。

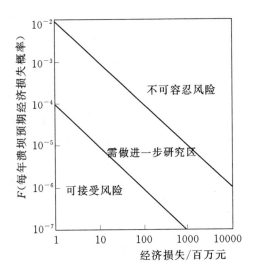

图 4.11　我国经济风险标准探讨图

4.5　大　坝　应　急　预　案

所谓应急预案，也就是我们通常所说的应急行动计划，是针对水库大坝中所发生的自然事件和工程事故等灾难性事件所制定的应对办法或应对方案，当不利的自然事件或人为事故发生时，水库大坝能够通过及时实施水库大坝安全管理应急预案，最大限度保护大坝下游、减少洪灾损失，发挥减灾救援的预防作用，水库大坝应急预案已经成为极为重要的非工程应对措施。

制定和分析应急预案的目的在于：水库安全管理工作的要求，为当前实际工作情况有着迫切的需要；降低大坝风险的需要，特别是经专家认定的病险水库，此类水库的风险大；提高我国大坝安全管理水平准则，制定各类已分析可行的预案守则；时刻坚持"以人为本"的行为方式，落实科学发展观的要求，提高我国大坝安全保障体系工作的整体建设力度；加强溃坝灾害防控能力，尽能力缩减与发达国家对于水库运行后续工作管理的差距。

为此，2005 年，国家防办编制发行了《洪水风险图编制导则》

（SL 483—2010），2006 年 1 月国务院发布了《国家突发公共事件总体应急预案》，其后各级政府纷纷出台各类应急预案，水利部也于 2006 年 4 月 11 日发布了《关于加强水库安全管理工作的通知》，要求所有水库尽快制定突发事件应急预案，提高应对水库大坝突发事件的能力。

2007 年 5 月 8 日，水利部建管司发布了《水库大坝安全管理应急预案编制导则（试行）》（水建管〔2007〕164 号）。目前，大多数大型水库和重要中型水库均按照国家防办编制的《洪水风险图编制导则》（SL 483—2010）及《水库防洪应急预案编制导则》要求编制了各自水库的防洪应急预案。

水库大坝突发事件应急预案编制工作已实现了对所有水库的覆盖，预案框架不断成熟，编制技术逐步完善，应急预案评价技术得到初步发展。与此同时，由于管理体制机制、预案编制技术等多种因素的制约，当前我国水库应急预案还普遍存在如下问题：预案可操作性不强；对紧急状况的判断、识别及评估工作不够准确；预案管理不规范，应急演练不足；预案未充分考虑预警分类；撤离方案设计不够细化。因此，加强应急预案的分析与评价非常有必要，它一方面可以为应急预案的制定或修订提供有价值的参考，另一方面也能提高我国水库大坝的安全管理水平。

4.5.1　应急预案主要内容

一般来讲，引起紧急情况的原因不外乎自然事件和工程事故。前者有突发性，目前来讲还属不可控制因素，人们只能采取适当的措施减小事故后果的严重性。应急预案就是当自然事件或人为事故发生时保护大坝下游、减少洪灾损失的基本手段。根据加拿大大坝安全导则的要求，对失事可能导致生命损失和预警可以减轻上下游损失的任何大坝都应该编制、测试、发布并维护应急处理计划。应急处理计划是一个正式的书面计划，它确定了一旦大坝出现紧急情况，大坝运行人员应遵循的程序和方法。通过应急处理计划应该明确并在危急时刻及时调动联络大坝业主、运行管理人员、大坝安全机构、当地政府、防汛机构、消防部门、军队、警察等机构或人员的各自责任和行动计划。

应急预案主要应包括 4 个方面的基本内容：①评估事故的可能特征及其对大坝下游造成的后果；②减少溃坝所造成洪水的影响（损失）的措施，其中包括采取消极的措施（控制占用土地）及积极的措施（预警系统、疏散计划等）；③在发生意外事故和危急情况下，对下游建筑及居民的适宜保护措施；④救援物资的准备等。

为此水库大坝的应急预案可分两类：①内部应急措施，侧重于每座大坝安全的措施和手段；②外部应急措施，侧重于每座大坝下游的保护设施和救治手段。

4.5.1.1　内部应急措施

对大坝安全应急预案而言，大坝是控制性的源头，内部应急措施应强调限制大坝事故的范围、抢险救灾、提出预警等功能，防止发生严重事故、减少事故发生的可能性及其影响。内部应急措施应包括以下一些内容。

（1）紧急情况的确定和估计。根据水库大坝所处流域和社会经济情况、工程和水文概况、水情和工情监测系统概况、历次病险症状及处置情况、发生过的危及大坝安全的工程病险及处理等，预先估计各种可能的事故模式及后果，包括大坝溃决模式、下泄流量、淹没范围等，及针对不同紧急情况的可能的应急措施，包括可以使用的机械设备、材料、人力等资源，由此而来决定操作人员和其他工程技术人员在各种意外事件中应采取的行动。

（2）应明确在发生紧急情况时减低库水位的方法，如溢洪道、泄水孔开启的规则和步骤等。

（3）减少进出库流量的方法。如什么情况下可以通过减少上游水库的下泄流量来减少入库流量，什么情况下应通过下游河道的分洪设施或支流水库的下泄流量来减少下游河道的流量等洪水调度原则。

（4）通知程序和流程。计划应载有发生紧急情况时需要通知的所有人员名单和联络方法（电话、手机、对讲机等）以及通知流程表。这些人员包括业主、所有运行管理人员、上级主管部门、各级防汛机构、地方政府、军队、警察、消防、可能危及的居民等。所有这些人都要根据事故的不同等级明确通知的深度和广度，通知程序应清晰明了，易于执行。

（5）通信系统。计划应详细并随时更新内部、外部通信系统的详图。在主要系统失控的情况下选择可供使用的通信手段和工具。

（6）交通计划。应急预案应标明发生紧急情况时进出现场的道路，包括主要道路、次要道路以及道路的路况、适用的交通工具等。

（7）无电力情况下的对应措施。应急预案应对在电力供应（照明）中断条件下的抢险工作做出预计，标明应急电源的位置和操作规程，还应对恶劣（如严寒、大雪、风暴等）环境下的抢险措施做出预计。

（8）物资储备。计划应详细载明抢险物资的数量、性能和储存地方。保证发生紧急情况时具有足够的储备并便于取用。

（9）报警与疏散系统。应急预案还应明确在紧急情况发生时应如何、何时、由何人启动预警系统，及时向下游哪些区域的居民、工厂等提供警报信号，保证人员、设施的及时撤离。

4.5.1.2　外部应急措施

外部应急措施主要是在内部应急措施基础上制订的对大坝下游受影响区域的应急措施，包括以下内容。

（1）明确下游流域最重要的特征，特别是居民占地及经济分布情况，从社会角度确立防御战略。

（2）进行溃坝洪水分析研究，利用 GIS 等信息技术对下游地区进行淹没范围分析，确定不同事故的影响范围。

（3）设立整个流域的预警和疏散系统，遇危险情况时，在内部应急措施发出警报后，及时疏散将受影响的居民，计划应标明在警报发生时哪些地区的人员、设备需要疏散，如何组织疏散，往何处疏散等问题。

（4）明确安全责任，确定各自的责任及作用。将抢险救灾等的安全责任分解到各个部门和地方政府，明确各村、乡、镇、县行政主管部门的责任及应起的作用。

（5）计划同样应载明救急物资的数量、位置、性能及分发、领用的程序。

（6）确定保护区及交通道路。

（7）确定紧急情况下可使用的通信、运输系统等。

可见，内部应急措施重点在大坝枢纽，而外部应急措施则涉及整个流域，两者结合形成一个从内而外的完整的救治系统。对应急预案而言，制订计划只是万里长征的第一步，对制定的计划进行宣传、培训、测试是更为重要的一环。计划制定后，所有有关的技术人员和社会抢险人员都应在应急模式下进行训练培训，并指派专人或机构定期对计划进行检查、更新。

4.5.2　应急预案分析与评价

编制水库大坝突发事件应急预案是大坝安全风险管理的重要内容，而可行性则是应急预案的基本要求，直接影响其实施效果。一般情况下，编制的应急预案是否具有可行性并不确定，也难以全部通过演练来判断。

突发状况的分类是应急预案制定的基础，如果不能预测大坝面临的突发状况，就不能对溃坝淹没、应急预警和突发事件后果作出准确的分析。溃坝洪水是在合理判断突发状况后分析的，是决定预警和溃坝后果分析的关键，险情分级标准直接影响对灾害后果的预警判断，水库大坝突发事件应急预案可预见性评价直接关系到工程应急处理预案是否实用有效。下面将对应急预案的上述要素的分析与评价进行简单论述。

4.5.2.1　突发状况分类

按突发状况（如溃坝）可能造成的严重程度，即下游的人员伤亡、经济损失以及对社会环境的危害程度等来分级，突发状况一般可分四个等级值：Ⅰ级、Ⅱ级、Ⅲ级、Ⅳ级（即分别对应为：特别重大、重大、较大、一般），分别用红色、橙色、黄色和蓝色表示。人员伤亡、经济损失的分级标准详见表4.2。

表4.2 人员死亡、经济损失的分级标准

事件严重性（级别）	Ⅰ级	Ⅱ级	Ⅲ级	Ⅳ级
人员死亡 P/人	$P \geqslant 30$	$10 \leqslant P < 30$	$3 \leqslant P < 10$	$P < 3$
经济损失 M/万元	$M \geqslant 10000$	$5000 \leqslant M < 10000$	$1000 \leqslant M < 5000$	$M < 1000$

4.5.2.2 溃坝洪水分析

溃坝洪水分析技术可以说是大坝突发事件应急预案中最为重要的一项关键技术，在应急预案中具有举足轻重的作用。水库大坝突发事件众多，作为水库大坝最为严重的突发事件，溃坝所造成的生命损失、经济损失及社会与环境影响也最为严重。因此，应当对溃坝洪水展开深入的分析研究，这些研究主要包括溃坝机理研究、溃坝模式研究、溃口洪水数值模拟研究、溃坝洪水演进数值模拟研究、基于先进技术如 GIS 技术的溃坝洪水淹没范围研究、操作性极强的溃坝洪水风险图研究以及风险人口的有效撤离路线研究等。由于我国水库大坝数量众多，坝型多样，大坝下游地形较为复杂，人口密集，居民居住环境和建筑物具有我国独有的一些特点，因此，在溃坝机理研究方面，将会遇到更多的难点。

在险情发生时，大坝泄洪形成的洪水对下游区域产生一定程度的淹没。紧急情况启动预案时，下游地方政府、疏散机构主要依靠淹没图作为指导，制订疏散计划。大坝溃决形成的洪量可能存在两种情况：①大坝在没来上游洪水的情况下溃决，如坝体整体裂缝溃决、坝肩滑坡引起溃决等，此情况下泄洪流较小，则下游地区淹没高程低；②因上游超标准洪水致使大坝溃决，下泄洪流比较大，则下游地区淹没高程比较高。两种情况的下游损失不同，后者更为严重。对溃决洪水应做分析计算，以确定大坝在两种溃决情况下的破坏水位图和径流路径，有利于在淹没图上标示洪泛区。淹没图应有各种洪水条件下下游淹没高程、峰值流量、最高洪水位、关键地区的过流时间等参数。

4.5.2.3 险情形势分级

一般水库大坝出现的险情包括超标准洪水引起的漫顶、库岸滑坡、大坝裂缝、管涌、渗漏、地震、战争与恐怖事件造成破坏等种类，当通过监测数据和信息获取发现大坝出现异常情况时，必须对以下两方面进行正确分析判断，即：是否存在对人口、环境的造成不利影响的威胁，威胁的程度有多大。根据险情引起大坝在非正常性态下的严重程度，大坝面临的紧急情况（险情）可分为三个层次：内部警报、正在发展的险情、紧急险情。

（1）内部警报险情。内部警报险情指大坝工作人员可管理和控制内部警报的险情，此险情可能由异常情况引起的，但不会造成溃坝危险。典型的内部警报事件为超过预先设定的安全限制值，指在收到洪水规模和某仪器读数异常以及可能引起危害的具体信息之前的洪水警报，安全限值可指测压管水头值、结构位移数值或排水设施排放量限值。这时应急预案的启动能够在洪水期或溢洪期对下游的安全给出早期的警报，使下游做好相应的准备。当泄洪加大或超过业主控制的时候，应及时向下游发出洪水流量大小的警报，提前让下游做好安全防范准备。

（2）正在发展的险情。观察到的险情即正在发展中的险情，此险情明显要转变成对大坝安全造成严重威胁和下游居民人口生命的淹没危险。这种情况可通过监测手段分析，再结合水情、大坝仪器监测等各种信息资料，判断大坝形成溃坝还需要的时间，大坝业主根据形势认真分析评价和判断险情的紧急程度，向政府汇报，以便政府发出警告并采取适当的措施。当大坝险情持续恶化时，大坝业主及时更新大坝险情状况报告，使政府进一步采取更有效的措施，如疏散群众等。

（3）紧急险情。紧急险情也就是事故或威胁的发生很显然停止不来的情况，但我们可采取预先制定的行动方案减轻险情后果，如采取合理路线疏散有危险的人口、水库管理人员对下游洪泛区及时通知等。

一般来说，若遇紧急情况，水库管理局具体负责及时监测、准确发出通告、确定合适可行的预警水平标准、在大坝险情处采取应急行动方案、确定能在什么时候排除发生的紧急状况以及记录所发生和已实施的行动内容。

4.5.2.4 应急预案评价

应急预案是否具备对突发事件及其后果可预见性是应急预案编制是否成功的最基本要求。水库大坝突发事件应急预案是提高我国水库管理单位及水行政主管部门应对突发风险能力的一种方案，是在水库发生风险事件时减少或避免损失的一种提前定制和掌握的综合方案。其本质就是对突发事件的发生及影响后果进行预测，制定相应措施进行应对。由此可见，水库大坝突发事件应急预案必须具备对突发事件发生影响的预见性，这样才能为制定具有很强操作性和有效性的应急预案提供必备的前提条件。

应急预案编制中存在着大量不确定性因素，应急预案是否能有效运作需要深入分析。以溃坝事件为例，溃坝模式直接决定了溃坝洪水的危害性和严重性，而不同原因导致的溃坝模式则有很大差异；另外，大坝溃决如何发生发展，溃坝洪水如何演进，灾害警报何时发布、如何发布，如何撤离逃生和救援。这些因素都将制约应急预案的可行性与有效性，而检验这些因素的影响程度将非常困难，特别是对于溃坝事件，更加不可能用实际溃坝事件发生情况来加以检验。因此，可以考虑在试验室条件下，通过计算机仿真模拟或者通过现场一些重要节点的实际演习来检验应急预案的可行性、有效性。在真正遭遇突发事件时，确保应急预案的有效运作，将突发事件的损失特别是生命损失降低到最低程度，实现提高溃坝灾害防控能力的目标。

我国一些学者对应急预案的可预见性评价进行探索研究，并建立了可行性评价指标体系。程翠云、钱新等充分考虑各影响因素，根据应急预案的内在特点及相关应急预案的规定，按照预防预警、应急响应和灾后恢复的应急时间顺序，构建了由目标层、准则层和要素层组成，包括 16 个指标的可行性评价指标体系（图 4.12）。

目标层：水库大坝突发事件应急预案可行性评价综合指标

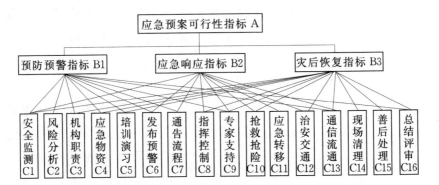

图 4.12　水库大坝突发事件应急预案可行性评价指标体系

（A）。

准则层：预防预警指标（B1）、应急响应指标（B2）、灾后恢复指标（B3），三个指标综合反映目标层。

要素层：由 16 个指标组成。

第5章　大坝安全监测与预警

　　由于土石坝是一种特殊建筑物，具有投资及效益的巨大和失事后造成灾难的严重性；结构、边界条件及运行环境的复杂性；设计、施工、运行维护的经验性，不确定性和涉及内容的广泛性。为了保障工程安全运行，了解大坝运行性态和安全状况并积累资料，以反馈于设计和施工，改进筑坝技术，加强对土石坝的安全监测与预警工作显得十分重要。尤其在大坝出现险情后，加强对大坝的安全监测与预警，对保障抢险人员及下游群众的安全尤为重要。

　　我国对大坝安全监测工作开始于 20 世纪 50 年代初期，先后在丰满、官厅、南湾、佛子岭等大坝上实施。在观测项目方面，一般大型和重点中型土石坝，80％以上开展沉陷、位移、浸润线、渗流量等必须的观测项目。为加强土石坝安全监测工作，我国已先后颁布了《水库大坝安全管理条例》《水电站大坝安全检查实施细则》《土石坝安全监测技术规范》（SL 60—94）、《土石坝安全监测资料整编规范》（SL 169—96）、《土工仪器的基本参数及通用技术条件》（GB/T 15406—94），国际大坝会议也多次讨论过大坝安全问题。以上也可以看出，我国对大坝的安全监测与预警工作的重视程度。

5.1　大坝安全监测

5.1.1　监测方法与手段

　　大坝安全监测方法从监测内容范围与频次上考虑可区分为常规监测与应急监测，大坝的常规监测是指保障大坝在正常运行条件下安全的开展的一系列监测工作，一般在初期蓄水阶段，就制定了监测工作计划和主要的监控技术指标，在大坝开始蓄水时就开始安全监测工作，以便取得连续性的初始值，并对土石坝工作状态作出初步评估。在运行阶段进行经常性的巡视检查和观测工作，并负责监测系统和全部观测设施的检查、维护、校正、更新、补充、完善，监测资料的整编，监测报告的编写以及监测技术档案的建立。土石坝的管理单位还应根据巡视检查和观测资料，定期对土石坝的工作状态提出分析和评估，为大坝的安全鉴定提供依据。对于已建土石坝监测设施不全或损坏、失效的，应根据情况予以补设或更新改造。当工程进行除险加固、扩建、改建或监测系统更新改造时，应做出监测系统更新设计和实施，并保持观测资料的连续性。

应急监测是在大坝出现险情后，为评估大坝安全及为抢险处置提供第一手资料所开展的应急监测工作。应急监测与常规监测既有相同的地方，也有其不同之处，比如在监测范围与手段上，应急监测的范围可能更广泛，在技术手段上，应急监测可能采取手段更多，如无人机监测技术等。在危险源监测的频率上，对监测库区水位实时动态要求上，它都有所不一样。传统监测是应急监测的基础，当出现险情后，常规监测的数据资料可为应急监测提供监测的依据。应急监测一般要统筹水文、水利、水电、工程、通信、计算机等有关专业技术，采用可靠先进的仪器设备和软硬件工具，对水库大坝进行水雨情、险情监测，并结合防洪预警、实时安全度评价等内容。应急监测的首要工作是对致灾因素的辨识，主要包括自然灾害、地震造成设备失效等，还要特别考虑溃坝等重大突发事件的应对。

土石坝安全监测手段主要包括仪器监测和巡视检查两大类。

仪器监测又分为外部监测和内部监测。监测范围包括土石坝的坝体、坝基、坝端和与坝的安全有直接关系的输水、泄水建筑物和设备，以及对土石坝安全有重大影响的近坝区岸坡。监测项目应根据工程等级、规模、结构型式及其地形地质条件和地理环境等因素相应设置。监测布置宜突出重点和少而精，选择可靠、耐久、经济、实用的监测仪器和设施，并力求先进和便于自动化监测。

巡视检查是监视土石坝安全的一种重要的应急监测方法。土石坝一些异常现象,通过巡视检查可以及时发现,如裂缝产生、新增渗漏点、冲刷、坝基析出物、局部变形等,这些缺陷在仪器上常常反映不出来;并且,当前仪器是大部分采用单点监测的方法,很难做到监测部位恰恰是大坝出事地点。如美国 1971 年提堂坝失事,当时在右岸的一个窄断层突然发生管涌,不到 6h 就造成垮坝,而监测仪器对此却没有记录。因此,只有仪器监测是不够的,必须同时开展巡视检查。

大坝安全监测系统是大坝重要的附属设施,各种监测设施广泛布置在大坝各个部位,有些设施极易受人为和自然因素的影响,从而影响安全监测资料的准确性和可靠性。因此巡视检查也包括对安全监测系统进行的巡视检查,以便及时发现问题进行处理,保证大坝安全监测系统处于良好的状态。尤其在险情发生后,巡视检查更是确保抢险人员安全的一种重要手段,对潜在安全因素的巡查,遇到突发情况能够及时进行预警,从而避免或者减少人员伤亡。

5.1.2 监测过程与内容

大坝安全监测工作过程主要包括:①设计布置:在土石坝结构设计的同时进行监测系统设计,包括监测方案、项目及仪器设备的选定,监测布置图、施工详图,编制监测设计说明书、技术要求及监测制度;②设备仪器埋设安装:安装前对仪器进行检验、率定,并做好安装记录,绘制竣工图;③现场检查观测:按设计规定要求的频次及时间进行观测,相互有关的监测项目,应力求同一时间进行观测;④整编分析:各项观测应使用标准记录表格认真记录、填写,观测数据应随时整理和计算,如有异常,应立即复测。当影响工程安全时,应及时分析原因和采取对策,并上报主管部门。

从大坝安全管理角度考虑,大坝安全监测的目的更主要是为了掌握大坝是否处于安全的运行态势,因此大坝安全监测也应侧重在能反映大坝运行性态的参数上,包括水位、温度、地震等主动的随机参数和位移、应力、渗漏、扬压力、震动模式和频率等效应参数。其中，变形和渗流观测被普遍视为最重要的观测项目，这不仅因为这些观测直观可靠，而且基本上反映在各种荷载作用下的大坝工作性态。安全监测的最终目的是将大坝结构的实际状况与理论模型、历史过程和预测结果进行比较，一旦发现大坝变形或渗漏等效应量超过警戒值，就会及时报警，从而避免险情发展导致进一步的危害，提早对险情进行有效处置。

土石坝的监测内容主要包括三大类（图 5.1）。

（1）环境量监测，主要包括降雨量、水情、气温监测等。

（2）坝体及坝基监测，主要包括坝的沉降（垂直位移）监测、水平位移监测、裂缝监测、渗流及压力监测等。

（3）近坝区监测，主要包括近坝区的变形、渗流及地下水监测等。

若发生险情后，在上述监测的基础上，还应该加强坝体及坝基、近坝区现场巡视检查，尤其对出险部位要作进一步的监测。

5.1.2.1　表面变形监测

水下建筑物及其地基在荷载作用下将产生水平和竖直位移，建筑物的位移是其工作条件的反映，因此，根据建筑物位移的大小及其变化规律，可以判断建筑物在运行期间的工作状况是否正常和安全，分析建筑物是否有产生裂缝、滑动和倾覆的可能性。

水工建筑物的位移观测是在建筑物上设置固定的标点，然后用仪器测量出它在铅直方向和水平方向的位移。土石坝的表面变形包括垂直位移和水平位移。对于水平位移，包括垂直坝轴线的横向水平位移和平行坝轴线的纵向水平位移，通常是用经纬仪按视准线法或三角网法来进行观测。对于竖直位移，则采用水准测量由起测基点对设置在坝表面的标点进行测定。为了便于对测量结果进行分析，垂直位移和水平位移观测一般使用同一标点，竖直位移和水平位移的观测应该配合进行，并且在观测位移的同时观测上游、下游水位。对于混凝土建筑物，还应同时观测气温和混凝土温度。

由于水工建筑物的位移，特别是竖直位移，在建筑物运用的最初几年最大，随后逐渐减小，经过相当一段时间后才趋于稳定。因

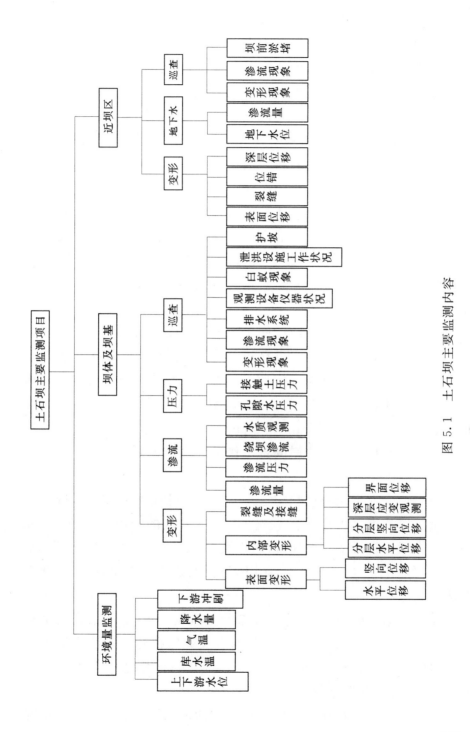

图 5.1 土石坝主要监测内容

此水下建筑物的位移观测在建筑物竣工后的 2～3 年内应每月进行 1 次,汛期应根据水位上升情况增加测次,当水位超过运用以来最高水位和当水位骤降或水库放空时,均应相应地增加测次。

为了全面掌握土石坝的变形状态,根据土石坝的规模、特点、重要性、施工及地质情况,观测横断面(含混凝土面板变形观测)通常布置在最大坝高、原河床处或地形变化较大等有代表性的断面,一般不少于 3 个。观测断面的间距一般为 50～100m。

观测纵断面一般不少于 4 个,通常在坝顶的上游、下游两侧布设 1～2 个;在上游坝坡正常蓄水位以上一个;下游坝坡半坝高以上 1～3 个,半坝高以下 1～2 个(含坡脚一个)。对软基上的土石坝,还应在下游坝趾外侧增设 1～2 个,用以监测软基上的滑坡。对两坝端以及坝基地形变化陡峻坝段坝顶测点应适当加密。

各种基点均应布设在两岸便于观测且不受建筑物变形影响的岩石或坚实土基上。起测基点可在每一纵排测点两端的岸坡上各布设一个,其高程宜与测点高程相近。采用视准线法进行横向水平位移观测的工作基点,应在两岸每一纵排测点的延长线上各布设一个。水准基点一般在土石坝下游 1～3km 处布设 2～3 个。采用视准线法观测的校核基点,在两岸同排工作基点连线的延长线上各设 1～2 个。

当坝轴线为折线或坝长超过 500m 时,可在坝身每一纵排测点中增设工作基点(可用测点代替),工作基点的距离保持在 250m 左右。当坝长超过 1000m 时,一般可用三角网法观测增设工作基点的水平位移,有条件的,宜用测边网或测边测角网法或倒垂线法。

测点和基点的结构与埋设可参照《混凝土坝安全监测技术规范》(GB/T 5178—2003)附录 C 的有关规定执行。观测方法参照《土石坝安全监测技术规范》(SL 60—94)的有关规定。

5.1.2.2　内部变形监测

为了掌握土石坝在施工期和运行期的内部沉降和水平位移情况

及其变化规律，一般沿可能产生有害位移的方向在坝体内部埋设观测仪器，对土石坝内部的变形进行观测，以便判断坝体的填筑质量和其安全性。

坝体内部位移观测，土石坝的内部变形观测包括分层竖向位移、分层水平位移、界面位移及深层应变观测等。分层竖向位移观测通常采用电磁式沉降仪、干簧管式沉降仪及水管式沉降仪，也可采用横臂式沉降仪或深式测点组。分层水平位移观测通常采用测斜仪及引张线式位移计。用土应变计量测指定部位的土体应变，均随坝体填筑而埋设。界面位移及深层应变观测，可采用振弦式位移计及电位器式位移计。在量程与精度满足要求的情况下，应优先用振弦式位移计。

观测断面应布置在最大横断面及其他特征断面（原河床、合龙段、地质及地形复杂段、结构及施工薄弱段等）上，一般可设 1～3 个断面。每个观测断面上可布设 1～3 条观测垂线，观测垂线上测点的间距一般 2～10m，在坝轴线附近布设一条。

水管式沉降仪的测点，一般沿坝高横向水平布置三排，分别在1/3、1/2 及 2/3 坝高处，每排设测点 2～5 个，测点的分布应尽量形成观测垂线。分层水平位移的观测断面可布置在最大断面及两坝端受拉区，一般可设 1～3 个断面。

为了使观测工作能及时正常地进行，应在坝下游适当位置建设永久性的观测房（站）。对于引张线式位移计，观测房的建设应在仪器设备安装埋设之前完成。观测房应牢固、通风、整洁、光线充足、防冻、防潮湿、防雷击、防破坏。

分层竖向位移观测方法：①电磁式、干簧管式沉降仪观测，用电磁式测头自下而上测定。每测点应平行测定两次，读数差不得大于 2mm。②水管式沉降仪观测，应先排尽测量管路内的水和气。用测量板上带刻度的玻璃管测定。应平行测读两次，读数差不得大于 2mm。③横臂式沉降仪用测沉器或测沉棒观测。应平行测读两次，读数差不得大于 2mm。④深式测点观测，用水准仪测定，其要求与表面竖向位移观测相同。

深层水平位移的观测：①伺服加速度计测斜仪测头用四位半数字显示测读仪接收；电阻应变片式测斜仪测头用电阻应变仪接收。观测时，用测斜仪测头从测斜管底自下向上，每隔 50cm（或 100cm）一个测点，逐次测定。应平行测读两次，两次读数差，伺服加速度计式测斜仪不得大于 0.0002V；电阻应变片式测斜仪不得大于 $3\mu\varepsilon$。随坝体填筑每接长一节管，必须进行一次观测。②引张线式水平位移计的观测，应平行测定两次，其读数差不得大于 2mm。

5.1.2.3　渗流监测

渗流监测对土石坝安全至关重要。水库蓄水后，在水头压力作用下土石坝在上下游产生水位差，库水将通过土石坝内的孔隙，产生从上游向下游的渗流，在坝体内形成浸润线。同时库水也将通过坝基土壤孔隙或岩石地基的裂隙、破碎带、孔洞等产生渗流，并且还将通过坝与岸坡的接触面、岸坡岩体的裂隙和破碎带产生绕坝渗流。

渗流观测的目的就是监视土石坝在渗流作用下的工作情况，掌握土石坝渗流规律和在渗流作用下筑坝材料的稳定性，以确定正确的运用方式和及时发现存在的问题及隐患，便于采取措施加以防护和补救，保证大坝的正常工作和安全，是监测土石坝安全的重要项目。

渗流监测包括渗流压力、渗流量及其水质的观测。

（1）坝体渗流压力。坝体渗流压力观测，包括观测断面上的压力分布和浸润线位置的确定。

观测横断面宜选在最大坝高处、合龙段、地形或地质条件复杂坝段，一般不得少于 3 个，并尽量与变形、应力观测断面相结合。观测横断面上的测点布置，应根据坝型结构、断面大小和渗流场特征，设 3～4 条观测铅直线。观测铅直线上的测点布置，应根据坝高和需要监视的范围、渗流场特征，并考虑能通过流网分析确定浸润线位置，沿不同高程布点。

需观测上游坝坡内渗压力分布的均质坝、心墙坝，应在上游坡的正常高水位与死水位之间适当增设观测点。由于堆石体是自由排水的，坝体内一般不设渗流观测设施。

常用渗透压力观测仪器设备为敞口式测压管及渗压计两大类，可根据观测目的和土体透水性等条件选用。渗流压力观测仪器的选用：①作用水头小于 20m 的坝、渗透系数大于或等于 10^{-4} cm/s 的土中、渗压力变幅小的部位、监视防渗体裂缝等，宜采用测压管。②作用水头大于 20m 的坝、渗透系数小于 10^{-4} cm/s 的土中、观测不稳定渗流过程以及不适宜埋设测压管的部位（如铺盖或斜墙底部、接触面等），宜采用振弦式孔隙水压力计，其量程应与测点实有压力相适应。

测压管水位的观测一般采用电测水位计。振弦式孔隙水压力计的压力观测，应采用频率接收仪。

（2）坝基渗水压力。坝基渗水压力的观测是为了了解坝基透水层和承压层中渗水压力的沿程分布，以判断坝基防渗和排水设备的工作效能，防止坝基产生渗透破坏。

坝基渗水压力的观测是通过布置在坝基内的测压管观测管内水位，以推算出各测点处的渗水压力水头。坝基渗流压力观测，包括坝基天然岩土层、人工防渗和排水设施等关键部位渗流压力分布情况的观测。

观测横断面的选择主要取决于地层结构、地质构造情况，断面数一般不少于 3 个，并宜顺流线方向布置或与坝体渗流压力观测断面相重合。观测横断面上的测点布置，应根据建筑物地下轮廓形状、坝基地质条件，以及防渗和排水型式等确定，一般每个断面上的测点不少于 3 个。

1）均质透水坝基，除渗流出口内侧必设 1 测点外，其余视坝型而定。有铺盖的均质坝、斜墙坝和心墙坝，应在铺盖末端底部设 1 测点，其余部位适当插补测点。有截渗墙（槽）的心墙坝、斜墙坝，应在墙（槽）的上下游侧各设 1 测点；当墙（槽）偏上游坝踵时，可仅在下游侧设点。有刚性防渗墙与塑性心（斜）墙相接时，需在结合部适当增设测点。

2）层状透水坝基，一般只在强透水层中布置测点，位置宜在横断面的中下游段和渗流出口附近，测点数一般不少于 3 个。当有减压井（或减压沟）等坝基排水设施时，还需要在其上下游侧和井间布设适量测点。

3）岩石坝基，当有贯穿上下游的断层、破碎带或其他易溶、软弱带时，应沿其走向在与坝体的接触面、截渗墙（槽）的上下游侧、或深层所需监视的部位布置 2～3 个测点。

由于堆石体是自由排水的，坝体内一般不设渗流观测设施，而渗流量监测则是十分重要的，一般在坝基及混凝土面板下游面，可适当埋设渗压计。

渗流压力观测仪器的选用及要求与坝体渗流压力相同。

（3）绕坝渗流。绕坝渗流观测的目的是为了了解土石坝两岸和土石坝与混凝土建筑物连接部位的渗透情况，以分析这些部位的防渗和排水措施的作用，防止出现可能的渗透破坏。绕坝渗流观测是在上述部位埋设测压管，通过对测压管水位的观测，绘制出渗流水面，并分析其变化。

绕坝渗流观测，包括两岸坝端及部分山体、土石坝与岸坡或混凝土建筑物接触面，以及防渗齿墙或灌浆帷幕与坝体或两岸接合部等关键部位。以能绘出地下水位线为原则进行观测布置。

土石坝两端的绕渗观测，宜沿流线方向或渗流较集中的透水层（带）设 2～3 个观测断面，每个断面上设 3～4 条观测铅直线（含渗流出口）。如需分层观测，应做好层间止水。

土石坝与刚性建筑物接合部的绕渗观测，应在接触轮廓线的控制处设置观测铅直线，沿接触面不同高程布设观测点。在岸坡防渗齿槽和灌浆帷幕的上下游侧各设 1 观测点。

（4）渗流量的监测。渗流量观测的目的是通过测量渗流量的大小，掌握渗流量的变化规律，以便分析土石坝防渗和排水设备的工作状况，判断土石坝的工作是否正常。

渗流量的观测，一般是将坝体和坝基排水设备小的渗水分别引入集水沟，在集水沟中布置量水设备进行观测。对坝基有砂砾石层等情况要注意避免潜流影响，如果坝体和坝基的渗水可以分区拦截，则应分区进行观测，以利于分析问题。

渗流量观测，包括渗漏水的流量及渗水的浑浊度、水温和水质观测。

渗流量观测系统的布置，应根据坝型和坝基地质条件、渗漏水的出流和汇集条件以及所采用的测量方法等确定。坝下游的集水沟、排水沟和量水设施，应尽可能布设在不受泄水建筑物过水以及坝表面和两岸地面径流的影响。对坝体、坝基、绕渗及导渗（含减压井和减压沟）的渗流量，应分区、分段进行测量（有条件的工程宜建截水墙或观测廊道）。

当下游有渗漏水出逸时，一般应在下游坝趾附近设导渗沟（可分区、分段设置），在导渗沟出口或排水沟内设量水堰测其出逸（明流）流量。当透水层深厚、地下水位低于地面时，可在坝下游河床中设测压管，通过观测地下水坡降计算出渗流量。其测压管布置，顺水流方向设两根，间距约 10～20m。垂直水流方向，应根据控制过水断面及其渗透系数的需要布置适当排数。

对设有检查廊道的心墙坝、斜墙坝、面板堆石坝等，可在廊道内分区、分段设置量水设施。对减压井的渗流，应尽量进行单井流量、井组流量和总汇流量的观测。

渗漏水的温度观测以及用于透明度观测和化学分析水样的采集，一般在相对固定的渗流出口或堰口进行。

根据渗流量的大小和汇集条件，当流量小于 1L/s 时宜采用容积法；当流量为 1～300L/s 时宜采用量水堰法；当流量大于 300L/s 或受落差限制不能设置水堰时，应将渗漏水引入排水沟中，采用测流速法。

量水堰应设在排水沟直线段的堰槽段。该段应采用矩形断面，两侧墙应平行和铅直。槽底和侧墙应加砌护，不漏水，不受其他干扰。堰板应与堰槽两侧墙和来水流向垂直。堰板应平正和水平，高度应大于 5 倍的堰上水头。堰口水流形态必须为自由式。测读堰上水头的水尺或测针，应设在堰口上游 3～5 倍堰上水头处。尺身应铅直，其零点高程与堰口高程之差不得大于 1mm。水尺刻度分辨率应为 1mm；测针刻度分辨率应为 0.1mm。

渗流量的观测应该和相应上下游水位、测压管水位、渗漏水的温度、透明度、气温和降雨等项目的观测配合进行。当为浑水时，应测出相应的含沙量。

5.1.2.4　裂缝监测

土石坝发生裂缝后，通过观察研究，认为有必要进一步了解其现状和发展情况，分析其产生原因和对建筑物安全的影响，以便进行及时有效的处理，应进行裂缝观测。

对已建土石坝的表面裂缝（非干缩、冰冻缝）观测，可根据情况，对全部裂缝或选择重要裂缝区，或选择有代表性的典型裂缝进行观测。凡缝宽大于 5mm，缝长大于 5m，缝深大于 2m 的纵向、横向缝，都必须进行监测。对在建坝，可在土体与混凝土建筑物及岸坡岩石接合处易产生裂缝的部位，以及窄心墙及窄河谷坝拱效应突出的部位埋设测缝计。

土石坝表面裂缝，一般可采用皮尺、钢尺及简易测点等简单工具进行测量。对 2m 以内的浅缝，可用坑槽探法检查裂缝深度、宽度及产状等。对深层裂缝，宜采用探坑或竖井检查，必要时埋设测缝计（位移计）进行观测。

5.1.2.5　压力（应力）监测

孔隙水压力观测则较普遍，有机械式的，如带高进气值陶瓷板的水管式孔隙水压力仪；有电测式的，土石坝中采用的主要是振弦式渗压计。

土石坝的压力（应力）监测，包括孔隙水压力、土压力（应力）以及接触土压力等观测项目。压力（应力）观测，一般用于Ⅰ级、Ⅱ级工程和高坝。

（1）孔隙水压力。为了解土石坝特别是水中填土石坝、水坠坝身或坝基产生的孔隙水压力及其分布与消散情况，以及其对施工阶段的施工质量、进度的影响和大坝运用期间的渗流状态与坝身稳定，以确保大坝的安全，提高设计和科研水平，需进行孔隙水压力观测。

孔隙水压力观测，一般仅适用于饱和土及饱和度大于95％的非饱和黏性土。均质土坝、冲填坝、尾矿坝、松软坝基、土石坝土质防渗体、砂壳等土体内需进行孔隙水压力的观测。

孔隙水压力观测断面，一般设2～3个横断面，且其中1个为主观测断面。Ⅰ级、Ⅱ级工程可另增设1～2个观测纵断面。孔隙水压力观测横断面，应设于最大坝高、合龙段、坝基地质地形条件复杂处，并应尽量同变形、渗流、土压力观测断面相结合。孔隙水压力测点在横断面、纵断面上的布置，应尽量能测绘孔隙水压力等值线，并应尽量同渗流观测点结合，可分布在3～4个高程上。Ⅰ级、Ⅱ级工程和高坝，可酌情增加。

孔隙水压力观测，可在同一测点布设不同类型的孔隙水压力计，进行校测。对重要部位，可平行布置同类型孔隙水压力计进行复测。

孔隙水压力计的选型，应优先选用振弦式仪器。当黏土的饱和度低于95％时，应选用带有细孔陶瓷滤水石的高进气压力孔隙水压力计。高进气压力孔隙水压力计的选用，应经充分论证。

孔隙水压力计埋设时，一般应在埋设点附近适当取样，进行土的干密度、级配等物理性质试验。必要时尚应取样进行有关土的力学性质试验。

孔隙水压力计的测读方法，依所选用仪器类型而定。振弦式孔隙水压力计，通过测读其自振频率的变化以确定其反应的孔隙水压力的变化。孔隙水压力的观测测次，依坝的类型和监测阶段而定。对于已运行的坝，如新建观测系统，在第一个高水位周期，应按初蓄期的规定进行观测。

孔隙水压力监测，应与变形监测、土压力监测配合进行，并应同时观测上游、下游水位、降雨量、地下水位（含坝两岸山体内的地下水位）。

（2）土压力（应力）。为了解土石坝受力情况和土石与混凝土建筑物的作用力大小，从而判断工程的安全，重要并且有条件的工程可进行土压力（应力）观测。

土压力（应力）观测，包括土与堆石体的总应力（即总土压力）、垂直土压力、水平土压力和大、小主应力等的观测。土或堆石的大、小主应力，通过具有不同埋设方向土压力计组的观测间接确定。

土压力观测，可设 1～2 个观测横断面。特别重要工程或坝轴线呈曲线形的工程可增设 1 个观测纵断面。观测断面的位置，应同坝内孔隙水压力、变形观测断面相结合。土压力观测断面上的测点，一般可布设 2～3 个高程，必要时可另增加。测点在横断面、纵断面上的布设可不对称。观测断面内每一测点处的土压力计，一般成组布置，每组 2～3 个，必要时可布置 4～6 个。

土压力计测点的布置，应同孔隙水压力测点成对，并应考虑同竖向位移、水平位移测点结合。同一测点区内各观测仪器之间的距离不宜超过 1m。

土石坝的土压力计观测仪器应选用振弦式土压力计，其相应测读仪依其类型选用。

土压力计的埋设，应特别注意减小埋设效应的影响。必须做好仪器基床面的制备、感应膜的保护和连接电缆的保护及其与终端的连接、确认、登记。土压力计埋设时，一般在埋设点附近适当取样，进行干密度、级配等土的物理性质试验，必要时尚应适当取样进行有关土的力学性质试验。由于土压力计量测观测精度不高，影响因素多，只在重要工程中选择使用。

（3）接触土压力。接触土压力观测包括土和堆石等与混凝土、岩面或圬工建筑物接触面上的土压力观测。

接触土压力观测应根据工程的规模、重要性以及土压力的分布情况，在建筑物承受土压力最大、受力情况复杂、工程地质条件差或结构薄弱等部位，选择有代表性观测断面，观测点沿刚性界面布置。接触土压力观测，必要时可用同一类型的接触土压力计进行平行布置。

接触土压力计埋设时，应在埋设点预留孔穴。孔穴的尺寸应比土压力计略大，并保证埋设后的土压力计感应膜与结构物表面或岩面齐平。

当在混凝土结构内埋设时，应在埋设点混凝土浇筑 28d 后进行。土压力计埋设后应认真保护，当填方不能及时掩盖时应加盖保护罩。当填方即将掩盖时，依覆盖材料的类型、性质应作不同的保护。

5.1.2.6 巡视检查

巡视检查对及早发现大坝险情有着重要的作用，而且，在坝出现险情时，需加强巡视检查的力度。为了保证巡视检查有效，经验表明，巡视检查应根据每座土石坝的具体情况和特点，制定详细的检查程序，做好事前准备。检查程序包括检查人员、检查内容、检查方法、携带工具、检查路线等，详尽且便于操作。

（1）主要的检查内容。

坝顶：有无裂缝、异常变形、积水或植物滋生等现象；防浪墙有无开裂、挤碎、架空、错断、倾斜等情况。

迎水坡：护面或护坡是否损坏；有无裂缝、剥落、滑动、隆起、塌坑、冲刷或植物滋生等现象；近坝水面有无冒泡、变浑或漩涡等异常现象。

背水坡及坝趾：有无裂缝、剥落、滑动、隆起、塌坑、雨淋沟、散浸、积雪不均匀融化、冒水、渗水坑或流土、管涌等现象；排水系统是否通畅；草皮护坡植被是否完好；有无兽洞、蚁穴等隐患；滤水坝趾、减压井（或沟）等导渗降压设施有无异常或破坏现象。

坝基：基础排水设施的工况是否正常；渗漏水的水量、颜色、气味及浑浊度、酸碱度、温度有无变化；基础廊道是否有裂缝、渗水等现象。

坝端：坝体与岸坡连续处有无裂缝、错动、渗水等现象；两岸坝端区有无裂缝、滑动、崩塌、溶蚀、隆起、塌坑、异常渗水和蚁穴、兽洞等。

坝趾近区：有无阴湿、渗水、管涌、流土或隆起等现象；排水设施是否完好。

坝端岸坡：绕坝渗水是否异常；有无裂缝、滑动迹象；护坡有无隆起、塌陷或其他损坏现象。

（2）检查方法。

常规检查方法：用眼看、耳听、手摸、脚踩等直观方法，或辅以锤、钎、钢卷尺、放大镜、石蕊试纸等简单工具对工程表面和异常现象进行检查。

特殊检查方法：采用开挖探坑（或槽）、探井、钻孔取样或孔内电视、向孔内注水试验、投放化学试剂、潜水员探摸或水下电视、水下摄影或录像等方法，对工程内部、水下部位或坝基进行检查。

5.1.3　应急监测新技术

近年来，越来越多的新技术被运用在险情监测中，尤其在险情信息的获取途径上，新技术的运行，大大降低了价值信息的获取时间，为抢险处置赢得了先机。下面主要介绍应急监测的两项新技术：测量机器人与无人机技术。

5.1.3.1　测量机器人

（1）简介。测量机器人（或称测地机器人），是一种能代替人进行自动搜索、跟踪、辨识和精确照准目标，自动进行正倒镜观测并获取角度、距离、三维坐标以及影像等信息的智能型电子全站仪。它是在全站仪基础上集成步进马达、CCD 影像传感器构成的视频成像系统，并配置智能化的控制及应用软件发展而形成的。测量机器人是 20 世纪 80 年代由奥地利维也纳技术大学同 GEO DA-TA 和瑞士 Leica 公司共同开发的高新技术产品，其测距可达 3km，500m 测程精度达 1mm，每个点的高程与坐标计算不到 1min，可实现自动寻找被测目标并计算其高程与坐标。目前，该项技术在我国监测方面的应用尚属起步阶段。测量机器人中较为完善的是徕卡 TCA 系列全站仪，其中 TCA2003 自动全站仪是当今世界上测量精度最高的全站仪之一。

用测量机器人进行滑坡监测时，应在滑坡体上布设目标点，其上安置棱镜，在测量机器人测站上通过设置或初期观测后，测量机器人通过学习训练后，可对监测点进行持续监测或周期观测，测量数据和变形结果以有线和无线通信方式传输到中央处理站，可实现无人值守的持续性监测和早期预警，在危险状态下不需人到现场作业。

（2）主要特点。在边坡变形监测中，与其他专业测量设备，如GPS、钻孔倾斜仪等相比，测量机器人具有以下主要特点。

1）其他专业测量设备监测时间一般比较长，尤其在滑坡体进入加速变形阶段后，监测实施的难度加大，并且有些监测项目可能无法进行，而利用具有自动搜寻和目标跟踪功能的称测量机器人能很好地解决此问题。

2）测量机器人在滑坡的应急监测中可以实现无人值守及自动进行监测的功能，可以实现连续24h自动监测，实时处理、分析、输出数据，提供图形，多点、多项目、全自动和可视化，达到亚毫米以内的精度。

3）由于棱镜固定安装在监测点上，监测人员在监测过程中不用进入滑坡险区，保证了监测抢险人员的安全；只要监测标志不倾倒，监测的位移量程几乎不受限制，可取得滑坡临滑阶段的连续监测数据，为滑坡预测预报和分析研究提供依据。

（3）应用前景。由于利用测量机器人对加速变形滑坡进行应急监测，与GPS、全站仪等常规地表位移监测手段相比有着独特的优势，而且可以在监测人员不进入险区的情况下实现快速连续监测，且能进行夜间监测，这不仅降低了监测人员安全风险，而且大大减少监测人员作业强度，监测效率更高。因此，在应急监测中，其有着广泛的应用前景，可考虑在边坡险情处置的应急监测上加以推广应用。

5.1.3.2　无人机技术

无人机监测在军事领域受到普遍重视，随着技术的成熟，其在民用领域得到广泛应用。特别是在水电设施的险情应急处置活动中起到传统手段无法替代的作用，同时促进了无人机救援技术的发展。

（1）简介。无人机是用无线电遥控或程序控制的无人驾驶飞行器，由飞机平台、飞控系统、搭载装备和无线电遥控系统组成，可实现侦察攻击、影像音频获取传输、物品运输投放、现场干预等功能，又叫无人机系统。它集成了航天、信息、控制、测控、传感、镭射及新材料、新能源等多学科技术，被誉为"空中机器人"。随着传统手段局限性的日益凸显，无人机技术的逐渐成熟，无人机技术用途越来越广泛，尤其在应急救援方面开始大显身手。如美国使用"牵牛星""捕食者"无人机参与森林大火救援，还使用无人机进行飓风监测和灾后搜救，法国巴黎警方动用无人机参与人质劫持事件救援行动，以色列使用"火鸟"无人机探测监视火情。

在我国，从1993年开始，中国气象局将无人机应用于大气探测、气象灾害遥感、生态遥感、人工影响天气等领域。在应急救援方面，尤其在汶川地震、雅安地震等突发灾害事件救援中，无人机均表现出不可替代的作用，成为信息化救援的有力武器。汶川地震时，参与救援的无人机都在第一时间到达现场，获取灾区的影像数据，为救灾部署和决策发挥了重要作用。2011年，我国首次成功使用Z-3直升无人机悬停在内蒙古三湖河口至昭君坟河段进行险情应急监测。2014年鲁甸地震救援中，武警黄金部队携带四旋翼无人机抵达震中，绘制完成首张震区地质灾害排查评估地图，并首次使用无人机快速三维建模技术，实现了地质灾害信息第一时间三维可视化，也是我国首次将无人机快速三维建模技术应用于地质灾害应急救援。无人机在救援方面的优势促使国内外争相研发救援无人机，并取得了大量成果。

（2）主要特点。由于灾害事件发生突然，导致险情处置过程时间紧急、环境恶劣，救援力量往往无法及时了解情况并快速到达现场。从空中观察干预救援现场是最快、最便捷的手段。与有人驾驶飞机及卫星相比，无人机具备体积小、造价低、机动灵活、使用方便等优点，对环境要求低，可在几千米高空和云下几百米到几米的低空飞行，无需机场，由于无人驾驶，回避了飞行员人身安全的风险，同时受恶劣天气（多雾多雨）和地形条件（山高、林密）影响较小，适于战争及重大险情侦测等危险紧急环境。在险情监测上，无人机技术能获取更多传统监测所不能获取的一些实时数据，这为险情的预判提供了有效的信息资料。

（3）应用前景。近年来，我国地质灾害频发，对国内水利工程设施造成了极大的威胁，尤其是面临地震等灾害时，往往导致通往水库的道路中断，处置险情时面临的最首要问题就是掌握灾情和解决交通问题，而无人机能快速到达灾区上空，获取灾区和通往灾区道路的遥感影像，直观地观察灾情。未来无人机在对抗自然灾害过程中可考虑应用于灾情实时监测、灾情评估和搜索救援等方面，如在水利设施面临漫顶险情时，可运用无人机遥感技术对水库的地形地貌、水情信息等资料进行实时监测，为险情的处置判断提供第一手资料。

目前无人机技术还处于发展阶段，深化无人机救援的理论研究，进行无人机操作和图片分析人员培训，出台相应法律法规规范管理，增强无人机通信传输能力，增加稳定性减少坠机失控等故障，实现无人机高效、迅速地监测险情，是高效处置险情强有力的保障手段。

5.2 大坝安全应急预警

大坝安全预警是基于对影响大坝安全的诸因素进行综合分析评价的基础上，对可能出现的大坝险情作出预测和警报。在确认险情后，作出风险分析和评估，并借助决策支持系统制定出针对性的应急处理预案，以及时化解或降低风险，将可能发生的灾害损失降低到最小程度。大坝安全预警是在坝工领域的专业化和具体化，是确保大坝安全非常重要的一种手段，通过对险情进行预测预警，可以降低抢险过程的安全风险。

完整的大坝安全预警系统应包括监测数据采集系统、安全分析评价模型、报警系统等，此外若把风险分析、灾害评估以及对应的应急处理预案包括进来，则形成一个更为完善、更具实用性和可操作性的系统。目前，国内外在这方面尚未建立起公认的科学理论体系。本书借助一些学者在军事、经济和灾害等预警系统研究方面取得的成果，结合大坝安全预警的实际情况，介绍大坝安全预警系统的相关理论和预警的具体方法。

5.2.1　应急预警构成要素与内容

所谓预警就是指对某一警素的现状和未来进行测度，预报不正常状态的时空范围或危害程度以及提出防范措施。大坝的险情预警就是利用现有的大坝的多因素监测和检测信息，运用相应的系统论知识、数理统计方法、人工智能技术等，对大坝险情影响的时空、范围及发展趋势进行预警。预警系统则是实现预警功能即预测和报警两种功能的一种综合系统。

5.2.1.1　预警的基本构成要素

（1）警义。警义是预警系统的起点，主要包括警素与警度两方面。所谓警素，是指大坝薄弱部位或者隐患险情的安全状态，警度是指警情（或者险情）处于什么状态，也就是说它所具有的严重程度。险情预警就是要对险情变化过程中将出现的"危险点"或"危险区"作出预计，发出警报，从而为险情控制和处置决策提供依据。

（2）警源。警源是指警情产生的根源，即大坝运行过程中已存在或潜伏着的"病险问题"。这是引起大坝出现险情的根源，很多大坝潜伏的病险问题，都是导致大坝出现险情的直接原因。如大坝存在漏洞，没有及时进行处置，漏洞发展导致出现更大险情。

（3）警情。警情是指事物发展过程中出现的异常情况，即大坝运行过程中已存在或将来可能出现的问题。

（4）警兆。警兆是指警素发生异常变化导致警情发生前出现的先兆。在大坝安全监测中，所谓的警兆就是指大坝变形、渗流、应力应变等物理量的动态特征。

5.2.1.2 水库安全监测预警系统的主要内容

（1）流域水情自动遥测系统：收集水库流域内实时水雨情信息。

（2）水库洪水预报与优化调度系统：根据流域实时水雨情信息，做出预见期内流域洪水趋势预报和水库优化调度方案。

（3）大坝安全监测自动化系统：采集水库大坝安全监测数据和性态信息。

（4）大坝安全实时分析与评价系统：根据大坝安全监测信息和流域洪水预报，对水库大坝安全运行现状和未来趋势进行分析和评估。

（5）警情分析系统：根据预警指标、警源类型和警情分析模型，对水库的安全运行状况进行分析，确定报警类型和报警级别。

（6）警情发布：根据警情分析成果，对外发布警情信息。

（7）决策支持与会商系统：计算机系统提供水库运行辅助决策，由领导和水库管理人员进行会商。

（8）应急预案和灾情评估系统：根据报警级别，确定是否启动应急预案，险情过后对灾情进行评估。

5.2.2 安全预警流程

系统科学是预警系统理论的基础，美国贝尔电话公司的A. D. Hall（1969）提出了系统工程三维结构图，为解决规模宏大、结构复杂、因素众多的复杂巨系统提供了统一的思想方法。将A. D. Hall的三维结构图引入预警系统的物理模型架构中，得到如图5.2所示的预警系统三维结构图。它包括时间维、逻辑维和知识维。其中，知识维的组成要素主要有哲学、系统科学、自然科学、社会科学和计算机技术等；时间维的组成要素主要包括数据采集阶段、系统分析阶段、系统设计阶段和系统实施阶段；逻辑维的组成要素包括明确警义、寻找警源、分析警兆、预报警度和发布或排除警情等。

将预警系统三维结构图应用到大坝安全预警分析中，若仅考虑

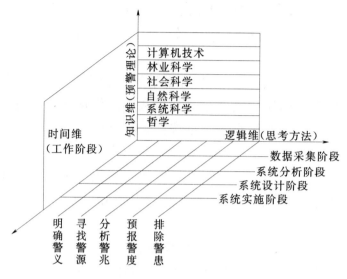

图 5.2　预警系统三维结构图

逻辑维，则可得到由明确警义、寻找警源、分析警兆、预报警度和排除警患构成的预警一维流程图（图 5.3）。明确警义是前提，是预警系统研究的基础；寻找警源是对警情产生原因的分析，是分析和排除警患的基础；分析警兆是对警情出现先兆的分析，是预报警度的基础；预报警度是发布或排除警情的根据；而发布或排除警情是预警系统的目标所在。

（1）明确警义。明确警义是前提，它是预警系统的基础。警义可以从两方面考察：①构成警情的各种指标，即警素；②表述警情的严重程度，即警度。大坝曾经出现、现在已有或将来可能出现的警素是多种多样的，但他们最终都可归类于自然警素、经济警素或社会警素中。通常把表述警情严重程度的警度划分为五个警限，即无警、轻警、中警、重警、巨警。

关于各类警情指标的各个警限的具体度量，可以依据历史分析、专家方法、国际对比、数学方法等综合确定。对各个警限的具体度量值过若干年需要重新修订。当警情指标的实际值不在安全警限范围内，则表明警情出现。结合具体情况，根据警情指标的实际值，观测其落在哪一警限区域，便可检测其警度。

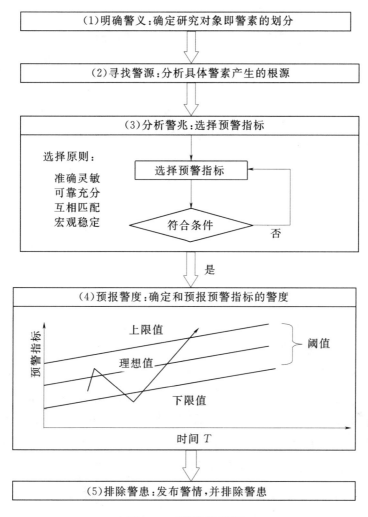

图 5.3 预警流程图

（2）寻找警源。警源是警情产生的根源，从警源的产生原因和生成机制看，警源主要有：①来自自然因素的警源，即自然警源，如地形地貌、气象因子、大气环境、水文地质条件，地裂、山体滑坡和泥石流等一些自然灾害；②外生警源，如大坝的设计、施工和运行管理，对大坝安全的重视程度、监测的执行强度、法规的执行力度和大坝安全的管理效度等；③内生警源，如大坝坝型、筑坝材料、坝龄、大坝结构以及坝体特性等。根据具体情况分析这三种警源分别是什么，对于每一种警源还可以再进一步细分。哪一种警源应作为研究的重点内容，也是具体问题具体分析。

（3）分析警兆。警兆是警情爆发之前的先兆，分析警兆是预警过程中的关键环节。从警源的产生到警情的爆发，其间必有警兆的出现。一般，不同的警情对应着不同的警兆。警兆可以是警源的扩散，也可以是警源扩散过程中其他相关的共生现象。一般，同一警情指标往往对应多个警兆指标，而同一警兆指标可能对应多个警情指标。当警情指标发生异常变化之前，总有一定的先兆（即警兆），这种先兆与警源可以有直接关系，也可以有间接关系，可以有明显关系，也可以有隐形的未知黑色关系。警兆的确定可以从警源入手，也可以依经验分析，分析警兆极其报警区间便可预报预测警情。

确定警兆之后，需要进一步分析警兆与警情的数量关系，找出与警情的五种警限相对应的警区，警兆警区一般也分为五种情况：无警警区、轻度警区、中警警区、重警警区、巨警警区，然后借助于警区进行警度预报。

（4）预报警度。预报警度是预警的目的。在预报警度中，需要注意结合经验方法、专家方法等，这样可提高报警的精度。根据警兆的变动情况，结合警兆的变动区间，参照警情的警限或警情等级，运用定性和定量方法分析警兆报警区间与警情警限的实际关系，结合专家意见及经验，便可预报实际警情的严重程度。

（5）排除警患。通过传播媒体发布大坝危险等级，并提出相应的预防及处置措施，防止大坝垮坝事故的发生。

5.2.3　安全监控指标与预警方式

预警系统是在在线监控的基础上实现的，大坝安全预警系统实际上总是与大坝安全监测联系在一起。大坝安全监测是预警系统的基础，预警系统是安全监测系统的具体提高和应用。由于大坝安全监控指标是识别大坝所处状态的科学判据，监控指标可为实现大坝安全预警提供技术保障，因此，大坝安全监控指标的分析是确定大坝安全预警指标的关键。

5.2.3.1 安全监控指标分析

安全监控指标是评价和监测大坝安全的重要指标，对于监控大坝等水工建筑物的安全运行相当重要。由于有些大坝可能还没有遭遇最不利荷载，同时大坝和坝基抵御荷载的能力在逐渐变化，因此安全监控指标的拟定是一个相当复杂的问题，也是国内外坝工界研究的重要课题。安全监控指标包含两类：①工程施工阶段和首次蓄水阶段的监控指标；②大坝运行阶段的安全监控指标。

根据统计资料，大坝从建造到失效，通常经历三种状态。

（1）正常状态：指大坝达到设计要求的功能，不存在影响正常使用的缺陷，且各主要监测量的变化处于正常情况下的状态。

（2）不正常状态：指大坝的某项功能已不能完全满足设计要求，或主要监测量出现某些异常，因而影响正常使用的状态。

（3）失效状态：指大坝出现危及安全的严重缺陷，或环境中某些危及安全的因素正在加剧，或主要监测量出现较大异常，若按设计条件继续运行将出现大事故的状态。破坏是失效状态的一种特例。

不正常状态和失效状态有许多症状和标志，这些症状和标志的界限值为状态特征值，在监控系统中即为监控指标。因此，大坝安全监控指标可分为二级：第一级为大坝无故障监控指标，它是大坝正常状态和不正常状态之间的界限值，又称警戒值，预警指标主要是确定这个值；第二级是大坝极限监控指标，它是大坝安全与否的界限值，又称危险值。

为了及时有效地进行安全监控，应选择一些有控制作用和代表性的项目及测点建立监控指标。一般来说，大坝安全监控指标体系主要可分成坝体及坝基和近坝区两个子块体，根据指标设计和筛选原则，确定主要监控指标，图 5.4 给出了土石坝主要监控指标体系图。以下几项是大坝安全监测中最重要的监测项目，具体分析如下。

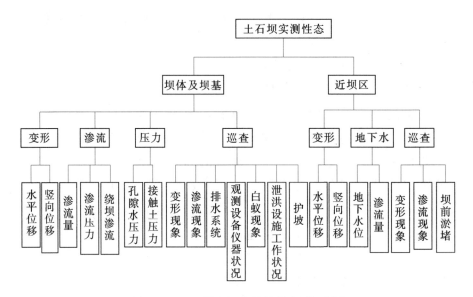

图 5.4　土石坝主要监控指标体系图

变形：综合反映坝体坝基物理力学性态的一种效应量，它反映坝体刚度和整体性。大坝的变形常与坝体开裂、失稳有关。因此，它是监控大坝安全的主要监测量。在众多变形中，上游、下游方向的水平位移最为重要。

坝基扬压力：它既是施加于坝基的一种荷载，影响到坝的应力和稳定，又是反映坝基渗透性态的效应量。大坝的坝基扬压力常与坝体失稳、帷幕衰减相关。因此，坝基扬压力是监控大坝安全的主要监测量。对于重力坝、大头坝和中度、厚度的拱坝，坝基扬压力很重要。

渗流量：它是反映坝体和坝基物理力学性态的一种效应量，它与坝的稳定、耐久性密切相关。因此，它也是监控大坝安全的主要监测量。

压力：它是反映坝体和坝基物理力学性态的一种效应量，它与坝的强度、稳定可靠相关，特别在施工阶段，它也是监控大坝安全的主要监测量。

巡查：它是大坝安全监测的重要途径之一，通过巡查可以及时发现仪器监测所不能反映的问题及危及大坝安全的迹象。

因此，对大坝安全进行预警主要是根据上述大坝安全的主要监测量来确定，通过对这些指标进行监控预警，能及时发现大坝的险情及其发展情况，有利于把握时机处置险情。

5.2.3.2 预警方式

大坝安全预警的方式主要有指标预警法、统计预警法和模型预警法。指标预警法具有简单、实用和快速的特点，是统计预警法和模型预警法的基础。在建设大坝安全预警系统时，首先是设计指标预警系统，其次是分析统计预警系统，最后建立模型预警系统。在这三套预警系统中，应以指标预警系统为基础，统计预警系统为重点，模型预警系统为补充。它们既相对独立，又相互配合。但不论采用哪种方式进行大坝安全的预警研究，选择和确定预警指标都是预警研究的核心问题之一。大坝安全预警指标的类型很多，从空间尺度看，主要有宏观预警指标、中观预警指标和微观预警指标；从时间尺度看，主要有长期预警指标、中期预警指标和短期预警指标；从预警指标的内涵看，主要有警情指标、警源指标和警兆指标。

指标通常是某一参数或某些参数导出的值。评价指标以比较简单的方式向人们提供评价对象的有关信息。警情指标、警源指标和警兆指标密切相关三位一体。警情指标是预警研究的对象，是大坝已存在或潜伏着的问题；警情产生于警源，又必然要产生警兆；根据警兆指标的变化状况，联系警兆的报警区间，参照警素的警限确定和警度划分，并结合未来情况作适度的修正，便可以预报警素的严重程度，即预报警度；根据警素的警度，联系警源指标，对症下药，采取相应的排警措施，以便实现有效的宏观调控。因此，大坝安全预警系统要以警情指标为对象，以警源指标为依据，以警兆指标为主体。

（1）警源指标。警源是指警情产生的根源，用来描述和刻画警源的统计指标就称作警源指标。从警源的生成机制看，警源指标可以分为3类：自然警源、外生警源和内生警源。从警源的可控程度看，警源指标又可以分为3类：①强可控警源指标，比如管理上的问题和漏洞；②弱可控警源指标，比如大坝的现状等；③不可控警源指标，比如气象因子、地质因子等。寻找警源既是分析警兆的基础，也是排除警患的前提。不同警素的警源指标各不相同，即使同一警素，在不同的时空范围内，警源指标也不相同。因此我们必须针对具体的警素，寻根究底，顺藤摸瓜，直至找到问题的症结所在。

（2）警情指标。警情指标是大坝安全预警系统研究对象的描述指标。用来描述和刻画警情的统计指标就称作警情指标。大坝安全系统是由多层次的子系统和多方面的要素构成的复合系统，它在发展过程中会受到各种因素的干扰，既包括自然的和人为的因素，也包括内部和外在的因素，致使大坝出现这样那样的问题。警情指标就是大坝安全问题空间的描述指标，也就是上面所称的警素。

（3）警兆指标。警兆是指警素发生异常变化导致警情爆发之前出现的先兆。用来描述和刻画警兆的统计指标就称作警兆指标。一般，不同的警素对应着不同的警兆，相同的警素在特定的时空条件下也可能表现出不同的警兆。大坝安全预警系统旨在为大坝安全的宏观微调提供信息依据。它的特点在于预报，即以足够长的领先时间作出警报，以便有足够的时间酝酿调整措施和组织实施。要满足这一要求，首先必须建立起合理的警兆指标。警兆指标又称先导指标或先行指标，它是预警指标的主体，是唯一能够直接提供预警信号的一类预警指标。大坝安全系统的预警指标在时间运行上可以划分为三种类型，即先行指标、同步指标和滞后指标。对于大坝安全预警系统而言，重要的是如何确定先行指标即警兆指标。

5.2.4　水库防汛形势预警判断

在水库大坝的监测预警上，其中很重要的一项就是在防汛形势上面的预警判断，当大坝面临超标准洪水时，预警的关键就是必须首先要保证水库大坝的安全。为了保证大坝安全，大坝安全监测技术和大坝性态的预测判断及预警技术成为一个焦点问题。多年来，我国在洪水调度技术方面国家投入了大量的人力物力，已经取得了成功的经验和成熟的技术。但在工情、水情和闸门调度如何有机地结合上，却研究得很少。这个问题，将会是水库大坝安全监测技术发展的一个重要领域。这要求大坝安全监测系统必须能够实时提供大坝工作性态，才能在洪水调度中，保证大坝安全的前提下，尽量错峰削峰，减轻下游压力；同时也要求在水情方面，根据实时水情资料和天气预报，完善洪水调度和决策支持系统，从而提高防洪能力。实际上水库大坝安全监测系统应该成为水库调度系统中的一部分，只有解决好水库防汛预警的实时性和安全性要求，才能使大坝处于安全的工作状态。

（1）实时性要求。大坝监测预警的实时性要求主要体现在监测最新的水情情况、气象预报和工程实际性态，不断调整洪水调度方案。要实现调度的实时性，必须要有实时水情测报系统，保证能够随时掌握洪水的情况；还需要有一个实时大坝安全监测自动化系统，随时提供大坝关键部位、关键参数的变化情况，随时对安全监测资料做出分析，判断大坝的运行性态；并需要一个能够根据实时调度的要求进行闸门运用监控的闸门自动化监控系统。

（2）安全性要求。大坝的安全性是指水库大坝工程在洪水调度过程中的工程安全和洪水下泄安全。要解决调度的安全性，必须要保证能够随时了解水库大坝工程现状荷载下的综合安全性态，必须保证溢洪道闸门能够可靠的运用，安全下泄洪水。

因此，水库防汛形势预警判断主要是能对溢洪道的运用方面及大坝安全形态方面作很好的预警判断，以保证在遇到超标准洪水时能及时进行预警。

5.2.4.1 水雨情信息预警判断

汛期水库的水雨情资料对防洪形势的判断是非常关键的。反映水雨情情势应该包括以下 4 个方面的判断，即库水位、降雨量、中（短）期气象预报和入库流量。

一般来说，汛期水库水位在洪水前应该在汛限水位，汛限水位与防洪高水位之间的库容为防洪库容。在库水位低于防洪高水位时，水库处于正常洪水调度过程中，但是当库水位超过防洪高水位时。此时防洪库容已经用完，防洪高水位与设计或校核水位之间的库容，能否参加错峰削峰调度，形势更加错综复杂。以此防洪高水位可以作为防洪中水库水位的一个控制指标。

汛期有较大较为集中的降雨，这是正常的事。担心的是长时间的暴雨，将会给水库带来超过防洪能力的洪水量。在我国，以 24h 降雨量为标准，降雨类型可分为：小雨型、中雨型、大雨型、暴雨型、大暴雨型、特大暴雨型。

小雨型降雨量一般不足 10mm，中雨型降雨量为 10～24.9mm；大雨型降雨量为 25～49.9mm；暴雨型降雨量一般为 50～99.9mm；大暴雨型降雨量为 100～249.9mm；特大暴雨型降雨量出现概率小，降雨值大于等于 250mm。若出现暴雨以上的降水就为灾害性天气，统称为强降雨。各地基本上是以 50mm 作为一个控制降雨量。以此在水库防洪时，50mm 降雨量可以作为防洪形势判断中降雨的一个控制性指标。根据水库水位和降雨情况，结合短期天气预报和入库流量的变化情况，可建议定性判断水雨情情势见表 5.1。

表 5.1　　　　　　　　　　　　水雨情情势定性判断

水情情势	判　断　标　准
正常，无压力	库水位远未到达防洪高水位；12h 降雨量未达 50mm；入库流量很小；中短期天气预报近期不会有较强降雨
基本正常，基本无压力	库水位未到达防洪高水位；6h 降雨量未达 50mm；入库流量较小；中短期天气预报近期可能有较强降雨
异常，有相当压力	库水位离防洪高水位不远；降雨大，6h 降雨量已达 50mm；入库流量增大较快；中短期天气预报近期降雨天气仍将持续
严峻，有较大压力	库水位已经到达防洪高水位；降雨量很大，3h 降雨量已达 50mm；入库流量迅速增大；中短期天气预报近期仍有较强降雨
很严峻，压力很大	库水位已经到达防洪高水位；降雨量很大，3h 降雨量已达 100mm；入库流量迅速增大；中短期天气预报近期仍有较强降雨，可能出现特大暴雨

5.2.4.2 闸门运行预警判断

通过闸门检查和现场监控视屏，可以得到溢洪道闸门运行状况定性评价，见表5.2。

表5.2 溢洪道闸门运行状态定性评价

定性评价	判断标准
闸门运行很可靠	有多套电源、有备用电源、人工开启可靠；闸门强度、刚度和稳定性、启闭机启闭能力满足要求；检查中未发现有闸门开启失败的情况，运行记录中从未发生过闸门打不开的例子；有严格的管理制度和操作性很强的程序；目前所有闸门运行正常
闸门运行基本可靠	有多套电源、有备用电源、人工开启可靠；闸门强度、刚度和稳定性、启闭机启闭能力基本满足要求；检查中曾发现有闸门开启失败的情况，运行记录中从未发生过闸门打不开的例子；目前所有闸门运行基本正常
闸门运行不可靠	有电源、有备用电源、人工开启可靠；闸门强度、刚度和稳定性、启闭机启闭能力基本满足要求，检查中曾发现有闸门开启失败的情况，运行中发生过闸门开启故障的情况；目前已经发现有部分闸门有些故障
闸门运行较不可靠	有电源、无备用电源、可人工开启；经验算闸门强度、刚度和稳定性、启闭机启闭能力虽然满足要求，但老化严重，启闭机无保护；检查中曾多次发现有闸门开启失败的情况，运行中发生过多次闸门故障；目前已经有部分闸门开启失灵
闸门运行很不可靠	有电源、无备用电源、人工开启不可靠；闸门强度、刚度和稳定性、启闭机启闭能力均不满足要求，且老化严重，启闭机无保护；长期缺乏维护和检修，运行中发生过多次闸门故障事故；目前几乎所有闸门均已经失灵

5.2.4.3 大坝运行状态综合预警判断

水库大坝性态一般可以分为5个等级，在评价水库防洪形式时大坝是否安全是一个非常重要的信息。大坝安全形态的判断途径很多，但在水库防洪时，需要的是通过对实时监测、巡查、分析的资料及时做出综合的判断评价，给出是否安全的结论。大坝5种工作状态见表5.3。

表 5.3　　　　　　　　5 种工作状态的分级定义

状　　态	判　别　标　准
非常安全	各项值远超过标准、规范要求
安全	各项值均满足规范要求
基本安全	基本满足规范要求，除极少数
不安全	部分值异常，已经不满足规范要求
很不安全	大部分值异常，远不满足规范要求

5.3　大坝安全监测预警的发展

经过数十年的探索实践，我国大坝安全监测预警技术得到了快速发展，尤其是现代科学技术的进步，为大坝安全监测预警的进一步发展创造了有利条件。如：在数据采集及存储方式方面，从最早的光学、机械仪器采集数据，手工记录，发展到传感器、电子、激光类设备自动采集系统，数据库存储；在数据处理及成图方式上，从早期的手算及简单编程处理数据，手绘图形，发展到数据处理软件处理、GIS 数字化 3D 成图；在决策分析上，从专业知识与经验判断，发展到安全评判专家系统辅助决策。未来大坝安全监测预警的发展主要表现在以下几个方面。

5.3.1　安全监测预警范围延伸发展

大坝安全监测的范围延伸，表现在大坝设计、施工、运行和退役全生命周期过程中。它不仅是反馈设计、指导施工和监控大坝安全的重要手段，也是水库汛限水位动态控制、大坝风险评估和预测预警的基础条件，安全监测将与气象、水情、水质和洪水预报调度等结合，成为水库安全运行调度决策的一部分，以提高应对溃坝等突发事件的能力，避免或减少突发事件导致的下游人民群众生命财产损失和生态与环境的破坏，保障下游公共安全。

监测对象从大坝工程安全管理向大坝风险管理转变，监测对象除了大坝工程外，还拓展到水库下游影响地区的人口、社会经济及生态与环境等。监测不仅考虑工程安全监测，还关注下游人口、社会经济和环境与生态的影响监测以及应对突发事件的应急监测体系。

5.3.2　监测技术手段不断创新

随着科学技术的发展，监测将向实时化、一体化、智能化和可视化方向发展，智能传感器开发技术，洪水、地震等极端条件下大坝现场检查、隐患探测与应急监测技术，光纤监测和三维激光扫描监测等分布式监测新技术，系统防雷及抗干扰技术等将是监测技术发展研究的方向。如人们正在研究一些新的险情探测方法，如同位素探测法、电磁探测法等，用于探测坝体渗流通道，由水科院研究的地球物理瞬变电磁法就已在多个工程得到应用。

在滑坡监测方面，时域反射法是一种比较新的技术，时域反射法主要在需要监测的部位埋设同轴电缆，若堤坝发生滑动，滑动部位会使电缆变形，通过采用时域反射仪测量电缆变形情况可以找出坝体变形所在的部位。光时域反射法是指在需要监测的部位埋设光缆，其测量原理与时域反射法相似。若沿坝纵向埋设同轴电缆或光缆，可以在较大范围内监测大坝的位移。然而，因测量技术的限制和经济上的原因，目前上述测量技术有的只能采用人工方法进行测量，有的尚在实验阶段，但研究为人们指明了空间或面监测的方向，与常规监测结合起来可以发挥全面监测大坝和与之相互印证的作用。

5.3.3　大坝安全监测布置更优化

大坝安全监测优化布置是大坝安全监测的关键技术，如果监测项目及布置设计不合理，就不可能达到工程监测的目的。大坝安全监测项目及布置既要满足有关技术规范要求，又要根据工程设计、施工、维护加固、运行管理及原有监测资料，针对影响和控制该工程安全性态的关键因子、关键部位和薄弱环节进行重点监测，监测项目和测点布置和结构应优化组合，有相关影响的监测项目，布置应相互配合，以便综合分析。不同坝型大坝安全监测重点不同，土石坝以渗流、变形、水位和雨量监测为主；混凝土坝以变形、应力应变、温度、渗流和水位监测为主；新建大坝监测主要依据理论设计，监测项目比较齐全，既要考虑施工期监测，以指导工程施工，也要考虑水库蓄水期安全监测，以验证设计和监测大坝安全运行性态。对于已建大坝，主要针对工程异常部位及关键部位进行监测，以监控大坝运行性态。因此，未来大坝的安全监测，会更加注重监测的有效性，以确保险情能被及时预知。

5.3.4　监测实时化、自动化

监测自动化是 20 世纪 60 年代发展起来的一种全新的监测技术，它是随着计算机技术、网络通信技术的发展而发展起来的。由于监测系统的各个环节都可以实现自动化，因此，自动化监测就有实现数据采集自动化的"前自动化"、实现数据处理自动化的"后自动化"、在线自动采集数据，离线资料分析的"全自动化"多种含义。我国监测自动化经过 20 余年的发展，大坝安全监测自动化经历了从无到有，从低级到高级，逐步走向成熟与完善的过程，在理论上、产品质量上都已达到相当水平，并经过上百个工程的实践，考虑到水电站大坝地处偏僻山区，根据我国国情，监测自动化一般定位为"前自动化"，即包含数据自动采集、数据传输、数据存储和数据管理等几部分。相信随着技术的进步以及实践经验的积累，技术水平更高、功能更强、性能更可靠的大坝安全自动化监测仪器和系统设备将不断出现。

5.3.5　监测数据处理信息化、智能化

我国《土石坝安全监测技术规范》（SL 60—94）、《土石坝安全监测资料整编规程》（SL 169—96）、《水库大坝安全管理条例》是关于土石坝安全监测管理工作的依据。根据这些标准和规范，为保证土石坝安全，需要定期对土石坝进行巡视检查、变形监测、渗流

监测、压力（应力）监测、水文、气象监测，并且对前面这些工作形成的大量监测资料进行整编与分析。以上安全监测工作不仅涉及面广，而且随着时间的推移，资料的量将变得十分巨大，如何有效的组织管理和整编这些资料成为一个急需解决的问题。因此，建立一个高效的"土石坝安全监测资料信息管理系统"对保障土石坝的安全显得尤为重要。"土石坝安全监测资料信息管理系统"主要作用体现在监测大数据的信息化处理方面，而未来的监测数据处理智能化则是在充分理解土石坝安全监测工作的基础上，对系统进行合理设计，并尽可能采用先进适用的技术对系统进行部署实施，通过建立专家信息辅助决策系统，以现实监测数据处理分析的智能化，在水库大坝抢险处置时系统能发挥"智能大脑"的作用。

第6章 土石坝病险探测
方法与技术

土石坝一般会在失事前出现各种不同的病兆险情，究其根源是其病害隐患的存在，及早发现其病险是阻止土石坝险情进一步发展的必要手段，土石坝病险检测是进行大坝险情处置时确定病险范围及程度的关键技术。

6.1 土石坝病险检测方法

土石坝的主要病害隐患有洪水设计标准不足，蚁穴、鼠洞、坍陷产生的空洞以及渗透水压力作用产生的细颗粒土流失形成的孔洞，横缝、纵缝、斜缝，坝坡稳定不满足要求，泄洪或引水建筑物破坏等。当这些隐患发展严重时，遇高水位等突发情况，大坝就可能出险甚至造成溃坝灾害。土石坝出险的形式常见有渗漏、裂缝、漫顶、滑坡、坝内漏洞、散浸等。因此，制定及时的应急检测方案，快速、准确地确定隐患性质、位置以及大小，为水库大坝应急抢险和除险加固提供可靠依据，显得尤其重要。

6.1.1 渗漏检测

对于土坝，渗漏是最为常见的病险隐患，一般情况下，渗漏的发展是一个长期的过程，由渗漏逐渐发展而产生渗透破坏，情况更为复杂。大坝渗漏应急检测决策应遵循的步骤为：①判别大坝渗漏的原因。不同的原因造成渗漏则检测的方法和手段也是不同的，只有明确了原因才能做到有的放矢。②确定检测的范围。并不是所有的大坝都是全断面出现渗漏，有针对性地确定检测范围可以事半功倍。③提出检测方法和手段并付诸实施。

6.1.1.1 渗漏检测范围的确定

大坝险情应急检查，一般是当大坝出险有较明显的渗漏时进行，在检测前，首先在大坝下游仔细检查坝脚渗漏出口的部位、范围、渗漏点的数量及渗漏量的大小，并做上明显的标记，然后在坝顶粗略估计与渗漏出口对应的上游坝坡可能出现病险的桩号范围、高程，以确定一定的检测范围，减少不必要的检测范围，缩短检测时间，提高应急检测效果。比如下游渗漏点位于大坝左侧，则可将检测范围定位左坝段上游坡，若渗漏点位置较高，则上游坡的险情位置必然也较高。当然，若水库水位不高，大坝不长，则也可以考虑进行全范围的检测，一方面不致于有疏漏；另一方面，可以为今后除险加固提供基础资料。

6.1.1.2 确定检测的方法和手段

渗漏检测的方法很多，主要采用电磁法探测技术，检测的精度较高。另外，高密度电法、探地雷达技术也有广泛的应用。

（1）上游坝坡漏洞、渗漏点的检测。大坝渗漏的外部表现就是漏洞或者渗漏点，通常在大坝下游坝坡的渗漏以集中渗漏和散浸的形式出现，无需仪器进行检测，只需要肉眼并利用皮尺丈量渗漏范围即可。而位于上游坝坡的渗漏基本位于水下，大多难以凭肉眼准确观测，因此必须借助仪器进行检测。

1）漏洞、渗漏点位置较浅。若漏洞距离水面较近，可采用肉眼观察的方法检测。一方面，观察坝坡上漏洞的位置、大小和深度，观察漏洞（渗漏点）旁边是否存在裂缝，如果有裂缝，还要观察裂缝的伸展长度、深度，以便于判断渗漏量的大小。另一方面，观察坝坡附近的水面是否存在漩涡、气泡或者水流向一侧流动的迹象，若有，则漩涡、气泡的位置大致就是漏洞（渗漏点）的位置。此种方法非常简易便捷，无需任何仪器，对于检测水下较大的漏洞有一定的作用，但是对于较小的漏洞或者渗漏点同样难以判断。同时，因为有些大坝破坏严重，坝坡凹凸不平容易产生误判，且水文条件也经常变换，要观察漩涡或者水流并不容易，因此，此种方法可作为初步检测或者仪器检测的辅助手段。

2）漏洞、渗漏点位置较深。当大坝出现严重渗漏并危及大坝安全的时候，首先需要找到渗漏的进水口，从源头进行抢险有助于尽快减轻大坝安全隐患。但是，水下的漏洞、渗漏点位置较深时，水下仪器检测的方法主要有电场法、放射性同位素示踪法、声发射检测法、测流速法等，这些方法大多需要船只在水面或水底实施，操作起来较困难。

另外还有一种较快捷的检测方法就是水下电视拍摄。目前水下电视技术较为成熟，拍摄出来的图像分辨率较高，而且目前全国有许多进行水下检测的机构以及潜水员，很多大型水库也有自己的水下探测队伍，因此采用水下电视技术检测是一种切实可行的方式。水下电视拍摄具有快速、准确的优点。对于寻找水下较大的漏洞，水下电视可以在很短的时间内并且很好地确定漏洞的位置以及大小，然而由于是水下作业，对于较小的漏洞或者渗漏点，则难以判断。

（2）渗漏通道的检测。即使在大坝上游坝坡发现有漏洞、在下游坝坡发现有渗漏点，也无法确定渗水的渗漏通道，主要原因是土坝本身具有大量的孔洞、空隙以及老鼠、白蚁形成的生物洞穴，使得渗漏通道并不规则，而渗漏通道位于坝体内部，无法使用肉眼观测，必须借助检测仪器才能真正了解渗水的途径。

1）坝体渗漏。目前广泛采用的是瞬变电磁法和自然电场法探测坝体内部的渗漏通道，这两种方法原理清晰，操作简便，是应急检测的合适方法。

2）坝基渗漏。坝基渗漏通道的检测与坝体渗漏通道的检测基本类似，一般多采用电磁法探测技术，如瞬变电磁法、频率域电磁法。频率域电磁法的原理与瞬变电磁法的基本接近，通过发射频率的变化进行检测。坝基地层大部分为饱和含水状态，电导率的高低由该处的地层岩性和水的电导率所决定，不同河、湖以及水库的水的电导率差别较大，因此十分便于采用频率域电磁法。该方法具有位置分辨率高、操作简便迅速和不受接地电阻影响等优点。

从实践经验中看，瞬变电磁法和频率域电磁法相比较，前者在渗漏通道的定位的准确性方面优于后者。另一种实用的方法是同位素示踪法，将同位素示踪剂在渗漏通道进口处掺入地下水流场中，然后在下游部位的一个或多个钻孔中或者渗水出溢处，放置水下射线探测器来检测可能经过的同位素示踪剂的浓度随时间的变化情况，以此了解同位素示踪剂的运动轨迹，从而达到判断渗漏通道的目的。目前已有数十座工程采用该项技术开展渗漏观测试验工作，并且取得了明显效果。实践证明同位素示踪法的优点包括设备简单、操作方便、灵敏度高、用量少、示踪剂扩散均匀等。

（3）渗漏量的检测。大坝渗流状态主要体现在两个方面：①渗漏点的位置；②渗漏量的大小。因此对渗漏量进行检测也是渗漏检测的重要内容。通过对大坝渗漏量的检测可以直观地了解大坝的渗流性态，并可对大坝渗流作出一定的预测，有助于进行除险加固决策。

当渗漏量初步估算为 $1\sim300L/s$ 时，可采用量水堰法进行检测。即在坝脚地势最低处开挖一条集水沟，将大坝坝体渗水集中在此处，设置一简易的三角形或矩形量水堰，通过测量量水堰过水深度可计算出较真实的大坝渗漏量。

当渗漏量初步估算大于 $300L/s$ 时或受落差限制在坝脚无法设量水堰时，可采用测流速法进行检测。即在坝脚地势最低处开挖一条集水沟，将大坝坝体渗水集中在此处，由于渗漏量大，水流流速较大，若条件许可，可使用流速测量仪进行测量，数据较精确若无检测仪器，可在流水中抛洒锯木屑或者泡沫塑料，量测出一定时间内漂移的距离，即可粗略计算出水流流速和流量。

渗漏量的检测无需精密的仪器，只需要水库日常管理使用的基本工具，如皮尺、时钟等，快捷、方便。

6.1.1.3　各种渗漏应急检测方法的综合比较

渗漏隐患由于多位于水下或者坝体内部，难以通过肉眼或者经验进行判断，因而采用适当的技术和仪器检测不仅可以提高检测的准确率，还可以争取多的时间进行除险加固工程方案决策。时至今日，检测的手段日新月异，成果的准确性越来越强，但由于专业的检测单位较少及其所拥有的检测仪器有限，在上述检测方法和仪器一时难以实现时，仍有其他方法和仪器可以采用，见表6.1。

表 6.1 渗漏应急检测方法比较

序号	方法	优 点	缺 点
1	瞬变电磁法	位置分辨率高，探测深度大，深层分辨率比高密度电法高，便携式机可机载，应用广泛	易受探测对象内盐和金属的干扰，或受环境电磁干扰
2	高密度电法	位置分辨率高，费用较少，应用广泛，可以识别液体种类	易受探测对象内盐和金属的干扰，或受环境电磁干扰，深度有限
3	频率域电磁法	探测深度大，可直接显示地层电导率，容易发现地层断裂带	易受探测对象内盐和金属的干扰，或受环境电磁干扰，深度分辨率较低
4	可控源音频大地电磁法	探测深度大，可容易发现地层断裂带	在砌石护坡和坝顶路面上安装电极困难
5	探地雷达	位置分辨率高，检测速度快，适合于土石坝浅层检测	检测深度较浅（一般小于10m），非屏蔽线圈受干扰大
6	激发极化法	费用比地震法少，可以识别液体种类	易受探测对象内盐和金属的干扰，或受环境电磁干扰，深度有限
7	核磁共振找水	可检测出土体含水量，不受其他因素影响	横向位置分辨率不高
8	流速测量	设备简单，能较好地测量大范围渗漏，可给出相对漏水量、漏水位置	要求周围的水是平静的，测深大时要求稳定支座或使用大船，难测渗漏量
9	非放射性示踪法	便宜，能确定渗漏路径，低浓度荧光材料也能探测到	需要渗漏源，通常投放困难，易被吸附，常被稀释

序号	方法	优 点	缺 点
10	放射性示踪法	容易探测，应用广泛	投放困难，价格贵，对环境产生一定影响
11	红外线成像	可用于大范围检测，尤其便于检测坝基渗漏，坝体散浸，可在夜间检测	费用高，对于复杂地形检测成果解释有困难
12	编码式脉冲电场法	洪水期可准确测定渗漏入口范围	只有当存在渗漏出口时，才能使用

（1）适用范围。表 6.1 中已经列出了各检测方法的适用范围，需要说明的是，采用物探法进行坝体内部渗漏检测属间接方法，在条件、时间允许的情况下，最好用两种以上的方法相互印证，以便提高检测成果的准确性，若比对的结果差异较大，可选用最适合的检测方法的结果，其他方法的检测成果可作为参考。同时，虽然有先进仪器的检测，但是人工的察看、经验的判断仍然不可少，不仅可作为仪器检测的辅助手段，而且在某些情况下，可帮助解读检测成果，提高检测准确性。

（2）分辨率。水平位置分辨率：瞬变电磁法、可控源音频大地电磁法、多频电磁剖面仪和高密度电法等方法的水平分辨率取决于线圈间距，由人为选择，因此，三者的水平分辨率相近。

深度方向分辨率：瞬变电磁法和高密度电法的深度方向分辨率高于频率域电磁法。瞬变电磁法、可控源音频大地电磁法、高密度电法三者的深度方向分辨率比较，浅层探测时，三者相近；深层探测时，瞬变电磁法和可控源音频大地电磁法优于高密度电法。

6.1.2 裂缝检测

裂缝也是土坝较为常见的病险隐患，有时可能是其他险情的预兆，应引起重视。但正常情况下，裂缝一般不易发现，或为表面的土、草皮所遮蔽，或隐藏在坝体内部。裂缝检测决策应遵循步骤为：①判别裂缝的类型。一般纵向裂缝易引起滑坡，横向裂缝易产生渗漏，而检测的重点是贯穿性裂缝。②对裂缝进行判断。判断坝体内部出现裂缝的可能性。③提出检测方法和手段并付诸实施。

6.1.2.1　判别裂缝的类型

土坝裂缝有横向裂缝、纵向裂缝和内部裂缝等。横向裂缝是与坝轴线垂直或斜交的裂缝，如贯穿防渗体，可能造成集中渗流通道。产生这种裂缝多是坝肩与河谷中心部分坝体的不均匀沉降造成的。纵向裂缝是与坝轴线平行，产生纵向裂缝的原因，有的是坝体或坝基的不均匀沉陷，有的是滑坡引起的。内部裂缝是在土坝体内部出现的裂缝。有的内部裂缝是贯穿上下游的，可形成集中渗漏通道，危害性大。各种裂缝对土坝都有不利影响。

6.1.2.2　对裂缝进行判断

主要是从以下两个方面进行判断。

（1）判断裂缝的深度，尤其是纵向裂缝。裂缝开展越深，坝坡产生滑坡的可能性越大。从实践情况来看，有许多裂缝延伸较长，深度较深，特别是在坝顶的裂缝，一旦发生滑坡，坝体断面将大大减小，极大威胁大坝的稳定性。

（2）判断坝体内部产生裂缝的可能性，尤其是心墙坝。心墙一旦出现贯穿性的横向裂缝，将使大坝的防渗体系出现缺口，上下游坝壳的渗透压力增大，容易造成渗透破坏，威胁大坝安全。如果判断的结果表明出现以上两种危险性最大的裂缝，则首先应对此进行进一步的检测，以尽早进行除险加固。

6.1.2.3　确定检测的方法和手段

（1）裂缝深度的检测。目前基本采用的是弹性波法进行检测，特别是瑞利波，有关检测仪器型号较多，应用较为广泛。一般，检测的深度范围可以为 0.1～10m，操作简便，确定主频后弹性波具有不同频率的宽度，检测的准确性很高。

另外，早期还采用电法和电磁法进行检测，但与弹性波法比较，电法和电磁法有个很大的局限性就是受土体含水量、含盐量的影响较大，检测的准确性稍差。弹性波法则不受含水量、含盐量的影响，因而，在测试范围、测试的准确性方面占有明显的优势。

（2）坝体内部裂缝检测。检测内部裂缝的方法较多，包括弹性波法、探地雷达、电法、电磁法等，以探地雷达和电磁法应用较为广泛。探地雷达操作简便，检测速度快是其一大优点，在坝轴线或者心墙中心线的位置布置一条测线，或在其上游、下游布置若干测线，每一条测线可获得大坝不同位置的纵剖面图，如果几个剖面图的相关位置均显示数据异常区，则可判断存在裂缝，还可检测出是否存在贯穿的可能性。

采用电磁法进行检测，主要是考虑坝体内部裂缝有可能成为渗漏通道，只要有水存在，电磁法的检测成果具有较大的准确度。如前所述，电磁法检测同样非常简便，一个人扛着检测仪器，沿着测线匀速行走，进行一次检测即可完成对不同深度的地层的检测。

6.1.3　其他缺陷检测

坝体外部的隐患，如孔洞、塌陷、滑坡等，检测很方便，利用简单的工具即可，如皮尺等，只要测量出孔洞、塌陷的范围、深度即能对病险的程度作出基本的判断，情况严重的立刻就可以开展抢险。

对于存在于坝体内部的隐患，如孔洞、空隙，其性质、大小、形状、位置等均为未知，且大坝本身体积庞大，探测的距离较长、深度很深，加上处于地震的环境之中，大坝本身受损严重，更增加了检测的难度。孔洞空隙的检测方法大体类同于裂缝的检测方法，以电磁法和探地雷达技术为主。当然，每一种仪器检测的主要隐患均有所不同，如条件许可，可同时采用几种仪器同时探测，互相印证，可提高检测成果的准确性。

6.2　土石坝病险常用探测技术

我国有大坝 9 万多座，其中大部分是 20 世纪 50—70 年代修建的中小型土石坝。由于当时施工条件的限制和建成时间久远，这些大坝病险严重，许多成为三类坝。这些病险坝内部存在洞穴、渗漏通道、裂缝等各种病险隐患，遇高水位时，就可能发生渗漏、裂缝、坝内漏洞、滑坡等险情。为了有效地探测土石坝内部隐患隐情，首先应该了解土石坝隐患的特点。这样，才能有的放矢地研究探测方法。我国土石坝隐患的特点可归纳为：①隐患种类多；②分布广，深浅不知，位置不定；③与坝身体积大小和埋深比较，缺陷的体积小，增加探测难度；④缺陷种类和性质未知；⑤缺陷部位的物理特性与周围的正常部位相差无几。

以上隐患的特点决定了探测工作的难度，对探测技术和探测仪器提出了很高的要求：①灵敏度高，能探测到微弱异常信号；②分辨率高，能探测出体积小、埋深大的目标；③速度快，一方面要进行应急检测来应对突发事件的，另一方面土石坝坝身体积大，导致工作量很大；④重量轻，便于移动；⑤操作简便，一般技术人员经短期培训能独立操作；⑥探测结果出图快，图像容易识别。对于病险坝内部的各种隐患，只有采用专用的仪器才能探测清楚，然而总的说来，目前国内外尚无快速探测土石坝渗漏隐患的成熟技术和行之有效的仪器。为了解决这一难题，很有必要针对各种形式的渗漏和隐患的特点研究适用的快速检测方法与仪器。

近年来，运用何种技术快速而准确地发现隐患、预报险情的问题已被提到了我国水库管理工作的重要议事日程。常见的土石坝病险隐患检测方法主要有破损法和无损法。前者包括人工破损探测（坑探、槽探、井探、钻探等），后者包括地球物理探测、同位素示踪探测等。但由于人工破损探测技术使本已处于病险状态的水库大坝再次遭受损伤，因此工程人员更青睐于采用物探、同位素示踪等无损检测技术。相比于前者，该技术具有无损性、连续性、整体性以及高分辨能力等优点，而且能快速有效地发现目标隐患，大幅度提高检测速度并降低检测费用。常见的可用于土石坝险情隐患检测分类见图 6.1。

6.2.1　电法探测技术

在地质体中只要有渗流，就会在岩、土中产生并聚积电荷，此

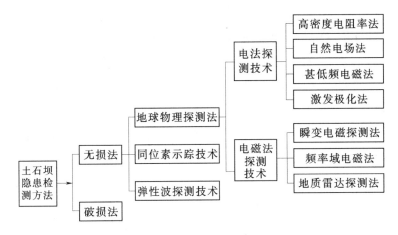

图 6.1 土石坝险情隐患检测方法分类

过程中，均可形成自然电场，此即为电法检测坝体隐患的原理。在工程地质勘测中，使用此法可以探测大坝基础、坝体、坝肩、渠道两岸、管道和水库护坡等重大渗漏、洞穴、溶洞和断裂等水文、工程地质问题。渗漏电位的强度很大程度上取决于地下水的规模、埋深和渗漏速率的大小，与渗流埋深成反比，与其规模渗透速率成正比。电法探测大坝隐患的深度取决于如下条件：①被探测大坝本身的因素，如大小、形状、隐患埋深及与围岩的电阻率差别；②供电电极距的大小；③观测精度；④地形和不均匀体的干扰；⑤外来电场的干扰。如不考虑后面两个因素，其探测深度主要取决于前三个因素。

6.2.1.1 电法探测主要方法

电法探测技术是根据岩土电学性质的不同，应用专门仪器在工程表面测试工程内部隐患的无损检测方法。其包括自然电场法、电阻率法、甚低频电磁法、激发极化法等测试技术。对于土坝纵横裂缝、管涌通道、绕坝渗流、接触渗漏、基础漏水、软弱夹层、白蚁洞穴等常见隐患均能选用一种或多种方法探测其性质及其分布状况。另外，自然电场的地面布极还可应用到水中测量，来探测水下工程隐患，如水下建筑物及库底放水洞漏水等隐患的探测。

（1）高密度电阻率法。电阻率法是地球物理电法勘探的一种重要方法，是近年来在传统电阻率法基础上发展起来的新技术，由于该法采用了计算机控制的分布式多电极系统和高达几百伏的供电电压，使其具有观测密度大、效率高、信息量丰富、分辨率高、抗干扰能力及智能化程度高等优点，因此已在国内外堤防和土坝隐患探测方面得到了较普遍的应用，高密度电法已成为电法测试的主流。

高密度电阻率法的基本原理与传统的电阻率法相同，理想情况下坝体是均一的，各点所测的视电阻率应该是一致的，但由于隐患的存在，视电阻率会发生畸变。通过比较畸变的相对大小，即可确定隐患是否存在、隐患的性质以及大致埋藏深度、位置等。根据所要探测隐患的性质、部位，可采用不同的方法进行，如电剖面、中间梯度法等。

（2）自然电场法。自然电场法是利用电法仪器从工程表面测量工程内部的自然电场的大小，从而达到探测隐患的目的。自然电场是由水在空隙中流动时的渗透作用和水化学反应（如扩散、吸附、氧化还原）作用产生的。一般认为水在土壤、砂砾石或岩石空隙、裂缝中渗流时，固体颗粒表面的毛细管壁会产生有选择性的吸附作用，把一些电性符号相反的离子吸附在表面，形成双电层。靠近颗粒的离子受颗粒异性电荷吸引不能移动，该层称为紧密层，外围的离子受颗粒吸引的力量减弱，可以移动，该层称为扩散层，与其临界的是不受吸引的自由溶液。这种双电层在水体不流动时正、负电荷相等而不显电性。当水对固体颗粒做相对运动时，双电层就在紧密层与扩散层之间的界面上分裂开来，成为带有不同电荷的两部分，扩散层随水流动。由于带电荷水的流动，便产生了电流，形成电位差。一般水流下降端呈负电位，水流上升端呈正电位。若坝体存在渗漏，用仪器检测自然电位的分布情况，便可达到寻找渗漏部位的目的。

电法勘探中常用的电子自动补偿仪均可用于自然电位测量。为避免将电极极化电位差叠加在自然电场电位差值上，测量电极必须采用不极化电极。一对测量电极（M 及 N）用导线和仪器相连，构成测量回路，即可进行工作。

　　自然电场法的观测方法有 3 种：电位观测法、电位梯度观测法和追索等电位线法。通常情况下采用电位观测法。在渗流逸出点清楚、但渗漏通道以及确切的入渗点的位置不明时，用自然电场法可以检测出渗漏通道的空间位置，并判定渗漏强度。从已知渗流出逸点附近开始，平行于坝轴线进行测线布设，只要能够连续追索到异常点，实际布设时测线间距可灵活掌握。一般情况下取 1～2m，异常点附近应适当局部加密，测线长度以能够测出完整异常为准。若未发现渗流出逸点以及入渗点，可在全坝平行坝轴线进行布点。分析时，应先找出标准曲线，再根据渗流规律和自电特点等分析其他曲线。

　　（3）甚低频电磁法。地面甚低频电磁法是以海军潜艇通信电台所发射的电磁波作场源的一种电磁法，实质上是一种简单的交流电法。它在我国是 20 世纪八九十年代开始发展起来的。由于它成本低、效率高、仪器轻便、测量参数多、方便野外工作使用和资料解释方便简单，在地质方面应用较广，具有良好的地质效果，可用于寻找岩溶、地下暗河、断层、含水破碎带、岩层界线等，虽然在我国应用历史较短，却已引起广大物探工作者的重视。很多水文工程物探部门都开展了相应的甚低频工作，均取得了不同程度的颇具意义的效果。

　　甚低频电磁法的实质是，电磁波在传播过程中遇到导体或者磁性感应体时，将极化而产生二次电流，从而引起感应起二次场，二次场与一次场合成后，会改变一次场的振幅、方向和相位。研究和测定这种引起一次场畸变的参数特性，就能反映地下导体或者磁性感应体的实际存在，即是地面甚低频电磁法的基本原理。

　　（4）激发极化法。在电场勘探中，当通过供电电极向地下供电时，在供电电流不变的情况下，测量电极间不仅能观测到一个随时间而增大，最后趋于饱和的电位差，而且在断电之后，还能观测到一个随时间减小，最后趋于零的电位差，这种在充电和放电过程中，产生随时间变化的附加电场的现象称为激发极化效应。

　　地下岩体在人工电场作用下发生着复杂的电化学过程，并产生一个随时间的增加而增长的极化电场，我们将人工电场和因电性差异而产生的电场称为一次场，将极化电场称为二次场。二次场叠加在一次场电场之上，形成总场，总场经数分钟后趋于饱和。若此时切断电源，一次场立即消失，但二次场仍然存在，并随着时间的增加而逐渐衰减，一段时间后，衰减至零，时间几十秒至几分钟不等。该法就是通过研究激发极化电场的分布以达到寻找隐患的一种物探方法。

最早使用激发极化法的是美国的 Vacquier。他 20 世纪 50 年代开始在美国新墨西哥州南部的冲积层上，通过测量切断电源后极化电场的衰减速度而发现了被埋藏的河谷。苏联的库兹明娜和奥基尔维于 1965 年在克里米亚的不均匀冲积层（砂～黏土层）上进行了该方法的试验工作，他们按极化率大致划分出了地下含水层。在早期激发极化法的应用主要是以直流激电法为主，但是由于装备比较笨重，且断电后的二次场容易受外界电磁的干扰，后来逐渐地发展为以交流激发极化法为主。

6.2.1.2　电法探测的应用条件

电法探测的有利条件是地形平缓接地良好，覆盖层薄，被探测目标层或地质体有一定的宽度厚度及延伸规模，并且与相邻岩层有显著的电性差异，各岩层及地质体电性稳定，电性分界面与地质分界面相一致，被探测目标层或地质体上方没有极高阻或极低阻的屏蔽层。测区内没有工业游散电流或大地电流的干扰，水上工作时水流速度较缓。各种方法的适用条件如下。

电阻率法：其中电测深法主要用于探测地层、岩性在垂直方向的电性变化，解决与深度有关的地质问题，如基岩面、地层层面、地下水位、风化层面埋藏深度；电剖面法用于探测地层、岩性在水平方向的电性变化，解决与平面位置有关的地质问题，如断层、岩层接触界面位置。

自然电场法：地下水埋藏不太深，渗漏速度较大，不同岩性之间有较大的接触电位差等。

6.2.1.3　国内外主要设备

（1）国外仪器。国外生产高密度电法仪的主要有日本的 BCB 公司、瑞典的 ABEM 公司、法国的 IRIS 公司、美国的 AGI 公司，这些仪器价位在 6 万～7 万美元（50 个电极配置）。国外仪器大多数是将电测仪与电极转换开关分开的。2002 年 12 月，美国的 AGI 公司推出一款新仪器将电测量主机与开关单元结合在一起。但未见国外仪器中使用 PC 机或类似 PC 机作为仪器主控制器，实现现场测量曲线的报道。

美国 Advanced Geoscience Inc 公司生产的最新产品——Super-Sting R8 智能型分布式高密度电法仪。该仪器的全称为 Super Sting Resistivity Imaging，包括主机控制台（图 6.2）、50 套电极（图 6.3）、二维和三维电阻率反演分析软件 res2dinv 和 res3dinv。

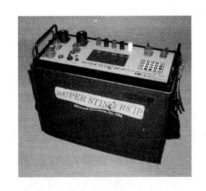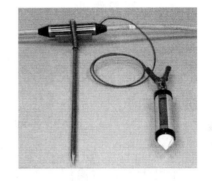

图 6.2　SuperSting R8 主机控制台　　　图 6.3　SuperSting R8 配套电极

（2）国内仪器。自 20 世纪 80 年代末高密度电阻率法探测技术引进我国以来，全国多家单位进行仪器设备的研制。"八五"期间，重庆地质仪器厂、重庆奔腾数控研究所、黄河水利委员会（简称"黄委"）等单位均推出了集中式高密度电阻率探测系统。1999 年 11 月，黄委中标水利部国科 99－01 重大科研项目，与长春科技大学联合研制 HGH－Ⅲ 分布式高密度电阻率法探测系统。该项目于 2001 年 3 月通过专家鉴定和水利部验收。

6.2.1.4　主要应用范围

自 1981 年以来，经在各省（自治区、直辖市）的 100 余处坝、堤防、闸工程上进行现场试验和应用，效果良好，探测费用小，为坑探、钻探及放射性示踪法探测费用的 5%～10%，且速度快、精度高。待加固处理的病险工程如先用该技术确定隐患位置，找出重点处理段和部位，比常用的平均布孔全线处理不仅节省投资50%～70%，而且提高处理效果。

在水利工程建设及险情处置中主要应用于：①堤坝探测；②水坝黏土心墙渗漏检测；③堤坝灌注质量检测；④堤坝结构体探测；⑤水库堤防渗漏检测；⑥水库堤防裂缝检测；⑦堤防隐患探测；⑧堤防垂直防渗墙质量检测；⑨地下水位探测。

6.2.2　电磁法探测技术

电磁法是根据岩石或矿石的导电性和导磁性的不同，利用电磁感应原理进行检测的方法。大部分岩石和干燥的土壤是电阻率很高的绝缘体。然而自然界的土壤和岩石总是含有一定水分，因而都具有一定的导电性。土壤的导电性与土壤类型、孔隙率、孔隙含水程度、水质和温度等因素有关。自然界水的电导率为 $2～100mS/m$。一座土坝的筑坝材料的类型基本相同，不同位置的填料可视为比较均匀。一般情况下，库水水质也是比较均匀的。在这两个前提下，可以认为坝体电导率高的地方是该处含水量也较高。

如果大坝存在渗漏，库水经坝体或坝基向下游渗漏，该渗漏通道及附近区域的含水量和电导率将明显高于其他正常位置。探测时，从坝的上游坡面到下游坡面平行于坝轴线布置几条测线，即可测出渗流通道的范围、走向以及深度。这就是电磁测深法的工作原理。

电磁测探系统一般由发射部分和接收部分组成。发射部分包括发射线圈、发射机和电源；接收部分包括接收线圈、接收机，有的系统还配有微机信号处理系统。在探测过程中，根据探测深度来决定发射线圈和接收线圈之间距离，探测时保持线圈距离不变，在测线上移动。测站的间距应根据水平位置分辨率的要求而定。

在堤坝隐患检测中应用电磁法是近年来水利、地质等相关学科的研究热点。电磁法探测技术主要包括瞬变电磁法探测技术、地质雷达探测技术及频率域电磁法探测技术 3 种，这 3 类方法中每种都有其优点和局限性。

6.2.2.1 瞬变电磁探测技术

瞬变电磁法也称时间域电磁法，经过多年研究，国内外专家认为在诸多可用于隐患和渗漏探测的土石坝坝身填筑材料的物理参数中，电导率的变化最明显，并且探测方式简便。这是目前广泛采用瞬变电磁法和高密度电法探测土石坝隐患尤其是渗漏的原因。

随后在瞬变电磁方法的基础上又发展起了充电瞬变电磁法等新的电磁方法。充电瞬变电磁法假设在完整基岩中存在使水库大坝漏水的岩溶通道或者含水构造破碎带。将漏水的岩溶通道或含水构造破碎带作为一载体，在它两端延伸方向的适当位置通以较大强度的交流电，于是岩溶通道或含水构造破碎带的周围便产生了变电磁场（或称作扰动场），在漏水的岩溶通道或含水构造破碎带上方的地表面，用常规 TEM 仪器观测$(\Delta V/I)_C$。依据$(\Delta V/I)_C$相对于不充电时测得的$(\Delta V/I)_T$值的变化，可以发现漏水的岩溶通道或含水构造破碎带，达到寻找检测的目的。

（1）基本原理。瞬变电磁法（TEM）探测原理是利用敷设在地面的不接地回线通以脉冲电流，发射一次脉冲磁场，使地下低阻介质在此脉冲磁场激励下产生感应涡流，感应涡流产生二次磁场，通过用灵敏度极高的接收机及接收线圈接收这一随断电时间而衰减的二次磁场，从而进行地下探测的探测方法。

（2）应用条件。瞬变电磁法适用于不具备布设条件的沙漠、戈壁、裸露岩石、冻土等测区，测区内的测线和测点处应无荆棘、树林、陡坎等障碍物，且便于布置线框，外来电磁噪声干扰小。

采用线框测量方式要求被探测目的层或目的体上方没有极低电阻屏蔽层。

（3）国内外设备。目前国外生产瞬变电磁仪器的主要国家有俄罗斯、加拿大和澳大利亚等，国外著名的是加拿大 Geonics 公司生产的 PROTEM 瞬变电磁系统，国内主要有中国水利水电科学研究院研制开发的 SDC-3 型堤坝险患探测仪，北京矿产地质研究所王庆乙教授研制的 TEMS-3S 瞬变电磁测深系统，重庆奔腾数控技术研究所研制的 WTEM 瞬变电磁仪，黄委研制的 SD-1 型瞬变电磁仪等。主要瞬变电磁仪器的型号及参数见表 6.2。

表 6.2　　　　　　　　　　　瞬变电磁仪器一览表

仪器厂家及型号	工作装置	发送波形	发送回线边长	发送机电流	测量时间范围
苏 MⅡⅡO-1	共圈回线	单极方波	10～200m	2A	1～15ms
苏 LINKJI-2	框一回线、重叠回线、	方波	200～2000m	可达100A	0.1m～50s
加 Crone 公司的 PEM	偶极、框一回线	双极性梯形波	9m 直径软框或100～500m 方框	20A 或30A	0.15～12.8ms
加 Geonics 公司PROTEM	框一回线	双极性方波	40m×40m～300m×600m	30A	0.08～80ms
澳 Geometrics 公司SIROTEM-Ⅱ	重叠回线	双极性方波	10～20m	10A	0.4～165ms
中国水利水电科学研究院 SDC-3	偶极、框一回线	双极性方波	100～1000m	10A	0.3～9ms
北京矿产地质研究所 TEMS-3S	偶极、框一回线	连续波电流波形	100～1000m	可达200A	0.3～9ms
黄委 SD-1	偶极、框一回线	双极性方波	100～1000m	8A	8μs～70ms

SDC-3 型堤坝险患探测仪由发射机、发射线圈、接收线圈、接收机和微机数据采集处理系统组成（图 6.4）。其探测机理是利用地层具有不同的电导率（电阻率），因而对一次磁场变化产生涡流强度的不同，探测出地质异常的存在，并确定其位置。按照水平位置分辨率的要求将线圈依次由一个测站移到下一个测站探测。如此重复，直至完成一条测线上全部测站的探测。将此探测结果由计算机绘制在二维、三维图像或剖面图像上，就能获得该测线的地层垂直剖面内电导率分布图，由此判断出异常区的电磁特性差异、形

状大小、水平位置和深度。对于一个均匀半空间，电磁场的传播过程可以看作是一层一层往下传播的。与此同时，电磁场的水平范围也在不断扩大。这一过程类似于"烟圈"效应。

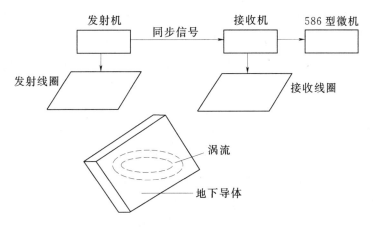

图6.4　瞬变电磁仪的组成及探测机理

（4）主要功能和特点。瞬变电磁仪在地球物理勘探中有着巨大的用途，主要用在：①构造填图，断层探测，沉积岩和岩体的电性分层；②地下水勘探，确定含水层和弱渗水层，区分水质，确定咸水侵入和地下水污染范围；③煤矿陷落柱和含水带的确定；④水坝、堤坝病害检测；⑤地下空洞，管线和不均匀埋藏体的探测；⑥工程勘察，矿产资源勘探和地热勘探。

主要特点：不需要布设和勘测物接触电极，是无损探测，分辨率高、灵敏度高、操作简便、探测速度快，探测结果出图快，图像容易识别。

（5）主要应用范围。中国水利水电科学研究院教授房纯刚等率先将该技术应用于土坝和堤防渗漏隐患探测，并研制成功 SDC - 2 型堤坝渗漏探测仪。该仪器既可作堤防和土坝渗漏隐患探测，又可用来定位渗漏通道。

目前，该技术在水利工程病险探测上主要应用于：①堤坝基础渗漏探测；②灌浆加固效果检验；③堤坝隐患普查；④安装测压管定位以及其他工程地质勘探；⑤堤坝软弱土层探测；⑥堤身裂缝、堤身洞穴、渗漏等隐患；⑦堤基溶洞探测。

6.2.2.2　地质雷达探测技术

地质雷达即用于发现、追踪地面以下目标、异常体或地质现象的雷达，也称探地雷达，是一门新的探测技术。雷达属高频电磁波，其基本原理是基于高频电磁波理论，工作方式是以宽频带、短脉冲的电磁波形式，由地面通过发射天线射入地下，经地下地层或目标异常体的电磁性差异反射而返回地面，被另一天线所接收，通过分析接收到的信号，进而探测堤坝隐患。电磁波在介质中传播时，其路径、强度与波形将随所通过介质的电性质及几何形态的不同而发生变化。因此，根据接收到的波的旅行时间、幅度与波形资料，通过图像处理和分析，可以确定地下地层界面或目标体、异常体的空间位置和结构。当所探测区域无隐患时，雷达图像的主要特征为反射波的同相轴，连续性好，没有错动、交叉、缺失以及振幅上的异常变化，波幅变化从上至下由强到弱。当探测区域有隐患时，根据反射波组的波形与强度特征，通过同相轴的追踪，来确定反射波组的地质含义。主要是分析反射波同相轴的连续性、错断情况和强弱变化，来识别地下隐患，从而构筑地质-地球物理解释剖面，获得整个测区的探测成果图。

（1）基本原理。地质雷达的基本原理是基于高频电磁波理论，工作方式是宽频带、短脉冲的电磁波形式，由地面通过发射天线射入地下，经地下地层或目的地反射返回地面，被接收天线接收。堤坝松散区、软弱夹层、不均匀沉陷带以及裂缝、洞穴等隐患与堤坝正常介质存在电磁特性差异是地质雷达探测的物理基础。根据接收的脉冲反射波波形记录，用灰阶或彩色表示波形的正负峰，利用同相轴或等灰线、等色线形象表示地下的反射界面。

地质雷达系统由主机、电缆线、天线等组成，地质雷达的基本原理是基于高频电磁波理论，工作方式是宽频带、短脉冲的电磁波形式，由地面通过发射天线射入地下，经地下地层或目的地反射返回地面，被接收天线接收。根据接收的脉冲反射波波性记录，用灰阶或彩色表示波形的正负峰，利用同相轴或等灰线、等色线形象表示地下的反射界面。图 6.5 为地质雷达探测原理示意图。

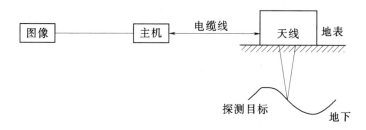

图 6.5　地质雷达探测原理示意图

（2）应用条件。地质雷达的应用应符合以下条件。

1）探测目的体与周边介质之间应存在明显介电常数差异，电性稳定，电磁波反射信号明显。

2）探测目的体与埋深相比应具有一定规模，埋深不宜过深；探测目的体在探测天线偶极子轴线方向上的厚度应大于所用电磁波在周边介质中有效波长的 1/4，在探测天线偶极子排列方向的长度应大于所用电磁波在周边介质中第一菲涅尔带直径的 1/4；当要区分两个相邻的水平探测目的体时，其最小水平距离应大于第一菲涅尔带直径。

3）测线上天线经过的表面应相对平缓，无障碍，且天线易于移动。

4）不能探测极高电导屏蔽层下的目的体或目的层。

5）测区内不应有大范围的金属构件或无线电发射频源等较强的电磁波干扰。

6）单孔或跨孔探测时，钻孔应无金属套管。

7）跨孔（洞）探测时，目的体应位于两孔（洞）间；两孔（洞）宜共面，间距应不大于雷达信号的有效穿透距离。

（3）国内外设备。目前已推出的商用探地雷达有：美国微波联合体的 MKⅠ、MKⅡ，加拿大探头及软件公司（SSI）的 Pulse EKKO 系列，美国地球物理探测设备公司（GSSI）的 SIR 系列，瑞典地质公司（SGAB）的 RAMAC 钻孔雷达系统，俄罗斯 XADAR Inc. 的 XADAR 系统，英国 ERA 工程技术部的雷达仪。

煤炭科学研究总院重庆分院吸取国内外地质雷达优点，积多年探测经验，先后研制成 F－KDL 系列防爆地质雷达及其探测技术，中国电波研究所研制 LTD－2000 探地雷达系统。

（4）主要功能和特点。地质雷达在堤坝缺陷探测中主要特点：①分辨率高、定位准确、快速经济、灵活方便；②剖面直观、实时图像显示，工作方法多样灵活，可全方位探测；③仪器轻巧、操作方便，实时显示测量剖面；④资料处理软件操作简单，测量结果直观，易于解释；⑤可灵活选择连续或者点测方式进行工作，该种方法在探测小于 10m 的堤身隐患时，效果较好，图像反映比较直观，但对深部隐患反映不明显；⑥探地雷达用于探测介质分布效果较好；⑦目前探地雷达受两方面的影响：一方面是堤防土体的含水性；另一方面是探测深度与分辨率的矛盾。

（5）主要应用。地质雷达被广泛应用于电阻率较高地区的探测，并且具有较高的分辨能力，可以探测几厘米到几十米深度，但是在电阻率小于 $30\Omega \cdot m$ 的环境中，这种仪器的探测深度被限定在 1m 之内，如黏土覆盖地区。探地雷达基本原理是基于高频电磁波理论，工作方式是以宽频带、短脉冲的电磁波形式，由地面通过发射天线射入地下，经地下地层或目的体的电磁性差异反射而返回地面，被另一天线所接收，分析接收的信号，进而探测堤坝隐患。现有的地质雷达探测系统用于堤坝隐患检测，对于含水率少、埋深较浅的堤段隐患有效果。探地雷达检测隐患的关键点是在对雷达探测所得到的图像资料的解译上。地质雷达资料的解释是根据现场测试的雷达图像进行异常分析，通过对测量数据进行中值滤波、反褶积、偏移处理，消除了多次波和其他干扰波，根据异常的形态、特征及电磁波的衰减情况进行地质推断解释。

近年来，地质雷达越来越多的应用于堤防病险探测工作中，主要包括以下几个方面：①堤坝基岩埋深探测、地下水位探测；②堤坝剖面、古河床探测；③堤坝灌浆质量检验；④堤坝地基溶洞、裂缝探测；⑤地下金属及非金属埋设物（如管道、电缆及其设施等）探测。

6.2.2.3 频率域电磁探测技术

频率域电磁法具有水平、深度位置分辨率高，操作简便且不受接地电阻等影响或者影响极小，方便于进行坝体大面积长距离的普查等优点。因此频率域电磁法也是一种探测大坝渗流以及地下洞穴隐患的有效的无损检测方法。频率域电磁法通过探测坝身填筑材料及基础的电导率是否存在异常区，来判断土石坝是否存在隐患、渗漏及隐患渗漏所在的位置。由于大坝基础地层绝大多数为饱和含水状态，电导率的高低一般由该处的地层岩性和水的电导率所决定。岩石、砂砾石和土的电导率与其种类、砂砾石的颗粒大小及其孔隙率等有关，而水的电导率与溶解于水中的离子种类及其浓度有关。由此可见，不同河、湖、水库的水的电导率差别较大。

频率域电磁探测仪器利用发射频率的变化或收发距的变化来实现对不同深度的目标体进行探测，也可以利用发射线圈与接收线圈的不同结构来提高仪器的探测能力和探测效果。早期的频率域电磁探测仪器主要发射低频信号，典型的频率范围为 $0.05\,\text{Hz}\sim60\,\text{kHz}$，这类宽频带仪器在固体矿产勘查领域发挥了作用，但用于浅层勘查，还需要提高频率。房纯刚教授等在将频率域电磁探测技术应用于堤坝隐患检测方面做了些工作。他们采用引进的频率域电磁法仪器 $\text{Em}^2\,4-3$ 型大地电导率仪和自己研制的 SDC-2 型堤坝渗漏探测仪对 7 座大坝和 3 段堤防进行了渗漏隐患探测和管涌通道定位探测。

6.2.3 同位素示踪技术

放射性同位素示踪法是近年来发展应用的一种检测地下水运动规律的方法，其基本原理是以少量放射性示踪剂标记被观测的地下水，根据测量其放射性变化来确定地下水的运动规律。根据其基本原理，同位素示踪法也是探测堤坝管涌及管涌渗透性的一种有效的方法，通过借助放射性示踪剂运移在流场中不同部位的不同表现，进而推断其渗流场。

6.2.3.1　基本原理

同位素示踪法是利用天然或人工示踪剂同位素示踪技术，通过向地下水中投入放射性同位素示踪剂，利用测试仪器确定地下渗流流场情况的检测技术。

在各种水利工程测试技术中，示踪法占有特殊的地位，因为这种方法能直接了解地下水的运动过程和分布情况。放射性同位素示踪法是指采用具有放射性的溶液或固体颗粒模拟天然状态的水或泥沙的运动特性，并用放射性测量方法观测其运动踪迹和特征的一种技术。

根据示踪剂的来源不同，示踪法可分为天然示踪和人工示踪。在调查堤坝隐患时，近年来发展迅速并得到广泛应用的放射性同位素示踪法——人工示踪方法。

6.2.3.2　适用条件

（1）γ 测量不受地形限制，但在测量中应保持测量几何条件一致，宜在下列地质条件下使用：①被探测目的体和周边地层有明显的放射性差异；②构造破碎带和地下储水构造带埋藏较浅；③第四纪覆盖层无潜水层等"屏蔽"层；④岩浆岩地区。

（2）α 射线测量可在覆盖层中取土样或埋设静电 α 卡进行现场测量，不宜在阴雨季节中进行，其他条件与 γ 测量相同。

（3）空气中氡浓度测量样品采集应符合《环境空气中氡的标准测量方法》（GB/T 14582—1993）的规定。

（4）同位素示踪法宜使用半衰期短污染小 ^{131}I 放射性同位素，可用于单个钻孔中或多个钻孔中（间）测试水文地质参数。

6.2.3.3　同位素示踪法特点

放射性同位素是不稳定的。它的原子核会不间断地自发射出射线，直至变成另一种稳定同位素，这就是所谓"核衰变"。放射性同位素在核衰变的时候，可放射 α 射线、β 射线、γ 射线，但是放射性同位素进行核衰变的时候并不一定同时放射出这几种射线。核衰变的速度不受温度、力、电磁场等外界条件的影响，也不受元素所处化学状态的影响。同位素作为示踪剂灵敏度高、测量方法简便易行，能准确定量、准确定位及符合研究对象的生理条件等特点。

6.2.3.4　同位素示踪法应用

　　管涌探测主要依据管涌发生时相伴的各种物理场、化学场的变化进行。在实际探测过程中，通过天然示踪方法测出地下水中的强度、电导率、pH 值等参数，然后利用同位素示踪单孔稀释法测定各地层渗透流速，利用同位素示踪单孔测定水平流向，利用同位素示踪测定注水和不注水条件下垂向流，进而确定堤坝管涌及管涌区渗透性。

　　同位素示踪法在堤坝工程中有着广泛的应用，主要用于以下几个方面：①堤坝渗漏带、渗漏点及裂隙、岩溶、断层等导水构造的探测；②常用于堤坝防渗墙渗漏调查、堤基管涌通道调查等。

　　江苏省农业科学研究院原子能研究所在这方面做了许多研究和生产实践工作。该所研制的一种智能地下水动态参数测量仪，能较好地在天然流场下的单井中测量地下水的各种渗透特性。利用该方法及上述仪器设备，黄委勘测规划设计研究院在黄河下游截渗墙施工质量的检测中取得了较好的成果。

6.2.4　弹性波探测技术

　　堤坝中有些隐患，如滑坡、裂缝、坍塌、沉陷与堤坝砂土剪切强度和压缩强度低有关，因此要了解砂土的物理力学特性。应用弹性波法进行检测，能够检测出介质内部结构隐患性态，同时能对砂土、混凝土力学指标进行间接估算，其结果还可以作为堤坝质量评价指标。土坝体隐患探测中的弹性波主要包括纵波、横波、表面波等，其主要原理是利用堤坝隐患与背景场的波速及波阻抗差异。天津水利科学研究所田世炀等采用地震反射波法快速扫描检测段，探测施工结合部位和堤防土体成层情况，发现较大隐患，确定可疑堤段，然后再采用其他方法对可疑段进行详查。

6.2.4.1　基本原理

　　弹性波探测是指波在地下传播过程中，当地层岩石的弹性参数发生变化，从而引起波场发生变化，并产生反射、折射和投射现象，通过人工接收变化后的波，经数据处理、解释后即可反演出地下地质结构及岩性，达到探测的目的。

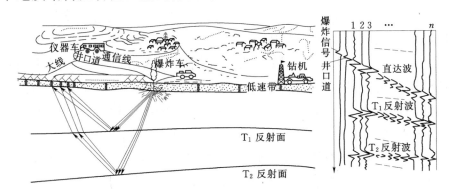

图 6.6　地震波探测方法示意图

弹性波探测方法包括声波法和地震波法，声波法包括单孔声波、穿透声波、表面声波、声波、反射、脉冲回波法，地震波法包括地震折射波法、地震反射波法、瑞雷面波法等。图 6.6 为地震波探测方法示意图。

随着计算机的发展，弹性波勘测发展速度较快，目前野外采集仪已发展到上千道 24 位转换的遥控采集仪器，大大提高了野外数据采集的精度；数据处理也由常规方法发展到叠前成像处理、岩性参数处理阶段；解释由人工发展到人机联作及三维可视化解释阶段；探测方法也由二维发展到三维、四维。

6.2.4.2　适用条件

（1）单孔声波应在无金属套管、宜有井液耦合的钻孔中测试。

（2）穿透声波在孔间观测时宜有井液耦合；孔距大小应确保接收信号清晰。

（3）表面声波、声波反射和地震连续波速测试应在混凝土、基岩露头、探槽、竖井及洞室比较平整的表面进行。

（4）脉冲回波宜在目的体与周边介质有明显的波阻抗面，并在目的体内能产生多次回波信号的表面进行。

（5）地震测井宜在无金属套管的钻孔中进行。

（6）穿透地震波速测试宜在钻孔、平洞或临空面间进行；用于探测时，被探测目的体与周边介质间应有明显的波速差异且具有一定规模。

（7）折射波法：适用于层状介质探测，可测定覆盖层厚度、划分岩层和风化层、探测隐状构造破碎带，以及岩土体弹性波的测试等，为解决工程地质问题提供定量的资料。

（8）反射波法：适用于层状介质探测，可测定覆盖层厚度、划分岩层和风化层、探测隐状构造破碎带。在探测高速屏蔽层下部地层结构时，应用反射波法可弥补折射波法的缺陷，获得较多的地层结构信息。反射波法又分为纵波反射法和横波反射法。应用横波反射法进行第四纪松散含水地层的分层效果比纵波反射法好。

（9）透射波法：适用于测定钻孔、平洞以及钻孔与平洞之间岩土体的纵波、横波速度和圈定岩层速度异常带，如构造破碎带风化及岩溶带等。

6.2.4.3 主要功能和特点

弹性波法探测对堤坝大范围的异性材料探测效果较好，而且弹性波速度参数与堤身的力学指标联系紧密，因此，该方法多用于堤防质量评价、软弱层探测等方面。与其他地球物理探测方法相比，具有精度高、分辨率高、探测深度大的优势。主要应用于以下几个方面：①堤基覆盖层探测；②岩体风化带厚度和卸荷带深度探测；③堤坝堤基中软弱夹层探测；④堤坝裂缝、溶洞的探测；⑤堤坝地基金属和地下管道的探测；⑥堤坝灌浆质量检测；⑦堤坝防渗墙质量检测；⑧面板坝面板质量检测；⑨堤坝岩体力学参数测试。

第7章 漫顶险情特征分析与处置方法

当大坝出现漫顶险情时，在溃口形成之前这一时间段，真正的溃坝尚未发生，是组织抢险、发布溃坝预警的关键时间，若能及时采取有效的抢险措施，则可确保大坝安全。一旦进入溃口快速发展阶段，漫顶水流和冲蚀速度迅速增大，抢护难度和抢护的危险性将大幅增大。因此，分析漫顶险情发生、发展的特征规律，对其抢险处置方法进行分析总结，当面临发生洪水漫顶危及大坝整体安全时，通过采取紧急处置措施，能够有效防止土石坝漫顶造成大坝溃决的发生。

7.1 漫顶对土石坝的影响

漫顶险情通常是由于泄洪能力不足或洪水超过设防标准等导致，洪水漫顶对大坝产生的破坏，主要是由水流产生的剪应力和对土颗粒的拉拽力作用在坝体下游表面，当剪应力超过某薄弱处的抗蚀临界值时从而启动侵蚀过程。侵蚀严重程度取决于两个基本因素：漫顶水流持续时间和坝体自身设计及坝工材料性质。漫顶侵蚀过程可以分为两个重要阶段：溃口形成阶段和溃口发展阶段。溃口形成阶段起始于水流开始漫顶，侵蚀从坝体下游面逐渐扩展到坝顶上游面时终止；溃口发展阶段起始于坝体上游面被侵蚀，之后溃口往深度和两侧发展，直到侵蚀过程结束。大坝溃决时间可认为是溃口形成时间和溃口发展时间之和，在这段时间内采取有效措施进行抢险，仍可以阻止溃口进一步发展扩大，但风险相对于漫顶前进行抢险要大得多。

7.2 险 情 成 因

很多原因可以导致大坝漫顶，进而发展为溃坝，往往一座水库大坝的漫顶是多种原因共同作用的结果。由于我国已溃水库的溃决记录不规范，特别是溃决原因说明简单，很难对每一种原因予以准确的区分和表述。根据已溃坝资料和理论分析，导致土石坝漫顶的主要原因可概括成表7.1所列的各种原因。

表 7.1　　　　　　　　　**导致漫顶的主要原因**

分　类	机　理	主　要　原　因
水库抗御洪水能力不满足有关标准要求	现状抗御洪水能力不够	1. 遭遇超标准洪水
		2. 水文系列增加，导致设计洪水增大
		3. 洪水标准提高
		4. 上游水库溃决
		5. 无溢洪道
	坝顶高度不够	1. 原来设计考虑不充分或没有考虑
		2. 原坝顶高度已发生较大沉降
		3. 没有补足坝顶高度
		4. 风浪超过设计标准
		5. 近坝库岸大体积滑坡涌浪翻过坝顶
溢洪道不能安全下泄洪水	溢洪道泄量不够	1. 水文系列延长导致设计洪水变化
		2. 原设计泄洪断面不够
		3. 结构不安全不能下泄设计泄量
		4. 尚未完建，不能下泄设计洪量
		5. 如按设计流量下泄，下游社会经济损失过大
	溢洪道闸门打不开或操作失灵	1. 闸门管理不当
		2. 电源中断
		3. 启闭机故障
		4. 人工操作系统失灵
		5. 门槽卡死
		6. 部分或全部闸门打不开
	溢洪道堵塞，洪水不能下泄	1. 长期或集中降雨使岸坡饱和，强度降低，滑坡，堵塞溢洪道
		2. 上游漂浮物堵塞溢洪道，减少过水断面
	调度运用失误	1. 汛前超蓄
		2. 溢洪道加临时围堰
		3. 调度方案失灵
		4. 指挥失误
		5. 人工扒口泄洪

分　类	机　理	主　要　原　因
其他	坝顶高度突然降低	1. 洪水荷载作用
		2. 上游、下游坡滑动
		3. 下泄洪水冲刷下游坝脚，使下游滑动
		4. 坝体或坝基局部发生严重管涌、坍塌

7.3　险情特征分析

土石坝结构复杂，影响溃决时间的因素众多。根据前面分析可知，集中暴雨、防洪标准低、上游水库溃决、闸门故障、溢洪道泄流能力不足是造成大坝漫顶的最普遍的原因。当大坝面临超标准洪水时，很可能造成漫顶险情，当出现漫顶险情时，如何快速判断漫顶条件下土石坝溃决的时间对于防洪决策尤为重要。因而，超标准洪水条件下溃口的发展速度直接影响到可以用于抢险的时长。

溃口的发展速度由水流作用条件和坝体物质组成条件决定，根据有关学者的研究可知，大坝漫顶后的溃口冲深扩宽是水流的直接冲刷作用引起的。这种冲刷作用表现在两方面：①水流对坝体的纵向和侧向直接冲刷和坡角掏蚀，增加溃口两壁的陡度和深度，进一步引起溃口两侧坝体不稳定；②水流在侧向冲刷力的作用下发生两壁坝体物质坍塌。

大量室内模型试验和实际溃坝案例都表明，土石坝漫顶溃决实际上是在高强度水流作用下的泥沙冲刷过程的综合表现，其冲刷模式有三种形式：垂直下切、横向扩展、坝坡溯源冲刷。不同材质的土石坝，其抗冲刷的能力也是不一样的。均质土坝漫顶水流在坝下游坡面上形成细冲沟网以后，逐渐发展成为陡坎，当陡坎向上游发展时，伴随着陡坎的坍塌将引起坝顶高程大幅降低，形成溃口。漫顶作用下，坝体稳定性影响权重从大到小依次为集水面积、坝体材料起动摩阻流速、坝高、坝宽、坝长。

7.4 抢险主要方法

土石坝漫顶险情处置方法有蓄、分和泄 3 种，其目的都是为了降低库前水位。蓄和分是利用上游水库进行调度调蓄，或沿河采取临时分洪、滞洪措施；泄是采用工程处理措施，扩大水库的泄洪能力。具体在选择处置方案时，还应结合上下游电站调蓄能力、险情严重程度、上游来水量等情况综合分析进行确定。首先应考虑通过上游电站进行调蓄防洪，其次再结合上游来水量等情况确定处置方案，当来水量不大时，可采取水泵排水、虹吸管排水等措施；当来水量较大，险情比较严重时，须采取增加溢洪道泄流量及开挖坝体泄洪等措施。

对已达防洪标准的大坝，当水位已接近或超过设计水位，仅留有安全超高富余时，应运用一切手段，适时收集水文、气象信息，进行水文预报和气象预报，分析判断更大洪水到来的可能性以及水位可能上涨的程度。一般根据上游水文站的水文预报，通过洪水演进计算洪水位，作出洪峰和汇流时间的预报，漫顶险情的预测预报对采取何种处置方法尤为重要。下面介绍几种具体的抢险战法。

7.4.1 大坝加高培厚抢险战法

大坝加高培厚抢险战法主要是通过对大坝上游或者下游进行培厚，提高坝体的整体稳定及抗冲刷的能力，同时通过在坝顶加高的方法，来提高抵抗洪水漫顶的危险，具体有下游培厚加高坝顶式、上游培厚加高坝顶式及坝顶修筑子堤加高等几种方式。

7.4.1.1 下游培厚加高坝顶式

下游培厚加高是在原大坝下游培厚，并加高坝顶。在加高培厚前，先对原大坝下游坡面及下游坝基进行清基处理。该方式不影响水库蓄水，在下游地形条件容许的情况下宜优先采用。如丹江口左岸土石坝加高即采用了下游培厚加高的加固方式。

7.4.1.2　上游培厚加高坝顶式

上游培厚加高即在原大坝上游面培厚大坝坝体，并加高坝顶。这种方式往往是在大坝上游坝坡抗滑稳定不满足规范要求，或者是下游坝坡地形、地物条件不容许的条件下采用。

采用该方式培厚加高时，如在水库的淤积物上加高，应根据淤积物固结情况，进行变形和稳定分析，必要时采取相应的处理措施。

由于在水库上游培厚，往往须降低库水位，限于降水设施的限制或库区取水的需要，在设计中应研究合适的施工，控制库水位。在施工中，在库水位以下可采用水下抛投堆石料加厚大坝，水上部分则采用分层碾压填筑坝料。

7.4.1.3　坝顶修筑子堤加高

坝顶修筑子堤加高是直接在坝体的顶部修筑子堤进行加高。若其他加高措施有困难，加高相对高度不大，对原坝体的填筑质量、坝坡安全裕度、坝基地质条件以及地震烈度等情况进行论证后，坝的整体安全满足规范要求时，可采用此方式。

坝顶修筑子堤加高适于两种情况：①加高后上游设计水位不变或变化很小，大坝加高的目的是满足抗洪标准等；②老坝原有应力和稳定的安全裕度比较大，可以满足直接加高后的规范要求。为使加高部分水压等荷载通过老坝体传递到基岩，有时在上游面设置预应力锚索。

7.4.2　增加泄洪能力抢险战法

增加泄洪能力抢险战法主要是通过采取开挖等方式扩大泄洪设施规模，从而加大泄洪流量，既可以在原溢洪道上扩宽或加深，或新挖掘溢洪道进行泄流，如北京市密云水库增加一个新溢洪道，有效增加了水库的泄洪能力。还可增建简易的非常溢洪道，遇大洪水，启用非常溢洪道，保证大坝安全。若大坝由主坝、副坝组成，可选择其中一个副坝作为非常泄洪通道。有的还在其副坝内设置炸药室，确保必须使用时，能及时加快溃决，保证主坝安全。考虑到下游保护对象的重要性，当出现漫顶可能导致溃坝时，还可采用挖坝泄洪。

7.4.2.1　漫顶险情采用开挖泄流的适用条件

（1）江河遇超标准洪水，须在分洪区采取开挖措施进行分洪以降低库区水位，确保重点城镇、工业厂矿和重要交通干线的安全。

（2）土石坝因超标准洪水可能引发漫顶溃坝风险，需采取开挖坝体引流方案降低水位，以免发生溃坝险情。

7.4.2.2　开挖泄洪槽的具体方法步骤

（1）泄洪槽设计。泄流槽开口线位置根据泄流槽底部宽度 B 和两侧边坡的坡度 w 确定，泄流槽底部宽度 B 依据宽顶堰泄水流量公式：

$$Q = \varepsilon m B \sqrt{2g} H_0^{3/2} \qquad (7.1)$$

式中：H_0 为缺口底坎以上的上游水头，B 为堰口过水宽度，ε 为侧向收缩系数，m 为流量系数。计算初步确定，两侧边坡坡度 w 依据工程经验和进退场施工设备情况决定。

开挖深度 H 根据泄洪能力和干场作业条件确定，泄洪槽断面图见图 7.1。

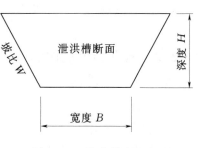

（2）泄洪槽开挖作业。泄洪槽开挖一般靠水库侧开始，除预留 5m 左右挡水坎（岩坎）外，其余部位从两端向中间采用反铲接力挖渣甩渣，开挖的渣料就近

图 7.1　泄洪槽断面图

堆存在槽两侧空地，料堆距离边坡开口线不小于 2m。

泄流后采用反铲在泄洪槽进水口处抛填大块石，保护泄流坳口，避免槽口冲刷破坏。

（3）泄洪槽预留岩坎爆破。预留岩坎采用一次性控制爆破方法处理，爆破后直接让泄洪槽泄洪。采用临空面向泄洪槽上下游两侧的梯段爆破。液压潜孔钻机造孔，孔深与槽深匹配。爆破联网采用导爆索联网，孔内毫秒微差，电雷管起爆方式，最大单响药量在 100kg 以内。

7.4.3　填筑蓄洪坝战法

在大坝上游区具备较开阔的天然蓄洪区的情况下，可以采用填筑蓄洪坝进行分洪来降低库水位，通过在库区一侧选择合适位置开挖泄洪通道，将库区水引入蓄洪区缓解上游来水压力，从而降低漫坝风险。

7.4.3.1　蓄洪坝设计

蓄洪坝布置在蓄洪区一地势最低、宽度较小的坳口处。蓄洪坝筑坝料源就近取材。

蓄洪坝的体型综合考虑筑坝料源、水位、周边地形及后续天气影响等因素影响，一般采用堆石坝结构。迎水面边坡布置复合土工膜作防渗，复合土工膜外侧覆盖防冲刷黏土袋以保护。蓄洪坝坝体高度 H 根据蓄洪要求和蓄洪区面积确定，顶宽 B 根据车辆行驶要求和筑坝方量决定，迎水坡、背水坡坡比 W 根据坝体稳定需要确定。

7.4.3.2　蓄洪坝填筑作业

先将筑坝范围内草皮、杂物等清除干净，然后刨松地面并沿坝轴线结合槽，采用黏土料回填，以增加坝体防渗效果。

填筑料源采用自卸车配合反铲挖装，进占法卸料，推土机从两端向中间铺料推进，分层填筑碾压密实。反铲及时修坡，先迎水面再背水面，逐渐加高，确保坡面平顺，且迎水面无尖锐的石角突起。

迎水面修坡完成后铺设复合土工膜，土工膜拼缝采用以焊接为主，黏结为辅。复合土工膜外侧，人工堆码黏土袋。

7.4.3.3　蓄洪坝料场开采

筑坝料源在料场采用台阶梯段爆破的方式获得。根据开采进度，逐层分阶段爆破，以满足上坝需求。爆破孔孔间排距以满足挖装和填筑要求为宜，爆破联网采用导爆索联网，逐排微差爆破，电雷管起爆方式，最大单响药量在 100kg 以内。反铲配合自卸汽车挖装。

7.4.4　综合措施并举

由于土石坝工程条件的复杂和特殊性，受工程条件、环境条件或经济条件的限制，有时为防止大坝出现漫顶溃坝的危险，可能需要采用加高和泄洪等各种方法相结合的方式，其目的是使加固后的水库大坝的防洪能力满足规范要求，保证防洪安全。

7.5　抢　险　技　术

7.5.1　抢筑子堤

7.5.1.1　子堤类型

子堤应抢筑在离上游坝肩至少 1.0m 以外，以免发生滑坡。堤后要留有余地，以方便交通。抢筑时，务必全面铺开，同时施工，一气呵成。具体做法有以下几种。

（1）土料子堤。土料子堤适用于坝顶较宽，就近取土容易，风浪不大的坝工。施工时，先将子堤与原堤顶接触面上的杂草清除，中间开挖一条宽 0.5m、深 20～30cm 的接合小槽，然后再分层铺土，各土层夯实，使子堤与原堤顶紧密结合。子堤顶宽一般不小于 1.5m，内外边坡不小于 1：1.5，高度应根据实际情况而定。如有风浪，应在子堤迎水面铺设土工膜保护（图 7.2）。

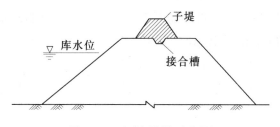

图 7.2　土料子堤示意图

（2）土袋子堤。土袋子堤适用于坝顶较窄，附近取土较难或土料质量不好，风浪冲击较大的水库。可采用土工编织袋、麻袋和草袋装土，在子堤的迎水面铺砌。铺砌前，应先将堤顶杂草清理干净，耙松表面。袋装土不宜过满，一般七八成即可，袋内不得装填易流失的粉细砂和稀软土，袋口用尼龙线缝紧（最好不要用绳索扎口），防止散漏。袋口向下游方向进行土袋码放，互相搭接。铺砌时，上层土袋要比下层土袋向下游缩进一些（坡度一般为 1∶0.3～1∶0.5），上下错开排列，靠紧踩实。袋后逐层铺土，夯压密实。上游面的土袋缝隙可用稻草、麦秸等塞严以避免袋后土料被风浪淘蚀。也可以两边铺砌土袋，中间填土夯实。土袋子堤的优点是能抗暴雨冲击和风浪拍打，有利于暴风雨中抢护。

（3）利用防浪墙抢筑子堤。土坝如在坝顶设有防浪墙，也可利用防浪墙抢筑子堤，即在防浪墙后堆土夯实，做成子堤，或用土袋在防浪墙后加高加固成子堤。如果防浪墙止水性差，为防止漏水，可先在防浪墙迎水面铺设一层土工膜止水截渗，然后在墙后铺筑子堤（图 7.3）。

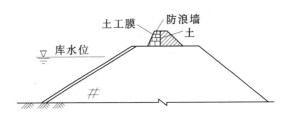

图 7.3 利用防浪墙抢筑子堤示意图

（4）利用木板或埽捆筑子堤。在水库大坝堤顶较窄、风浪很大，而且洪水即将漫顶的紧急情况下，可采用埽捆筑堤。

7.5.1.2 抢筑子堤具体施工步骤

以土料子堤为例，抢筑子堤险情处置一般遵循"分两段实施，分三层填筑，迎水面土工膜防渗防冲"的原则，子堤加高填筑示意图见图 7.4。

（1）挖装运输（图 7.5）。子堤填筑用料为附近的土石料，数量

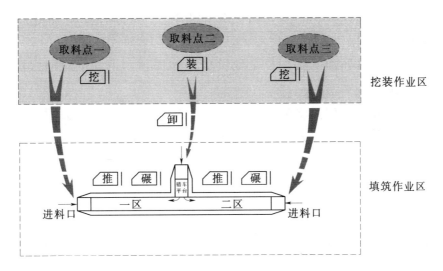

图 7.4　子堤加高填筑示意图

充足；采用反铲挖料装车，自卸汽车运输。根据现场情况，一般可考虑分三个取料点，共布置 2 台挖掘机、1 台装载机、10 台自卸车进行挖装运输。

（2）推平碾压（图 7.6）。新筑子堤距离大坝迎水面坝肩 1m 以上，以免滑动。填筑子堤前彻底清除原堤顶的草皮、杂物等，并将表层刨毛，以利新老土层结合。

图 7.5　运输卸料作业

图 7.6　推平碾压作业

采用自卸车双向后退法卸料，每 50m 设一个作业区，进行摊铺、推平、碾压作业，填料时在两侧及中部各设置一个倒料进占口。进占口根据填筑分层进行引道放坡，坡度 10% 以内。中间进占道路设置倒车平台。

堤身采取分3层填筑，每层松铺厚度控制在0.9m，推土机平整铺料，20t振动碾碾压密实，压实厚度0.65~0.70m。

（3）削坡处理。采用反铲挖掘机停在堤顶由下向上对迎水面进行削坡处理。

（4）防渗处理。将复合土工膜顺坡摊铺平顺，对原大坝复合土工膜进行烘干处理，新老土工膜搭接10cm，并黏结牢固，完成防渗处理。

（5）压顶保护。间隔1m，人工用袋装砂石料对土工膜进行压顶固定。

7.5.2　开挖泄洪

7.5.2.1　机械开挖

该方法适用于交通条件较好适宜采用机械开挖的土石坝或坝体中所含石块尺寸不大的堆石坝。

（1）抢护工艺流程。根据地形地貌特点选定土石坝开口位置→开口下游泄洪道进行防冲刷处理→在坝顶部位选定预留子堰，并开挖下游侧及裹头预保护处理→开挖的部分进行防冲刷处理→预留子堰破堰放水→裹头防冲刷保护。实际施工工艺流程将视现场险情情况调整。机械开挖抢护方法见图7.7、图7.8。

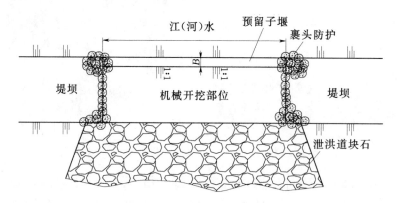

图7.7　土石坝漫顶险情机械开挖抢护方法平面示意图

（2）抢护要点。

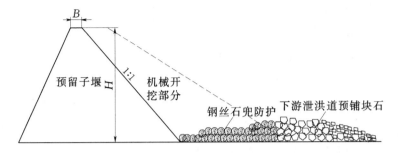

图 7.8 土石坝漫顶险情机械开挖抢护方法横断面示意图

1) 开口位置选择：应尽量选择在大坝的两端。

2) 下游泄洪道防冲刷处理：一般采用抛投块石的方式。块石由料场经自卸汽车运输至下游泄洪道位置，人工抛投；抛投时大块石尽量抛投在上游处。抛投区一般比拟开坝体的缺口 L 宽 3～5m。

3) 预留子堰及下游侧开挖：预留子堰的大小要根据水位落差、坝体土质及现场开挖揭示的情况而定，但应满足不溃堰的最低要求；其长度 L 一般取 30～50m。大坝下游侧开挖采用机械施工，分层开挖（按 2～3m 一层），一般开挖至与大坝下游侧一级台阶同高程；开挖顺序为从下游侧到上游侧；开挖的弃土由挖掘机直接堆至坝体缺口的两端或大坝的下游。

裹头预保护处理采取在设计的裹头位置上下游抛投钢丝石兜，以控制洪水冲刷。钢丝石兜由自卸车卸于坝头，由推土机推至裹头上下游侧。

4) 开挖部分防冲刷处理：下游侧开挖成形后，立即用钢丝石兜进行护底，以减少洪水下泄时的冲刷。钢丝石兜由自卸车运输至现场，汽车吊吊至指定位置。钢丝石兜堆放按顺序分区进行，堆高不超过 3 层；一般上游侧为 1 层，靠近泄洪道块石区为 3 层。钢丝石兜容积为 2～3m³。

5) 预留子堰破堰放水：采用挖掘机挖开一段缺口。缺口开挖完成后，挖掘机应立即撤离，防止人、机掉入水中。

6) 裹头防冲刷保护：当下泄洪水已把坝体缺口冲开至预设裹头位置或缺口不再坍塌时，立即组织人员用钢丝石兜进行裹头保护。钢丝石兜由自卸车卸于坝头，由推土机推至裹头。

7.5.2.2　爆破开挖

在险情情况严重，机械开挖十分危险的情况下，可采用抛掷爆破技术开挖引流，以达到下泄洪水的目的。

（1）抢护工艺流程。根据地形地貌特点选定坝体爆破开挖位置→缺口下游泄洪道进行防冲刷处理及裹头预保护处理→根据爆破设计进行坝体钻孔、装药、起爆，破堰放水→裹头防冲刷保护。实际施工工艺流程将视现场险情实际情况增减工艺项目。

爆破开挖抢护方法见图 7.9、图 7.10。

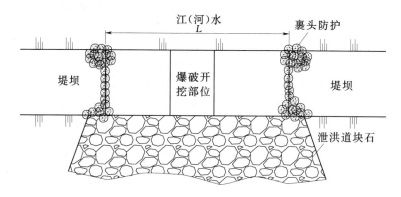

图 7.9　土石坝漫顶险情爆破开挖抢护方法平面示意图

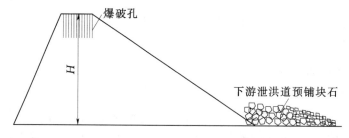

图 7.10　土石坝漫顶险情爆破开挖抢护方法横断面示意图

（2）抢护要点。

1）爆破开挖位置选择：应选择在坝的两端。

2）下游泄洪道防冲刷处理：一般采用抛投块石的方式。块石由料场经自卸汽车运输至下游泄洪道位置，人工抛投；抛投时大块石尽量抛投在上游处。抛投区一般比拟开坝体的缺口 L 宽 3～5m。

3）裹头预保护处理：裹头预保护处理采取在预设的裹头上下游抛投钢丝石兜，以防爆破后缺口不按预定位置形成，洪水冲刷造成裹头崩塌，险情扩大。钢丝石兜由自卸车卸于坝头部位，由推土机推至裹头上下游侧。每个钢丝石兜容积为 2～3m³。

4）缺口爆破开挖，破堰放水。坝体缺口开挖采用加强抛掷爆破技术一次开挖拆除。爆破钻孔、装药、起爆应严格按照《爆破安全规程》（GB 6722—2014）等有关规程规范及爆破设计的要求进行；爆破设计应根据坝体结构、组成等因素综合考虑，并参照类似工程进行，应确保能一次爆破拆除形成溃口；爆破作业钻孔采用潜孔钻或人工挖坑、非电毫秒接力网络、控制爆破技术。炸药选用具有抗水性能乳化炸药。

5）裹头防冲刷保护：当下泄洪水已把坝体缺口冲开至预设裹头位置或缺口不再坍塌时，立即组织人员用钢丝石兜进行裹头保护。钢丝石兜由自卸车卸于坝头部位，由推土机推至裹头。

第8章　管涌险情特征分析
与处置方法

　　管涌是造成大坝等水利工程失事的主要原因之一，给国民经济带来巨大损失。因此，对管涌的研究不仅有理论意义，而且有很大的实用价值。据统计，1998 年汛期，长江堤坝近 2/3 的重大险情是管涌险情，所以发生管涌时，决不能掉以轻心，必须迅速予以处理，并进行必要的监护。同样，对于土石坝而言，当出现管涌时，需要引起足够的重视，及时加以处置，以防止管涌进一步发展导致更大的险情。

8.1　管涌对土石坝的影响

　　管涌一般都是江河处于高水位时发生，且大多在大坝背水坡坡脚附近的地面上。管涌多 S 孔状出水口，出口处"翻沙鼓水"，形如"泡泉"，冒出黏土粒或细沙，形成"沙环"。管涌对大坝的影响：①被带走的细颗粒，如果堵塞下游反滤排水体，将使渗漏情况恶化；②细颗粒被带走，使坝体或地基产生较大沉陷，破坏大坝的稳定（图 8.1）。管涌险情尤其常见于早期修建的土坝，由于坝体的防渗质量差，在坝外侧高水位压力的作用下，坝体填土逐渐泡软、塌陷、连通，当高水位压力超过这些具有地质缺陷的坝层的许用抵抗能力时，渗流产生了，且流量会越来越大，从而在坝内侧的水沟、洼地和沼泽处出现管涌。从各个地方不同的管涌情况来看，管涌表现的形式虽有差别，但它们都最终形成渗漏通道。管涌产生过程中渗漏水与土体间各种力的相互作用决定了管涌发展经历的时间，这是一个非线形的动态过程，因此，管涌的发生、发展对土石坝安全有着至关重要的影响，一旦处理不好，就可能导致大坝溃决。

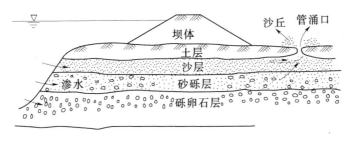

图 8.1　管涌险情示意图

8.2　险情成因

在汛期高水位时，由于强透水层渗透水头损失很小，坝后侧数百米范围内表土层底部仍承受很大的水压力。如果这股水压力冲破了黏土层，在没有反滤层保护的情况下，粉砂、细砂就会随水流出，从而发生管涌。管涌发生的具体原因大致有：①大坝防御水位提高，渗水压力增大，坝后地面黏土层厚度不够；②坝后由于水流冲刷将黏土层减薄，或者人为原因使坝后黏土层遭受破坏，如坝后人工挖运取土将黏土层挖薄；③在坝后钻孔或勘探爆破孔封闭不实和一些民用井的结构不当，或者是动物打洞穴，导致坝体或坝基形成渗流通道。

8.3　险情特征分析

8.3.1　管涌险情的判别

管涌险情的严重程度一般可以从以下几个方面加以判别，即管涌口离坝脚的距离、涌水浑浊度及带沙情况、管涌口直径、涌水量、洞口扩展情况、涌水水头等。由于抢险的特殊性，目前都是凭有关人员的经验来判断。具体操作时，管涌险情的危害程度可从以下几方面分析判别。

（1）管涌一般发生在背水堤脚附近地面或较远的坑塘洼地。距坝脚越近，其危害性就越大。有的管涌点距坝脚虽远一点，但是，管涌不断发展，即管涌口径不断扩大，管涌流量不断增大，带出的沙越来越粗，数量不断增大，这也属于重大险情，需要及时抢护。

（2）有的管涌发生在坝后农田或洼地中，多是管涌群，管涌口内有沙粒跳动，似"煮稀饭"，涌出的水多为清水，险情稳定，可加强观测，暂不处理。

（3）管涌发生在坑塘中，水面会出现翻花鼓泡，水中带沙、色浑，有的由于水较深，水面只看到冒泡，可潜水探摸，是否有凉水涌出或在洞口是否形成沙环。需要特别指出的是，由于管涌险情多数发生在坑塘中，管涌初期难以发现。

（4）坝后地面隆起（牛皮包、软包）、膨胀、浮动和断裂等现象也是产生管涌的前兆，只是目前水的压力不足以顶穿上覆土层。随着江水位的上涨，有可能顶穿，因而对这种险情要高度重视并及时进行处理。

8.3.2　险情主要特点

（1）发生区域复杂。有的管涌发生在坝后附近地面处或离大坝较远的坑塘洼地，距大坝可远可近；有的管涌发生在农田或洼地中，多是管涌群；有的管涌发生在坑塘中，初期难以发现。

（2）造成危害严重。管涌发生时，水面出现翻花，随着上游水位升高，持续时间延长，险情不断恶化，大量涌水翻沙，使坝基土壤骨架破坏，孔道扩大，基土被淘空，造成垮坝严重事故。

（3）处理时间紧迫。有的管涌一开始涌出的水为清水，险情较稳定，可加强观测，视情况及时处理；有的管涌发展较快，即管涌口径不断扩大，管涌流量不断增大，带出的沙越来越粗，数量不断增大，必须及时处理；有的管涌尚未形成，但前兆明显，对这种险情要高度重视并及时处理。

8.4 抢险主要方法

管涌险情处置按照坝前"临水截渗"和大坝后"蓄水反压、反滤料压盖"相结合的战法进行。

8.4.1 坝前"临水截渗"

对大坝迎水面顺坡满铺土工布截渗，坝顶打木桩或钢管桩作为支撑，采用绳子牵引、钢管推压的方式铺设土工布，同时利用串状沙袋进行顶部压盖、底部防冲。

8.4.2 坝后"蓄水反压、反滤料压盖"

对集中的大管涌群采用简易销栓式围井，对不集中的单个管涌或小管涌群采用土袋围井，围井内铺填反滤料压盖，并根据实际情况进行渗水导排。

（1）简易销栓式围井。清除管涌口附近的杂草、碎石等杂物，并挖去软泥；整平夯实围井底部 20cm 宽度，以便于安装。围井内径为管涌群直径的 10～15 倍，围井高度为管涌群涌水高度的 2～3 倍。P3012 钢模板侧边焊接 3 个插销口（$\phi16$，$\delta=1.5mm$ 钢管），插销采用 $\phi10$ 圆钢，可快速拼接成闭合模板墙（图 8.2），适当在外侧设置斜撑。围井装配完成后，内侧贴土工布并折向底部 1m，确保井壁及模板与地面接触处严密不漏水。

（2）土袋围井（图 8.3）。清除管涌口附近的杂草、碎石等杂物，并挖去软泥。整平夯实围井底部，围井内径为管涌群直径的 10～15 倍，围井高度为管涌群涌水高度的 2～3 倍。用土袋分层错缝码砌两排形成围井，土袋之间、土袋与地面接触部位充填黏土。

（3）反滤料回填。围井完成后即可开始填反滤料。按反滤的要求，分层填铺粗沙、小石和中（大）石，每层厚度 20～30cm，如发现填料下沉，可继续补充滤料，直到稳定为止；井内如涌水过大，填筑反滤料有困难时，可先用块石或砖块袋装填塞，待水势消

图 8.2　销栓式模板

图 8.3　土袋围井

杀后，在井内再做反滤导渗。交通、场地环境较好时采用小型履带挖掘机填料，如交通不畅、场地泥泞时，铺设木板通道，采用手推车送料的方式进行。

（4）渗水导排。管涌险情基本稳定后，在围井的适当高度插入排水管（塑料管、钢管或竹管）进行渗水导排，使围井水位适当降低，以免围井周围再次发生管涌或井壁倒塌。

8.5　抢　险　技　术

8.5.1　抢险原则

管涌险情抢险的原则是：制止涌水带沙，而留有渗水出路。这样既可使沙层不再被破坏,又可以降低附近渗水压力,使险情得以控制和稳定。

8.5.2 处置方法

8.5.2.1 反滤围井

在管涌口处用编织袋或麻袋装土抢筑围井,井内同步铺填反滤料,从而制止涌水带沙,以防险情进一步扩大,当管涌口很小时,也可用无底水桶或汽油桶做围井。这种方法适用于发生在地面的单个管涌或管涌数目虽多但比较集中的情况。对水下管涌,当水深较浅时也可以采用。

围井面积应根据地面情况、险情程度、料物储备等来确定。围井高度应以能够控制涌水带沙为原则,但也不能过高,一般不超过1.5m,以免围井附近产生新的管涌。对管涌群,可以根据管涌口的间距选择单个或多个围井进行抢护。围井与地面应紧密接触,以防造成漏水,使围井水位无法抬高。

围井内必须用透水料铺填,切忌用不透水材料。根据所用反滤料的不同,反滤围井可分为以下几种型式。

(1)砂石反滤围井。砂石反滤围井是抢护管涌险情的最常见型式之一。选用不同级配的反滤料,可用于不同土层的管涌抢险。在围井抢筑时,首先应清理围井范围内的杂物,并用编织袋或麻袋装土填筑围井。然后根据管涌程度的不同,采用不同的方式铺填反滤料:对管涌口不大、涌水量较小的情况,采用由细到粗的顺序铺填反滤料,即先装细料,再填过渡料,最后填粗料,每级滤料的厚度为20~30cm,反滤料的颗粒组成应根据被保护土的颗粒级配事先选定和储备;对管涌口直径和涌水量较大的情况,可先填较大的块石或碎石,以消杀水势,再按前述方法铺填反滤料,以免较细颗粒的反滤料被水流带走。反滤料填好后应注意观察,若发现反滤料下沉可补足滤料,若发现仍有少量浑水带出而不影响其骨架改变(即反滤料不下陷),可继续观察其发展,暂不处理或略抬高围井水位。管涌险情基本稳定后,在围井的适当高度插入排水管(塑料管、钢管和竹管），使围井水位适当降低，以免围井周围再次发生管涌或井壁倒塌。同时，必须持续不断地观察围井及周围情况的变化，及时调整排水口高度，见图 8.4。

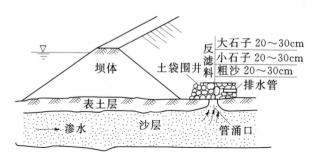

图 8.4 砂石反滤围井示意图

（2）土工织物反滤围井。首先对管涌口附近进行清理平整，清除尖锐杂物。管涌口用粗料（碎石、砾石）充填，以消杀涌水压力。铺土工织物前，先铺一层粗砂，粗砂层厚 30～50cm。然后选择合适的土工织物铺上。需要特别指出的是，土工织物的选择是相当重要的，并不是所有土工织物都适用。选择的方法可以将管涌口涌出的水沙放在土工织物上从上向下渗几次，看土工织物是否淤堵。若管涌带出的土为粉沙时，一定要慎重选用土工织物（针刺型）；若为较粗的沙，一般的土工织物均可选用。最后要注意的是，土工织物铺设一定要形成封闭的反滤层，土工织物周围应嵌入土中，土工织物之间用线缝合。然后在土工织物上面用块石等强透水材料压盖，加压顺序为先四周后中间，最终中间高、四周低，最后在管涌区四周用土袋修筑围井。围井修筑方法和井内水位控制与砂石反滤围井相同（图 8.5）。

（3）梢料反滤围井。梢料反滤围井用梢料代替砂石反滤料做围井，适用于砂石料缺少的地方。下层选用麦秸、稻草，铺设厚度 20～30cm。上层铺粗梢料，如柳枝、芦苇等，铺设厚度 30～40cm。梢料填好后，为防止梢料上浮，梢料上面压块石等透水材料。围井修筑方法及井内水位控制与沙石反滤围井相同（图 8.6）。

（4）装配式反滤围井。装配式反滤围井主要由单元围板、固定

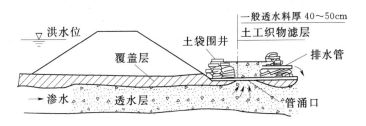

图 8.5 土工织物反滤围井示意图

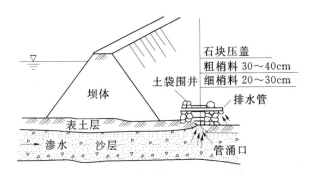

图 8.6 梢料反滤围井示意图

件、排水系统和止水系统 4 部分组成。围井大小可根据管涌险情的实际情况和抢险要求组装，一般为管涌孔口直径的 8～10 倍，围井内水深由排水系统调节。

　　单元围板是装配式围井的主要组成部分，由挡水板、加筋角铁和连接件组成。单元围板的宽度为 1m，高度为 1m、1.2m 和 1.5m，对应的重量分别为 16kg、17.5kg 和 19.5kg。固定件的主要作用是连接和固定单元围板，为 $\phi21$ 的钢管，其长度为 2m、1.7m 和 1.5m，分别用于 1.5m、1.2m 和 1m 的围井。抢险施工时，将钢管插入单元围板上的连接孔，并用重锤将其夯入地下，以固定围井。排水系统由带堵头排水管件构成，主要作用为调节围井内的水位。如围井内水位过高，则打开堵头排除围井内多余的水；如需抬高围井内的水位，则关闭堵头，使围井内水位达到适当高度，然后保持稳定。多余的水不宜排放在装配式围井周围，应通过连接软管排放至适当位置。单元围板间的止水系统采用复合土工膜，用于防止单元围板间漏水。

与传统的围井构筑方式相比，装配式围井安装简单快捷、效果好、省工省力，能大大提高抢险速度，节省抢险时间，并降低抢险强度。抢险主要过程为：确定装配式围井的安装位置，以管涌孔口处为中心，根据预先设定的围井大小（直径），确定围井的安装位置；开设沟槽，可使用开槽机或铁铲开设一条沟槽，深 20～30cm。根据预算设定的单元围板全部置于沟槽中，实现相互之间的良好连接，并用锤将连接插杆夯于地下；将单元围板上的止水复合土工膜依次用压条及螺丝固定在相邻一块单元围板上；用土将单元围板内外的沟槽进行回填，并保证较少的渗漏量；如遇到砂质土壤，可在沟槽内放置一些防渗膜；检查验收。

8.5.2.2　反滤层压盖

在堤内出现大面积管涌或管涌群时，如果料源充足，可采用反滤层压盖的方法，以降低涌水流速，制止地基泥沙流失，稳定险情。反滤层压盖必须用透水性好的材料，切忌使用不透水材料。根据所用反滤材料不同，可分为以下几种。

（1）砂石反滤压盖。在抢筑前，先清理铺设范围内的杂物和软泥，同时对其中涌水涌沙较严重的出口用块石或砖块抛填以消杀水势，然后在已清理好的管涌范围内，铺粗砂一层，厚约 20cm，再铺小石子和大石子各一层，厚度均约 20cm，最后压盖块石一层予以保护，见图 8.7。

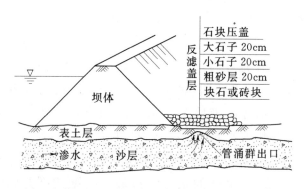

图 8.7　砂石反滤压盖示意图

（2）梢料反滤压盖。当缺乏砂石料时，可用梢料做反滤压盖，

212

其清基和消杀水势措施与沙石反滤压盖相同。在铺筑时，先铺细梢料，如麦秸、稻草等，厚 10～15cm；再铺粗梢料，如柳枝、秫秸和芦苇等，厚约 15～20cm；粗细梢料共厚约 30cm，然后再铺席片、草垫或苇席等，组成一层。视情况可只铺一层或连铺数层，然后用块石或沙袋压盖，以免梢料漂浮；必要时再盖压透水性大的砂土，修成梢料透水平台。

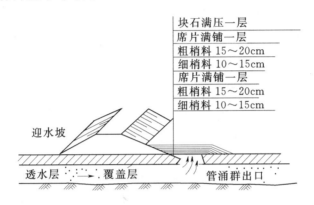

图 8.8 梢料反滤压盖示意图

但梢层末端应露出平台脚外，以利渗水排出。梢料总的厚度以能够制止涌水携带泥沙、变浑水为清水、稳定险情为原则（图8.8）。

（3）防汛土工滤垫。防汛土工滤垫的结构根据坝体管涌险情的机理研制，由 5 部分组成。

底层减压层：主要是控制水势，削减挟沙水流部分流速水头，降低被保护土地渗透压力坡降，从而减小管涌挟沙水流的冲蚀作用。底层减压层为土工席垫，由改性聚乙烯加热熔化后通过喷嘴挤压出的纤维叠置在一起，溶结而成三维立体多孔材料。当管涌挟沙水流进入席垫，由于受席垫纤维的阻扰，加速水流内部质点的掺混，集中水流迅速扩散，产生较均匀的竖向水流和平面水流运动，从而降低了管涌挟沙水流的流速水头。单块尺寸为 1m×1m×0.01m（长×宽×高），置于滤垫的下部，直接与地表土相接触。

中层过滤层：主要起"保土排砂"作用，采用特制的土工织物。单块尺寸为 1.4m×1.4m（长×宽），具有一定的厚度、渗透系统和有效孔径。

上层保护层：采用土工席垫，单块尺寸为 1.0m×1.0m×0.01m（长×宽×高），具有较高的抗压、抗拉强度，作用是保护中层过滤层在使用过程中特性不发生变化。

组合件：将减压层、过滤层及保护层组合成复合体，使每层发挥其各自的作用，由于中间过滤层为特制的针刺土工织物，故具有明显的压缩性，为保证其特性指标不受上覆荷重影响而改变，在组合过程中采取了适当措施。

连接件：当单块滤垫不能满足抢护大面积管涌群要求时，可将若干块滤垫拼装成滤垫铺盖。此时第二块滤垫置于第一块滤垫伸出的土工织物上，再用连接件（特制塑料扣）加以固定。

与传统的反滤料相比，防汛土工滤垫重量轻，连接简单、快捷、效果好，不存在淤堵失效等风险。抢险的主要过程为：①确定滤垫的规格和安装位置，首先根据发生管涌的土质确定滤垫的规格，然后以管涌孔口的大小确定滤垫的安装范围；②清理现场，在管涌出口周围清除树木、块石等杂物，使其尽量平整，无较大坑洼；③铺设滤垫，先在管涌出口处放置第一块滤垫，并在四边叠置 4 块滤垫，并用连结件（特制塑料扣）加以固定；④在叠置滤垫的同时，施加上覆荷重，可用装砂石防汛袋或块石均匀堆放在滤垫的连接处和管渗涌孔处；⑤检查验收；⑥观测抢护效果。

8.5.2.3　蓄水反压

通过抬高管涌区内的水位来减小坝内外的水头差，从而降低渗透压力，减小出逸水力坡降，达到制止管涌破坏和稳定管涌险情的目的，俗称养水盆，见图 8.9。

该方法的适用条件是：坝后有渠道或坑塘，利用渠道水位或坑塘水位进行蓄水反压；覆盖层相对薄弱的老险工段，结合地形，做专门的大围堰（或称月堤）充水反压；极大的管涌区，其他反滤盖重难以见效或缺少沙石料的地方。蓄水反压的主要形式有以下几种。

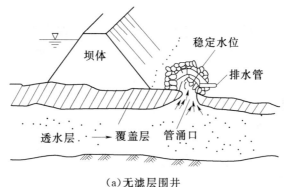

（a）无滤层围井

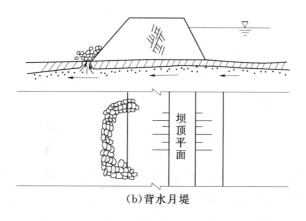

（b）背水月堤

图 8.9　蓄水反压示意图

（1）塘内蓄水反压。有些管涌发生在塘中，在缺少砂石料或交通不便的情况下，可沿塘四周做围堤，抬高塘中水位以控制管涌。但应注意不要将水面抬得过高，以免周围地面出现新的管涌。

（2）围井反压。对于大面积的管涌区和老险工段，由于覆盖层很薄，为确保汛期安全度汛，当坝后部位出现分布范围较大的管涌群险情时，可在坝后出险范围外抢筑大的围井（又称背水月堤或背水围堰），并蓄水反压，控制管涌险情。月堤可随水位升高而加高，直到险情稳定为止，然后安设排水管将余水排出。

采用围井反压时，由于井内水位高、压力大，围井要有一定的强度，同时应严密监视周围是否出现新管涌。切忌在围井附近取土。

（3）其他。对于一些小的管涌，一时又缺乏反滤料，可以用小的围井围住管涌，蓄水反压，制止涌水带沙。也有的用无底水桶蓄水反压，达到稳定管涌险情的目的。

8.5.2.4 透水压渗台

在背水坡脚抢筑透水压渗台，以平衡渗水压力，增加渗径长度，减小渗透坡降，且能导渗滤水，防止土粒流失，使险情趋于稳定。此法适用于管涌险情较多、范围较大、反滤料缺乏，但砂土料丰富的情况下。具体做法是：先在管涌发生的范围内将软泥、杂物清除，对较严重的管涌或流土出口用砖、砂石、块石等填塞；待水势消杀后，再用透水性大的砂土修筑平台，即为透水压渗台；其长、宽、高等尺寸视具体情况确定。

8.5.2.5 水下管涌险情抢护

水下管涌可结合具体情况，采用以下处理办法。

（1）反滤围井：当水深较浅时，可采用这种方法。

（2）水下反滤层：当水深较深，做反滤围井困难时，可采用水下抛填反滤层的办法。如管涌严重，可先填块石以消杀水势，然后从水上向管涌口处分层倾倒砂石料，使管涌处形成反滤堆，使砂粒不再带出，从而达到控制管涌险情的目的，但这种方法使用砂石料较多。

（3）蓄水反压：当水下出现管涌群且面积较大时，可采用蓄水反压的办法控制险情，可直接向坑塘内蓄水，如果有必要也可以在坑塘四周筑围堤蓄水。

（4）填塘法：在人力、时间和取土条件能迅速完成任务时可用此法。填塘前应对较严重的管涌先用块石、砖块等填塞，待水势消杀后，集中人力和施工机械，采用沙性土或粗砂将坑塘填筑起来。

第9章 渗漏险情特征分析与处置方法

渗漏险情是病险土石坝主要险情之一，针对这方面的处理方法较多。在汛期或高水位情况下，坝体背水坡或坡脚附近出现横贯坝体本身或基础渗流，称为渗漏，渗流进一步发展，形成孔洞，称之为漏洞。如漏洞流出浑水，或由清变浑，或时清时浑，均表明漏洞正在迅速扩大，坝身有可能发生塌陷甚至溃决的危险。因此，发现渗漏险情，必须慎重对待，全力以赴，迅速进行抢护。

9.1 渗漏对土石坝的影响

根据我国土石坝工程的溃坝资料统计，漫坝冲垮者最多，其次就是渗漏导致垮坝，由此可见渗漏造成的溃坝问题是相当严重的。

水库蓄水后，在水压力的作用下，水流必然会沿着坝身土料、坝基土体和坝端两岸地基中的孔隙渗向下游，造成坝身、坝基和绕坝的渗漏。若这种渗流是在设计控制之下，大坝任何部位的土体都不会产生渗透破坏，则为正常渗流，此时渗流量一般较小，水质清澈透明，不含土壤颗粒，对坝体和坝基不致造成渗透破坏；反之对能引起土体渗透破坏，或渗流量过大且集中，水质浑浊，透明度低，使坝体或坝基产生管涌，流土和接触冲刷等渗透破坏，这种影响蓄水兴利的渗流则为异常渗流。对于已建坝，如何确定异常渗流及其危害性是一个比较复杂的问题，首先要对坝址的工程水文地质有比较充分的了解，坝的设计及施工完善程度也与渗漏有密切的联系，由于地质勘探的有限钻孔只能揭示坝址地层的有限情况，局部的弱点（例如节理、裂隙、溶洞、断层等情况）往往难以弄清；另外，坝的防渗体和排水设施设计的正确程度，以及施工质量难以达到预期的目标，由此而引起的渗流薄弱环节更不是人们所能预料到的。

9.2　险　情　成　因

9.2.1　坝体渗漏的原因

土石坝常因斜墙、心墙等防渗体裂缝形成渗流的集中通道，导致管涌的发生，甚至引起坝体的失事破坏。

引起坝体渗漏产生的主要原因有以下 6 方面。

（1）坝身尺寸单薄，特别是塑性斜墙或心墙由于厚度不够，使渗流水利坡降过大，容易造成斜墙或心墙被渗流击穿。

（2）坝体施工质量控制不严，如碾压不实或土料含砂砾太多，透水性过大；施工过程中在坝身内形成了软弱夹层和漏水通道，从而造成管涌塌坑；溢出点和浸润线抬高，造成集中渗漏。

（3）坝体不均匀沉陷引起横向裂缝；坝体与两岸接头不好而形成渗漏途径；坝下压力涵管断裂造成的渗漏，在渗流作用下，发展成管涌或渗漏通道。

（4）下游排水设施尺寸过小不起作用，或因施工质量不好，或由于下游水位过高，洪水期泥水倒灌，使反滤层被淤塞失效，造成溢出点和浸润线抬高。

（5）反滤层质量差，未按反滤原理铺设，或未设反滤层，常成为管涌塌坑和斜墙、心墙遭到破坏的重要原因。

（6）管理工作中，对白蚁、鼠等动物在坝体内的空穴未能及时发现，以致发展成为集中渗漏通道。

9.2.2　坝基渗漏的原因

坝基渗漏通常是由于强透水性的坝基处理不当，或坝基未作防渗处理，或坝基防渗设施失效而产生的。特别是对于强透水性的砂砾石或砂层的地基，地层的渗流出逸坡降较大，若坝后没有采取排水、减压设施，出逸坡降往往会超出表层的临界坡降，渗水通过坝基的透水层，从坝侧或坝脚外的覆盖层较弱处出逸，使坝后形成沼泽，严重的可产生变形、流出浑水或翻砂。

引起坝基渗漏产生的主要原因有以下 3 方面。

（1）清基不彻底，引起接触面渗水。

（2）铺盖裂缝产生的渗漏，铺盖裂缝一般是由于施工时防渗土料破坏，不到所要求的容重或铺土时含水量过大，固结时干缩而产生裂缝；或基础不均匀沉陷时铺盖被拉裂；或铺盖时没有做好反滤层，水库蓄水后在高扬压力下被顶穿破坏；也有施工时就已经破坏了覆盖层作为天然铺盖的防渗作用。

（3）心墙下截水墙与基础接触冲刷破坏，在截水墙下游与基础接触边界处设置反滤层失效，导致接触冲刷产生，造成坝体严重破坏。

9.2.3 绕坝渗漏的原因

水库的蓄水，不仅可能通过土坝坝身和坝基渗漏，而且也可能绕过土坝两端的岸坡渗往下游，这种渗漏现象称为绕坝渗漏。绕坝渗漏可能沿着坝岸结合面（引起集中渗流）、也可能沿着坝端山坡土体的内部渗往下游。绕坝渗漏将使坝端部分坝体内的浸润线抬高，岸坡背后出现润湿、软化和集中渗漏，甚至引起滑坡。

产生绕坝渗漏的主要原因有以下 4 方面。

（1）两岸地质条件过差。造成绕坝渗漏的内因是由于坝端两岸地质条件过差，如覆盖层薄，且有砂砾和卵石透水层；风化岩层透水性过大；岩层破坏严重，节理裂隙发育以及有断层、岩溶、井泉等不利地质条件，而施工中未能妥善处理，均可能成为渗漏的通道。

（2）岸坡接头防渗处理措施不完善。由于客观条件的限制，对两岸地质条件缺乏了解，导致防渗措施不完善。如在考虑岸坡接头截水槽方案时，有时不但没有切入不透水层，反而挖掉了透水性较小的天然覆盖，暴露出强透水层，加剧了绕坝渗漏，还有的甚至没有进行防渗处理，以致形成渗漏通道。

（3）施工质量不符合要求。施工中由于开挖困难或工期紧迫等原因，没有根据设计要求进行施工，例如岸坡坡度开挖过陡；截水槽回填质量不好，形成渗漏通道。

（4）岩溶、生物洞穴以及植物根茎腐烂后形成的空洞等。建坝时坝肩未能很好地清基和作防渗处理，水库蓄水后就会产生绕坝渗漏。

9.3　险　情　特　征　分　析

按渗漏的部位可分为坝体渗漏、坝基渗漏、接触渗漏、绕坝渗漏；按渗漏的形式可分为正常渗漏和异常渗漏；按渗漏现象可分为散浸和集中渗漏。其特征见表 9.1。

表 9.1　　　　　　　　　　渗 漏 的 特 征 分 析

分类	渗漏类别	特　征
按渗漏的部位	坝体渗漏	渗漏的逸出点在背水面坡或坡脚，其逸出现象有散浸和集中渗漏两种
	坝基渗漏	渗水通过坝基的透水层，从坝脚或坝脚以外覆盖层的薄弱部位逸出
	接触渗漏	渗水经坝体、坝基、岸坡的接触面或坝体与刚性建筑物的接触面在坝后相应逸出
	绕坝渗漏	渗水通过大坝两端山体的岩石裂缝、溶洞和生物洞穴及未挖除的岸坡堆积层等从下游岸坡逸出
按渗漏的现象	散浸	坝体渗漏部位呈湿润状态，随时间延长可使土体饱和软化，甚至在坝下游坡面形成细小而分布较广的水流
	集中渗漏	渗水在坝体、坝基和两岸山包的一个或几个空穴集中流出，有无压流或射流两种；有清水也有浑水

9.4　漏洞险情处置方法

漏洞险情一般发展很快，抢护时应遵循"前堵后排，堵排并举，抢早抢小，一气呵成"的原则进行。一旦大坝出现漏洞险情，首先应采取必要的措施降低库水位，同时要尽快找到漏洞进水口，及时堵塞，截断漏水来源。探找漏洞进口和抢堵，均需在水面以下摸索进行，要做到准确无误，不遗漏，并能顺利堵住全部进水口，截断水源，难度很大，为了保证大坝安全，在上游面堵漏洞的同时，还必须在背水面漏洞处做反滤导渗设施，以制止坝体土料流出，防止险情继续扩大。这就是"堵排并举"的抢险原则。

9.4.1　险情说明

9.4.1.1　漏洞的表现形式

漏洞险情的特征从其形成的原因及过程可以看出，漏洞贯穿坝身，使洪水通过孔洞直接流向坝后侧。漏洞的出口一般发生背水坡或坝脚附近，其主要表现形式如下。

（1）渗漏开始因漏水量小，坝土很少被冲动，所以漏水较清，叫做清水漏洞。此情况的产生一般伴有渗水的发生，初期易被忽视。但只要查险仔细，就会发现漏洞周围"渗水"的水量较其他地方大，应引起特别重视。

（2）漏洞一旦形成后，出水量明显增加，且渗出的水多为浑水，因而一些地方形象地称之为"浑水洞"。漏洞形成后，洞内形成一股集中水流，漏洞扩大迅速。由于洞内土的崩解、冲刷，出水水流时清时浑，时大时小。

（3）漏洞险情的另一个表现特征是水深较浅时，漏洞进水口的水面上往往会形成漩涡，所以在背水侧查险发现渗水点时，应立即到临水侧查看是否有漩涡产生。

9.4.1.2　漏洞险情探测方法

（1）水面观察法。对于漏洞较大的情况，其进口附近的水面常出现漩涡，若漩涡不太明显，可在水面上撒些泡沫塑料、碎草、谷糠、木屑等易漂浮物，若发生旋转或集中现象，则表明进水口可能在其下面。此法用于水深不大，而出水量较多的情况。

有时，也可在漏洞迎水侧适当位置，将有色液体倒入水中，并观察漏洞出口的渗水。如有相同颜色的水溢出，即可断定漏洞进口的大致范围。

以上的观察方法，在风大流急时不宜采用。

（2）潜水探查法。当风大流急，在水面难以观察其漩涡时，为了进一步摸清险情，可在初步判断的漏洞进口大致范围内，经过分析并采取可靠的安全保护措施后，派有经验的潜水员下水探摸，确定漏洞离水面的深度和进口的大小。采用这种方法应注意安全，事先必须系好安全绳子，避免潜水人员被水吸入洞内或在洞口将人吸住。

（3）探漏杆探测法。探漏杆是一种简单的探测漏洞的工具，杆身可采用长 1～2m 的麻杆，用白铁皮两块，中间各剪开一半，将两块铁板对长成十字形，嵌于麻杆末端并扎牢，麻杆上端插两根羽毛。制成后先在水中试验，以能直立水中，顶部露出水面 0.2～0.3m 为宜。探漏时，在探杆顶部系上绳子，绳的另一端持于手中，将探漏杆抛于水中任其漂浮。当遇到漏洞时，就会在旋流影响下吸至洞口并不断旋转，这种方法受风影响较小，深水也能适用。

（4）编织布查洞法。可选用编织布、布幕或席片等用绳拴好，并适当坠以重物，沿坝体边坡，使其沉没在水中，贴紧边坡进行移动，如在移动过程中，感到拉拖突然费劲时，并辨明不是有石块、木桩或树枝等障碍物所为，并且出水口的水流明显减弱，则说明此处有漏洞。

（5）竹竿钓球法。视水深的大小，选一适当长度的竹竿，在直杆的前端每隔 0.5m 绑一根绳，绳的中间绑一个用网兜装着的乒乓球，绳子下端系一个三角形薄铁片，球与铁片的距离视水面距洞口的水深而定。实践证明，只要铁片接近洞口，就会被吸入洞中，水面漂浮的小球也将被吸入水面以下。这种方法多用于水深较大，堤坡无树枝杂草阻碍的情况。

（6）电法探测。如条件允许可在漏洞险情堤段采用电法探测仪进行探查，以查明漏水通道，判明埋深及走向。

9.4.2 抢险技术

一旦漏洞出水，险情发展很快，特别是浑水漏洞，将迅速危及坝体安全。所以一旦发现漏洞，应迅速组织人力和筹集物料，抢早抢小，一气呵成。在应急处理时，应首先在临水找到漏洞进水口，及时堵塞，截断漏水来源，同时，在背水漏洞出水口采用反滤和围井，降低洞内水流流速，延缓并制止土料流失，防止险情扩大，切忌在漏洞出口处用不透水料强塞硬堵，以免造成更大险情。

9.4.2.1 塞堵法

塞堵漏洞进口是最有效、最常用的方法，尤其是在地形起伏复杂，洞口周围有灌木杂物时更适用。一般可用软性材料塞堵，如针刺无纺布、棉被、棉絮、草包、编织袋包、网包、棉衣等。在有效控制漏洞险情的发展后，还需用黏性土封堵闭气，或用大块土工膜、篷布盖堵，然后再压土袋，直到完全断流为止。

在抢堵漏洞进口时，切忌乱抛砖石等块状料物，以免架空，致使漏洞继续发展扩大。

9.4.2.2 盖堵法

（1）复合土工膜排体（图 9.1）或篷布盖堵。当洞口较多且较为集中，附近无树木杂物，逐个堵塞费时且易扩展成大洞时，可以采用大面积复合土工膜排体或篷布盖堵，可沿临水坡肩部位从上往下，顺坡铺盖洞口，或从船上铺放，盖堵离堤肩较远处的漏洞进口，然后抛压土袋或土枕，并抛填黏土，形成前戗截渗，见图 9.2。

（2）就地取材盖堵。当洞口附近流速较小、土质松软或洞口周围已有许多裂缝时，可就地取材用草帘、苇箔、篷布、棉絮等重叠

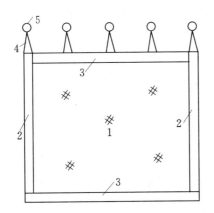

图 9.1　复合土工膜排体

1—复合土工膜；2—纵向土袋筒
（φ60cm）；3—横向土袋
筒（φ60cm）；4—筋绳；
5—木桩

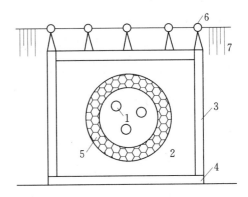

图 9.2　复合土工膜排体盖堵漏洞进口

1—多个漏洞进口；2—复合土工膜排体；
3—纵向土袋枕；4—横向土袋枕；5—正
在填压的土袋；6—木桩；7—临水堤坡

数层作为软帘，也可临时用柳枝、秸料、芦苇等编扎软帘。软帘的大小也应根据洞口具体情况和需要盖堵的范围决定。在盖堵前，先将软帘卷起，置放在洞口的上部。软帘的上边可根据受力大小用绳索或铅丝系牢于堤顶的木桩上，下边附以重物，利于软帘下沉时紧贴边坡，然后用长杆顶推，顺堤坡下滚，把洞口盖堵严密，再盖压土袋，抛填黏土，达到封堵闭气，见图 9.3。

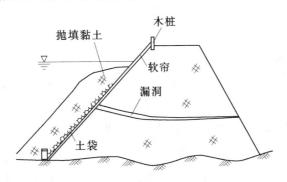

图 9.3　软帘盖堵示意图

采用盖堵法抢护漏洞进口，需防止盖堵初始时，由于洞内断流，外部水压力增大，洞口覆盖物的四周进水。因此洞口覆盖后必须立即封严四周，同时迅速用充足的黏土料封堵闭气。否则一旦堵漏失败，洞口扩大，将增加再堵的困难。

9.4.2.3　戗堤法

当坝体临水坡漏洞口多而小，且范围又较大时，在黏土料备料充足的情况下，可采用抛黏土填筑前戗或临水筑月堤的办法进行抢堵。

（1）抛填黏土前戗。在洞口附近区域连续集中抛填黏土，一般形成厚 3～5m、高出水面约 1m 的黏土前戗，封堵整个漏洞区域，在遇到填土易从洞口冲出的情况下，可先在洞口两侧抛填黏土，同时准备一些土袋，集中抛填于洞口，初步堵住洞口后，再抛填黏土，闭气截流，达到堵漏目的，见图 9.4。

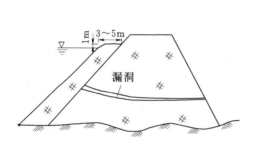

图 9.4　黏土前戗截渗示意图

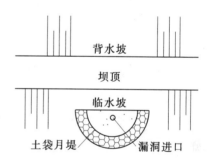

图 9.5　临水月堤堵漏示意图

（2）临水筑月堤。如临水水深较浅，流速较小，则可在洞口范围内用土袋迅速连续抛填，快速修成月形围堰，同时在围堰内快速抛填黏土，封堵洞口，见图 9.5。漏洞抢堵闭气后，还应有专人看守观察，以防再次出险。

9.4.2.4　辅助措施

在临水坡查漏洞进口的同时，为减缓堤土流失，可在备水漏洞出口处构筑围井，反滤导流，降低洞内水流流速。切忌在漏洞出口处用不透水料强塞硬堵，致使洞口土体进一步冲蚀，导致险情扩大，危及坝体安全。

9.5　穿越坝体建筑物渗漏险情处置方法

9.5.1　险情说明

穿坝建筑物系指为控制和调节水流、防治水害、开发利用水资源，在沿江河大坝上修建的分洪闸、引水闸、泄水闸（退水闸）、灌排站、虹吸管以及其他管道等建筑物。

建筑物与坝体结合部位的渗漏：这些建筑物由于多为刚性结构，建筑物与土坝的结合部，极有可能产生位移张开，很容易引起裂缝，使水沿缝渗漏。一旦临水面水位升高或遇降雨地面径流侵入，沿岸墙、翼墙、边墩与坝体结合裂缝流动，可能造成集中渗漏。严重时，在建筑物下游造成管涌、流土等险情，危及建筑物及坝体安全。

建筑物裂缝或分缝止水破坏的渗漏：造成建筑物裂缝或分缝止水破坏的原因主要有：①建筑物超载或受力分布不均，使工程结构拉应力超过设计安全值；②地基承载力不一或遭受渗透破坏，建筑物在自重作用下，产生较大的不均匀沉陷；③地震、爆破、水流脉动对建筑物的震动，地基液化等。裂缝或分缝止水破坏通常会恶化工程结构的受力状态和破坏工程的整体性，对建筑物稳定、强度及防渗能力产生不利影响，容易引起渗漏，发展严重时，可能危及工程安全。

9.5.2　抢险技术

9.5.2.1　建筑物与坝体结合部位的渗漏

结合部位的渗漏，与坝体的渗漏险情特点和应急处理措施类似，抢护的原则是：临水截渗，背水导渗。具体详见大坝险情抢护的漏洞抢险及管涌抢险等有关方法。

9.5.2.2　建筑物裂缝或分缝止水破坏的渗漏

对建筑物裂缝、止水破坏，渗水冒沙严重，有可能危急工程安全时，可采取下述技术进行应急处理。

（1）防水快凝砂浆堵漏。在水泥砂浆内加入防水剂，使砂浆有防水和速凝性能。配制防水剂，可参考表9.2配比进行。具体操作为：将水加热到100℃，然后将1～5号材料（或其中的3～4种，其重量要达到5种材料总重，各种材料量相等）加入水中，加热搅拌溶解后，降温至30～40℃，再注入水玻璃，搅拌均匀0.5h即可使用。配合的防水剂要密封保存在非金属容器内。

表 9.2 防 水 剂 配 比 表

编 号 \ 材料名称	化学名称	通称	配合比（重量比）	颜 色
1	硫酸铜	胆矾	1	水蓝色
2	重铬酸钾	红矾	1	橙红色
3	硫酸亚铁	黑矾	1	绿色
4	硫酸铝钾	明矾	1	白色
5	硫酸铬钾	蓝矾	1	紫色
6	硅酸钠	水玻璃	400	无色
7	水		40	无色

施工工艺：在水位以上，结合修理进行抢护时，先将混凝土或砌体裂缝凿成深约2cm，宽约20cm的毛面，清洗干净后，在表面上涂刷一层防水灰浆，厚1mm左右，待硬化后即抹一层厚0.5～1.0cm的防水砂浆，再抹一层灰浆，等硬化后再抹一层砂浆，交替填抹直至与原砌体齐平为止。水下部分，无法凿槽，只能沿渗水部位，用速凝材料加以封堵，以防止漏水恶化。在临水面裂缝堵漏的同时，对背水面渗水处，如位于翼墙与坝体结合部位不便于围井时，可以采用反滤压盖，如分缝止水位于墙后填土戗台边坡，可采用反滤围井方法进行处理。

（2）环氧砂浆堵漏。防水堵漏用的环氧砂浆，可参照表9.3配合比配制。

表 9.3　　　　　　**防水堵漏用的环氧配合比（重量比）**

材　料 ＼ 序　号	1	2	3	4	5	6	7
环氧树脂	100	100	100	100	100	100	100
活性溶剂	20		20				5
590 号固化剂	25	20	20				25
聚酰胺		10～15		10～15	50～60		
多乙烯胺		5	5	15	5～10	5～10	
聚硫橡胶						80	
304 号聚酯树脂			20				30
二甲苯	35	5～10	5～10	5～10	10～20	0～20	5
丁醇	35	5～10	5～20	5～10			
煤焦油		20	20				80
水泥		100	100				
石膏粉				100			100
石棉绒			适量				适量

注　1—冷底子；2，4，5—粘贴用；3—环氧腻子；6—粘贴和涂层用；7—环氧煤焦油腻子用。

环氧材料的一般配制程序：在水位以上部分，修理抢护时，沿混凝土裂缝凿槽，槽的形状见图 9.6。Ｖ形槽多用于竖直裂缝，＼形槽多用于水平裂缝；△形槽一般用于顶面裂缝或有水渗出的裂缝。水下部分，无法凿槽，可沿渗漏严重的裂缝，且裂缝与平地或缓坡相接时，采取潜水用麻丝、棉絮等塞堵，并用土袋、撒抛黏土封堵。穿至背水面，可以接近时，当裂缝为竖向时，只能采取上法堵塞。如裂缝已贯穿，除潜水塞堵外，也可用环氧沙浆封堵。

如在浆砌石或混凝土块体砌缝以及伸缩缝止水破坏，渗水严重，应先将缝中碎碴、杂物清除干净，用沥青麻丝或桐油麻丝填塞压挤，再用水玻璃掺水泥止渗，然后用防水砂浆或环氧砂浆填充密实，并予以勾缝。

环氧砂浆一般配制程序流程见图 9.7。

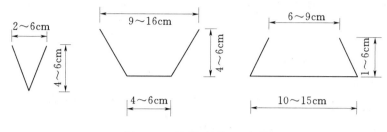

图 9.6　缝槽形状尺寸图

图 9.7　环氧砂浆配制程序流程图

（3）丙凝水泥浆堵漏。以丙烯酰胺为主剂，配以其他材料发生聚合反应，生成不溶于水的弹性聚合体，用以充填混凝土或砌体裂缝渗漏流速大的堵漏。其配合比见表 9.4。

表 9.4　　　　　丙凝灌浆材料的配合比（重量比）

浆液种类	A 液							B 液	
材料名称	丙烯酰胺	NN′-甲撑双丙烯酰胺	β-二甲氨基丙腈	三乙醇胺	硫酸亚铁	铁氰化钾	水	过硫酸铵	水
代号	A	M	D	T	Fe++	KFe		AP	
作用配方用量/%	主剂 5～20	交联剂 0.25～1	还原剂（促进剂）0.1～1		促进剂 0～0.05	缓凝剂 0～0.05	溶剂	氧化剂（引发剂）0.1～1	溶剂

　　浆液的配制过程为，A 液：先将称好的丙烯酰胺，NN′-甲撑双丙烯酰胺溶于热水中，搅拌溶解后，过滤去掉沉积物，在将称量好的 β-二甲氨基丙腈加入，最后加水至总体积的一半；B 液：将称好的过硫酸铵溶于水中，加水至总体积的一半，铁氰化钾用量视选定的凝胶时间而定，一般配成 10% 浓度的溶液。

丙凝水泥浆中的水泥用量取决于丙凝与水泥比，一般为 $2:1\sim$ $0.6:1$。

丙凝水泥浆配制在 A 液中加入所需水泥，搅拌均匀，在加 B 液搅拌均匀即成。

一般采用骑（裂）缝打孔，插管灌浆堵漏。灌浆压力 $3\sim5kg/cm^2$，可用水泥泵、手摇泵或特制压浆桶进行。

第 10 章　滑坡险情特征分析与处置方法

滑坡俗称脱坡，是由于边坡失稳下滑造成的。坝体部分（也可能包括部分地基）发生显著的相对位移或错位，最后甚至脱离原来的坝体面塌落滑出，这种现象称为滑坡。

10.1　滑坡对土石坝的影响

土石坝滑坡是土石坝主要事故之一，它不仅使工程遭受重大损坏，甚至造成溃坝失事，危及下游人民生命财产的安全。滑坡对土石坝安全的影响主要表现在两方面：一方面是大坝坝体出现严重滑坡，会破坏大坝的整体稳定，从而导致溃坝，尤其在水库高水位时大坝发生滑坡，很容易出现严重的垮坝事故；另一方面是发生在库区的山体滑坡，崩塌、滑坡体落入水库中常造成水库淤积，有时甚至激起库水翻越大坝冲向下游造成伤亡和损失，若滑坡发生在溢洪道部位，还可能造成溢洪道堵塞，从而导致水库漫溢溃坝。

土石坝滑坡和坝型有一定关系，滑坡主要发生在均质坝，其次是心墙坝。均质坝蓄水后，随着水位的升高，坝体内浸润线会更高，水库的水位剧降或者连续降雨的雨水侵入坝体，加上坝体的排水能力较差，土体的孔隙水压力增大造成阻滑力减小从而形成滑坡。据 Sherard 对美国西北部的均质坝进行统计，发生滑坡的占21.5%；按坝高分析，坝高大于 15m 的滑坡垮坝占滑坡垮坝总数的 48.2%，与整个垮坝失事的坝高比例基本一致；按运用年限分析，根据统计资料，运行期发生的滑坡事故 70%是发生在前 10年，随着年限的延长，滑坡事故也逐渐减少，这说明随着时间的推移，土石坝固结度在增加，抗剪强度也会加大，因而坝坡的稳定性也逐渐提高。

　　滑坡的出现在早期往往有先兆，例如在滑坡初期，坝面一般先出现纵向裂缝。随后裂缝不断扩展，并变成弧形。裂缝向坝内部延伸弯向上游或下游，缝的发展逐渐加快，裂缝错距也逐渐加大。同时，在滑坡体下部的坝面上出现带状或椭圆形隆起。后期，滑坡体移动加快，最终脱离原来位置而滑出。滑坡是由量变到质变的缓慢过程，因此必须加强检查观测，以便及早发现滑坡的征兆，采取有效的防治措施，尽可能做到化险为夷。同时，在土石坝发生滑坡时，应尽早对其进行处置，防止滑坡进一步扩大导致溃坝险情。

10.2　滑　坡　成　因

　　导致滑坡的原因一般可分为内因和外因两方面。内因主要是人为因素，包括勘测设计方面、施工方面、运行管理方面的原因；外因主要是自然因素，如高水位蓄水、持续大暴雨、风浪作用以及强烈地震等。

10.2.1　勘测设计方面的原因

　　（1）坝基有含水量较高的淤泥层，筑坝前未作适当处理，或清基不彻底；或坝基下存在软弱夹层、树根、乱石等，造成坝基抗剪强度极差而造成滑坡。

　　（2）设计中坝坡稳定分析时选择的计算指标偏高，一致设计坝坡陡于土体的稳定边坡。

10.2.2　施工方面的原因

　　（1）筑坝土料黏粒含水量大，加之坝体填筑上升速度太快，上部填土荷重不断增加，而土料渗透系数小，孔隙压力不易消散降低了土壤颗粒间的有效压力而造成滑坡，这种滑坡多发生于土坝施工的后期。

（2）施工质量不好，上坝土料含水量高，碾压不密实，土料未达到设计干容重，坝体抗剪强度低，蓄水后即可能产生滑坡。

（3）雨后、雪后坝面处理不好，坝料含水量高，形成高含水量带，当坝体荷重不断增加时，坝坡顺高含水量带向下滑动。这种滑坡在剖面上裂缝倾角很小，缝宽上下趋于一致，虽有错距，但无显著擦痕。

（4）冬季施工时没有采取适当的保温措施，没有及时清理冰雪，以致填方中产生冻土层，解冻后或蓄水后库水入渗形成软弱夹层，没有清理的冻土层在用水中填土法施工的土坝中便成为隔水层，上部填土的水分陆续下渗，不易排水，从而使冻土层上面形成集中的软弱带，这样也常易引起滑坡。

10.2.3　运行管理方面原因

（1）放水时库水位降落速度太快，或因放水闸开关失灵等原因，引起库水位骤降而无法控制，此时，往往在迎水坡引起滑坡。当均质土坝厚斜墙在长期蓄水，浸润线已经形成后，库水骤降更为危险。因此此时在浸润线至库水位之间的土体由浮容重增加为饱和容重，增加了滑动力矩；同时，上游坝体的孔隙水向迎水坡排泄，造成很大的渗透压力，也增加了滑动力矩，极易造成上游的滑坡。

（2）由于坝面排水不畅，坝体填筑质量较差，在长期持续降雨时，下游坝坡土料饱和，大大增加了滑动力矩，减少了阻滑力矩，从而引起滑坡。这类滑坡主要发生在用透水性的砂或砂砾料填筑的坝壳中。

10.3　险情特征分析

10.3.1　滑坡险情分类

（1）土石坝滑坡可按其滑动性质分为以下三种类型。

1）剪切破坏型。当坝体与坝基土层是高塑性以外的黏性土，或粉砂以外的非黏性土时，土坝滑坡多属剪切破坏。破坏的原因是由于滑动体的滑动力超过了滑动面上的抗滑力所致，这种滑坡称为剪切破坏型滑坡。其特点是首先在坝顶出现一条平行于坝轴线的纵横裂缝，然后，随着裂缝的不断延长和加宽，两端逐渐向下弯曲延伸。滑坡体下部逐渐出现带状或椭圆形隆起，向末端间坝址方向滑动，滑坡在初期发展较缓，到后期有时会突然加快，滑坡体移动的距离可有数米到数十米不等，直到滑动力和抗滑力经过调整达到新的平衡以后，滑动才停止。

2) 塑性破坏型。坝坡产生显著塑性流动现象时，称为塑性破坏型滑坡。滑坡土体的蠕动一般进行十分缓慢，发展过程较长，较易觉察。但是，当高塑性土的含水量高于塑限而接近流限时，或土体几乎达到饱和状态又不能很快排水固结时，塑性流动便会出现较快的速度，危害性较大，水中填土坝在施工期由于水不能很快排泄，坝坡也会出现连续的位移和变形，以致发展成滑坡，其表现为坡面水平位移和垂直位移连续增长，滑坡体的下部也有隆起现象，但是滑坡前滑坡体顶端不一定出现明显的纵向裂缝，若坝体中间有含水量较大的近乎水平的软弱夹层，而坝体沿该层发生塑性破坏时，则滑坡体顶端在滑动前也会出现纵向裂缝。

3) 液化破坏型。当坝体或坝基土层是均匀中细砂或粉砂，水库蓄水后，坝体在饱和状态下突然经受强烈的震动时，砂的体积有急剧收缩的趋势，坝体中的水分无法析出，使砂粒处于悬浮状态，从而向坝址方向急速流泻，这种滑坡称为液化破坏型滑坡。特别是级配均匀的中细砂或粉砂，有效粒径与不均匀系数都很小，填筑时又没有充分压实，处于密度较低的疏松状态，这种砂土产生液化破坏的可能性最大，液化型滑坡往往发生的时间很短促，所以难以观测、预报或进行紧急抢护。

（2）按滑坡发生的部位可分为临水坡的滑坡和背水坡的滑坡。坝体边坡失稳，主要是土体的下滑力超过了抗滑力，造成了滑坡。开始在坝顶或坝坡上出现裂缝，随着裂缝的发展和加剧，主裂缝两端有向坝坡下部弯曲的趋势，且主裂缝两侧往往有错动，最后形成滑坡。根据大量的滑坡现象观测，滑坡初期，坝体坡面一般先出现裂缝，滑坡体可能滑出很远，也可能错开一定距离后就停止发展。这类滑坡威胁着坝体的安全，必须及时进行抢护。

（3）根据滑坡范围，一般可分为深层滑动和浅层滑动。坝体与基础一起滑动为深层滑动；坝体局部滑动为浅层滑动。前者滑动面较深，滑动面多呈圆弧形，滑动体较大，坝脚附近地面往往被推挤外移、隆起；后者滑动范围较小，滑裂面较浅。以上两种滑坡都应及时抢护，防止继续发展。坝体滑坡通常先由裂缝开始，如能及时发现并采取适当措施处理，则其危害往往可以减轻。否则，一旦出现大的滑动，就将造成重大损失。

10.3.2　滑坡险情的监测与判断

滑坡对大坝的安全至关重要，除经常进行检查外，当处在以下应急情况时，更应严加监视：①水库初次蓄水时期；②高水位时期；③水位骤降时期；④持续特大暴雨时；⑤发生强烈地震后。

汛期坝体出现了下列情况时，必须引起注意。

（1）坝顶与坝坡出现纵向裂缝。汛期一旦发现坝顶或坝坡出现了与坝轴线平行而较长的纵向裂缝时，必须引起高度警惕，仔细观察，并做必要的测试，如缝长、缝宽、缝深、缝的走向以及缝隙两侧的高差等，必要时要连续数日进行测试并做详细记录。出现下列情况时，发生滑坡的可能性很大。

1）裂缝左右两侧出现明显的高差，其中位于离坝中心远的一侧低，而靠近坝中心的一侧高。

2）裂缝开度继续增大。

3）裂缝的尾部走向出现了明显的向下弯曲的趋势，见图10.1。

4）从发现第一条裂缝起，在几天之内与该裂缝平行的方向相继出现数道裂缝。

5）发现裂缝两侧土体明显湿润，甚至发现裂缝中渗水。

（2）坝脚处地面变形异常。滑坡发生之前，滑动体沿着滑动面

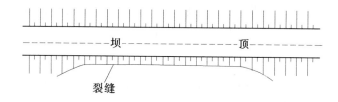

图 10.1　滑坡前裂缝两端明显向下弯曲

已经产生移动，在滑动体的出口处，滑动体与非滑动体相对变形突然增大，使出口处地面变形出现异常。一般情况下，滑坡前出口处地面变形异常情况难以发现。因此，在汛期，特别是在洪水异常大的汛期，应在曾经出现过险情的大坝部位，临时布设一些观测点，及时对这些观测点进行观测，以便随时了解大坝坡脚或离坡脚一定距离范围内地面变形情况，当发现坝脚下或坝脚附近出现下列情况，预示着可能发生滑坡。

1）坝脚下或坝脚下某一范围隆起。可以在坝脚或离坝脚一定距离处打一排或两排木桩，测这些木桩的高程或水平位移来判断坝脚处隆起和水平位移量。

2）坝脚下某一范围内明显潮湿，变软发泡。

（3）临水坡前滩地崩岸逼近坝脚。汛期或退水期，大坝前滩地在河水的冲刷、涨落作用下，常常发生崩岸。当崩岸逼近坝脚时，坝脚的坡度变陡，压重减小。这种情况一旦出现，极易引起滑坡。

（4）临水坡坡面防护设施失效。汛期洪水位较高，风浪大，对临水坡坡面冲击较大。一旦某一坡面处的防护被毁，风浪直接冲刷坝身，使坝身土体流失，发展到一定程度也会引起局部的滑坡。

另外，根据滑坡的地表情况，从滑坡上口的裂缝长度，裂缝深度及缝宽，下挫的高度，滑坡下口离坡脚的距离，隆起高度等，可初步判断滑坡是浅层局部的，还是深层的大范围的滑动。如果初步判断滑坡可能涉及地基一定深度，滑动范围比较大，对大坝的危害较大时，必须做进一步深入地分析工作。

10.4 抢险主要方法

10.4.1 背水面滑坡抢险战法

背水面抢险原则是：减少滑动力、增强阻滑力或上部减载、下部加载。

抢险战法主要有削坡减载、固脚阻滑、滤水后戗、滤水土撑、滤水还坡等。

（1）削坡减载。削坡减载一般等滑坡基本稳定之后，人工削坡处理，可将削坡下来的土料压在滑坡的坝脚上做压重用。

（2）固脚阻滑。当大坝背水面有滑坡征兆（出现裂缝）时，应立即采用反铲挖掘机或人工在坡脚堆土袋或大块石固脚（图10.2），对坝基不好或临近坑塘的地方，应先填塘固基。

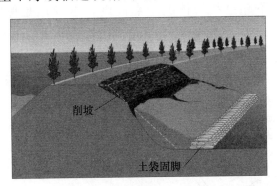

削坡

土袋固脚

图 10.2 块石固脚示意图

（3）滤水反压平台。用砂、石等透水材料做反压平台，因砂、石本身是透水的，因此做反压平台前无须再做导渗沟。

人工在滑坡背水面在反压平台的部位挖沟，沟深 20～40cm，沟间距 3～5m，在沟内放置滤水材料（粗砂、碎石等）导渗，导渗沟下端伸入排渗体内将水排出坝外，绝不能将导渗沟通向坝外的渗水通道阻塞。做好导渗沟后，即可做反压平台，材料为砂、石、土。

反压平台在滑坡长度范围内应全面连续填筑，反压平台两端长至滑坡端部 3m 以上。第一级平台 2m，平台边线超出滑坡隆起点 3m 以上；第二级平台厚 1m（图 10.3）。

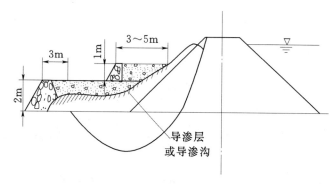

图 10.3　滤水反压平台

（4）滤水土撑。由于反压平台需要大量的土石料，当滑坡范围很大，土石料供应紧张的情况下，可做滤水土撑。采用人工配合挖掘机将透水的砂料逐层填筑夯实形成土撑，土撑逐个分段填筑而成，土撑顶面不超过滑坡体的中点高度，这样做是保证土撑基本压在阻滑体上，土撑底脚边线超出滑坡体下出口 3m 以上。土撑宽 5~8m，坡比 1:5，间距 8~10m（图 10.4）。

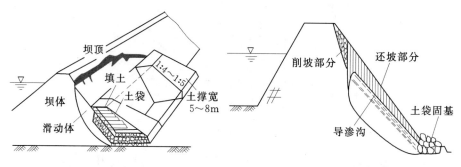

图 10.4　滤水土撑　　　　　　图 10.5　滤水还坡

（5）滤水还坡。若滑坡后大坝断面单薄，渗水严重时，采用滤水还坡的方法恢复加固坝体断面。采用挖掘机或人工将滑坡体顶部陡坎削成缓坡，清除坡面松土杂物，做好导渗层。在坡脚堆放块石或土袋固脚然后分层回填夯实砂性土，加大或恢复成原来的坝体断面（图 10.5）。

10.4.2 临水面滑坡抢险战法

临水面抢险原则是：尽量增加抗滑力，尽快减小下滑力。即上部削坡，下部固坡。抢险战法主要有土石戗台和坝脚压重、背水贴坡补强。

（1）土石戗台和坝脚压重。在坝顶或船上人工沿滑坡坡脚抛投块石、编制袋装土形成戗台挡墙，再向内抛填土石料。对于水深流急的地段，可直接抛填块石或铅丝石笼进行坝脚压重（图10.6、图10.7）。

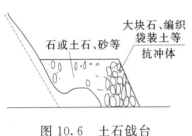

图10.6　土石戗台

图10.7　坝脚压重

（2）背水贴坡补强。当临水面水位较高，风浪大，做土石戗台等有困难时，在背水面及时贴坡补强，贴破厚度视临水面滑坡的严重程度而定，一般大于滑坡的厚度，贴破坡度比背水面的坡度略缓一些。贴坡采用砂土分层填筑，顶宽大于1m，贴坡的长度要超过滑坡两端各3m以上（图10.8）。

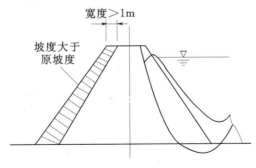

图10.8　背水贴坡补强

10.5　抢　险　技　术

10.5.1　滑坡抢护原则及方法

造成滑坡的原因是滑动力大于抗阻力，因此，滑坡的抢护原则是"上部削坡减载，下部固脚压重"，设法减少滑动力并增加抗阻力。对因渗透作用引起的滑动，必须采取"前截后导、前堵后排"的措施，加强防渗与排水。上部减载是在滑坡体上部削缓边坡，下部压重是抛石（或土袋）固脚。坝体的临水和背水滑坡都会危及坝身安全，在抢护时，一般以临水坡为主，背水坡为辅，临背并举。

在滑坡险情出现或抢护时，还可能伴随浑水漏洞，严重渗水以及再次发生滑坡等险情，在这种复杂紧急情况下，不要只采用单一措施，应研究多种适合险情的抢护方法，如抛石固脚、填塘固基、开沟导渗、滤水土撑、滤水还坡、围井反滤。在临背水坡同时进行或采用多种方法抢护，以确保坝体安全。

（1）护脚阻滑法：查清滑坡范围，将块石、土袋、铅丝石笼等重物抛投在滑坡体下部坝脚附近，使其能起到阻止继续下滑和固基的双重作用。

（2）滤水土撑法：适用于背水坡排渗不畅，滑坡严重且范围较大，取土又困难的坝段。

（3）滤水后戗法：适用于坝身单薄，边坡过陡，有滤水材料和取土较易的坝段。

（4）滤水还坡法：适用于背水坡由于土壤渗透系数偏小引起坝身浸润线升高、排水不畅，而形成严重滑坡的坝段。

（5）前戗截渗法（临水帮戗法）：主要是黏土前戗截渗，当遇到背水坡滑严重，范围较广，在背水坡抢筑滤水土撑、滤水石戗、滤水还坡等工程都需要较长时间，一时难以奏效，而临水有滩地时采用。

10.5.2 抢险作业流程

（1）滑坡险情的抢护程序：险情监测和巡查→险情鉴别与原因分析→预估险情发展趋势→制定抢护方案→制定实施办法→守护监视→抢护新险的准备→抢护物资的保障→抢护人员的组织→实施险情抢护。

（2）滑坡处理的施工工艺流程：制定处理方案→施工前的准备工作（包括滑坡区地质勘探、地形测量）→划分区域→处理范围的计算和确定→材料设备进场→清除滑动体→滑动体填筑还坡→临水面坝脚压重或土石戗台→背水面滤水还坡→地基加固→对滑坡区的质量检查→施工期的安全监测→对不符合要求的部位进行补强→质量检查直至合格。

10.5.3 临水面滑坡抢险方法

10.5.3.1 临水面滑坡应急处理原则

应急处理基本原则是：尽量增加抗滑力，尽快减小下滑力。具体地说，"上部削坡，下部固坡"，先固脚，后削坡。

10.5.3.2 临水面滑坡的应急工程处理技术

汛期临水面水位较高，采用的工程处理技术必须考虑水下施工问题。

（1）增加抗滑力的措施。

1）做土石戗台。在滑坡阻滑体部分做土石戗台，滑坡阻滑体部位一时难以精确划定，最简单的办法是，戗台从坝脚往上做，分二级，第一级厚度 1.5～2.0m，第二级厚度 1.0～1.5m（图10.9）。土石戗台断面结构，见图 10.10。

采用本应急处理技术的基本条件是：坝脚前未出现崩岸与坍塌险情，坝脚前滩地是稳定的。

2）做石撑。当做土石戗台有困难时，比如滑坡段较长，土石料紧缺时，应做石撑临时稳定滑坡。该法适用于滑坡段较长，水位较高。采用此法的基本条件与做土石戗台的基本条件相同。石撑宽

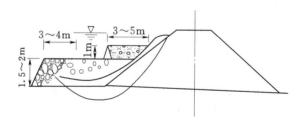

图 10.9　土石戗台断面示意图

图 10.10　土石戗台断面结构示意图

度 4～6m，坡比 1：5，撑顶高度不宜高于滑坡体的中点高度，石撑底脚边线应超出滑坡下口 3m 以上（图 10.11）。石撑的间隔不宜大于 10m。

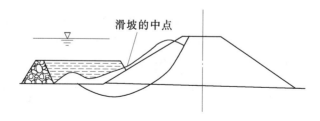

图 10.11　石撑断面示意图

3）坝脚压重，保证滑动体稳定，制止滑动进一步发展。滑坡是由于坝前滩地崩岸、坍塌而引起的，那么，首先要制止崩岸的继续发展，最简单的办法是坝脚抛石块、石笼、编织袋装土石等抗冲压重材料，在极短的时间内制止崩岸与坍塌进一步发展。

临水坡滑坡，有条件的水库应立即停止放水，在保证坝体有足够的挡水断面的前提下，将滑坡体主裂缝上部进行削坡减载。同时用船装块石、铅丝石笼或用草袋、编织袋装砂抛放在滑体下部作为临时压重固脚，增加阻滑力，以阻止继续滑动。但要探清水下滑坡体的下缘位置，将石或砂袋抛在滑坡体的下外缘边上，才能制止滑坡体的继续下滑。不要将石块等抛在滑动土体的中上部，这不但不能起到阻滑作用，反而加大了向下滑动力，会促使土体加速滑动。

（2）背水坡贴坡补强。当临水面水位较高，风浪大，做土石戗台、石撑等有困难时，应在背水坡及时贴坡补强。贴坡的厚度应视临水面滑坡的严重程度而定，一般应大于滑坡的厚度。贴坡的坡度应比背水坡的设计坡度略缓一些。贴坡材料应选用透水的材料，如砂、砂壤土等。如没有透水材料，必须做好贴坡与原坝坡间的反滤层，以保证坝身在渗透条件不被破坏。背水坡贴坡补强示意图见图10.12。背水坡贴坡的长度要超过滑坡两端各3m以上。

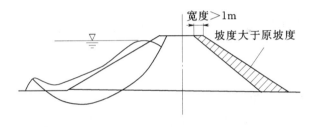

图 10.12 背水坡贴坡补强示意图

（3）软体排沉挂抢护。大坝行洪期间或受水流顶冲，造成坝体下部坍塌；或受高水位长期浸泡，坡土抗剪强度降低而导致滑坡。临水坡刚出险尚未坍塌成陡坎时，只需在险工位置上沉挂土工织物软体排直至河底，即可防止坝体坍塌（图10.13）。如果险情已发展到一定程度，坝体已经现严重坍塌时，软体排沉挂沉范围必须扩大，上游第一块软体排的位置必须伸过险工处5m以上。若临水坡出现滑坡，可沉挂加膜土工布（膜朝下）软体排，但必须结合抛石固脚措施，在滑动土体的下外缘部抛块石、土袋等压重，增加阻滑力，制止坝体临水坡继续滑动。

1）软体排制作。

（a）土工织物的拼接。软体排可制成宽6~8m，长5~10m。排体底布为土工织物，采用双道缝线拼接。

（b）土枕与排体缝合。排体底布下缘缝成 ϕ40cm 的压载横枕，枕长与底布宽相同，横枕与底布合为一体，其两头敞开，供装砂

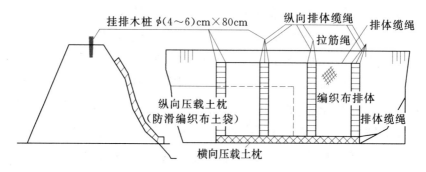

图 10.13　临水坡坍塌软体排抢护示意图

石用。

在排体底布两侧和中间缝制等间距的 3~4 条 $\phi50cm$ 的与排体长度相等的纵向压载土枕，纵向土枕底部扎实。两侧的纵向土枕每隔 30~50cm 与排体底布缝成一体。

（c）排体拉筋布设。为了增加排体的抗拉强度和固定排体的沉放位置，各纵向土枕的上下分别缝上 $\phi5$ 的纵向尼龙拉筋绳，并将绳兜过横枕底部。拉筋绳上部伸出 1.5~2.0m，以便排体与岸桩连接。

（d）排体定位缆绳。在排体上端缝上 $\phi8$ 的挂排尼龙定位缆绳，两头伸出 1.5~2.0m，以便挂排时与岸桩联结。在排体下端横枕的两头分别缝一根 $\phi5$ 的定位尼龙引绳，长约 10~12m，以便沉排时用上游侧引绳控制排体位置。

2）软体排的沉放。

（a）在险工段坝顶展开排体。

（b）从横枕两端向袋内装砂土，装实后扎紧横枕两端袋口。

（c）以横枕为轴，滚排成捆，然后将排捆移到临河坝肩处。

（d）打桩挂排，在排体纵向拉筋及定位缆绳相对应的坝顶位置打木桩（$\phi8$~10cm，深 60cm，露出 30~40cm），把纵向拉筋及定位缆绳拴在桩上。

（e）沉排护险。人工推动排捆使其沿临水坡下滚，用助沉工具推动，并调整纵向拉筋绳和上游侧引绳，使横枕沉到预定位置。

（f）装砂压载。向纵向土枕袋内装砂土压载，边装边用工具推下滑，直到纵枕装满为止。应注意上游侧纵向土枕先装砂土压载上游边，再依次往下游侧土枕袋内装砂土压载。纵向土枕装砂土压载完毕，抢护工作结束。

10.5.4 背水面滑坡抢险方法

10.5.4.1 背水面滑坡险情处理原则

减小滑动力，增加抗滑力。即上部削坡减载，下部压重固脚。如滑坡的主要原因是渗流作用时应同时采取"前截后导"的措施。

10.5.4.2 背水面滑坡险情处理技术

（1）减少滑动力。

1）削坡减载。削坡减载是处理坝体滑坡最常用的方法，该法施工简单，一般只用人工削坡即可。但在滑坡还继续发展，没有稳定之前，不能进行人工削坡。一定要等滑坡已经基本稳定后（0.5～1d）才能施工。一般情况下，可将削坡下来的土料压在滑坡的坝脚上做压重用。

2）临水截渗。在临水面上做截渗铺盖，减少渗透力。当判定滑坡是由渗透力而引起的，及时截断渗流是缓解险情的重要技术之一。在滑坡严重、范围又较广的坝段，用其他方法抢护需要较长时间。若临水坡面有滩地，水深较浅，劳力充足，附近有黏性土可取，为快速控制险情，在背水坡抢护的同时，在临水坡采用黏性做戗（临水坡防渗铺盖），减少渗水，缓和险情，同时有利于背水坡的抢护，在坡面上做类似处理散浸和管涌措施来减少渗水，以达减少滑动力目的。

3）及时封堵裂隙，阻止雨水继续渗入。滑坡后，滑动体与坝身间的裂隙应及时处理，以防雨水沿裂隙渗入到滑动面的深层。保护滑动面深处土体不再浸水软化，强度不再降低。封堵裂隙的办法有：用黏土填筑捣实，如没有黏土，也可就地捣实后覆盖土工膜。该法与截渗铺盖一样只能是维持滑坡不再继续发展，不能根治滑坡。在封堵滑坡裂隙的同时，必须尽快进行其他抢护措施的施工。

4）在背水坡面上做导渗沟，及时排水，可以进一步降低浸润线，减小滑动力。

（2）增加抗滑力。增加抗滑力才是保证滑坡稳定，彻底排除险情的主要办法。增加抗滑力的有效办法是增加抗滑体本身的重量，见效快，施工简单，易于实施。

1）做滤（透）水反压平台（俗称马道、滤水后戗等）。如用砂、石等透水材料做反压平台，因砂、石本身是透水的，因此，在做反压平台前无须再做导渗沟。用砂、石做成的反压平台，称透水反压平台。

在欲做反压平台的部位（坡面）挖沟，沟深 20～40cm，沟间距 3～5m，在沟内放置滤水材料（粗砂、碎石、瓜子片、塑料排水管等）导渗，这与散浸险情中所述的导渗沟相类似。导渗沟下端伸入排渗体内将水排出坝外，绝不能将导渗沟通向坝外的渗水通道阻塞。做好导渗沟后，即可做反压平台。砂、石、土等均可做反压平台的填筑材料。

反压平台在滑坡长度范围内应全面连续填筑，反压平台两端应长至滑坡端部 3m 以上。第一级平台厚 2m，平台边线应超出滑坡隆起点 3m 以上；第二级平台厚 1m，见图 10.14。

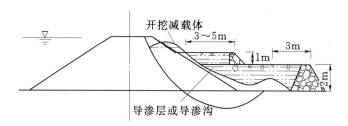

图 10.14　滤（透）水反压平台断面示意图

2）做滤（透）水土撑。当用沙、石等透水材料做土撑材料时，不需再做导渗沟，称此类土撑为透水土撑。由于做反压平台需大量的土石料，当滑坡范围很大，土石料供应又紧张的情况下，可做滤（透）水土撑。滤（透）水土撑，与反压平台的区别是：前者分段，一个一个地填筑而成。每个土撑宽度 5～8m，坡比 1∶5。撑顶高度不宜高出滑坡体的中点高度。这样做是保证土撑基本上压在阻滑体上。土撑底脚边线应超出滑坡下出口 3m 以上，土撑的间隔不宜大于 10m。土撑的断面见图 10.15。

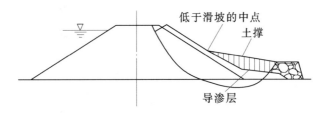

图 10.15 滤（透）水土撑断面示意图

3）坝脚压重。在坝脚下挖塘或建坝时，因取土坑未回填等原因，使坝脚失去支撑而引起滑坡时，抢护最有效的办法是尽快用土石料将塘填起来，至少应及时地把坝脚已滑移的部位，用土石料压住。在坝脚住稳后基本上可以暂时控制滑坡的继续发展，争取时间，从容地实施其他抢护方案。实质上该法就是反压平台法的第一级平台。

在做压脚抢护时，必须严格划定压脚的范围，切忌将压重加在主滑动体部位。抢护滑坡施工不应采用打桩等办法，震动会引起滑坡的继续发展。

（3）滤水还坡。汛前坝体稳定性较好，坝身填筑质量符合设计要求，正常设计水位条件下，坝坡是稳定的。但是，如在汛期出现了超设计水位的情况，渗透力超过设计值将会引起滑坡，这类滑坡都是浅层滑坡，滑动面基本不切入地基中，只要解决好坝坡的排水，减少渗透力即可将滑坡恢复到原设计边坡，此为滤水还坡。滤水还坡有以下 4 种做法。

1）导渗沟滤水还坡。先清除滑坡的滑动体，然后在坡面上做导渗沟，用无纺土工布或用其他替代材料，将导渗沟覆盖保护，在其上用沙性土填筑到原有的坝坡，见图 10.16。导渗沟的开挖，应从上至下分段进行，切勿全面同时开挖。

2）反滤层滤水还坡。该法与导渗沟滤水还坡法一样，其不同之处是将导渗沟滤水改为反滤层滤水。反滤层的做法与渗水抢险中

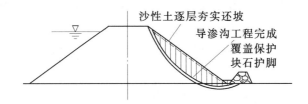

图 10.16 导渗沟滤水还坡示意图

的背水坡反滤导渗的反滤做法相同。

3）梢料滤水还坡。当缺乏砂石等反滤料时可用此法。本法的具体做法是：清除滑坡的滑动体，按一层柴一层土夯实填筑，直到恢复滑坡前的断面。柴可用芦柴、柳枝或其他秸秆，每层柴厚0.3m，每层土厚1~1.5m。梢料滤水还坡断面见图 10.17。

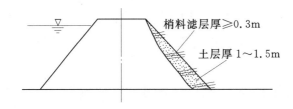

图 10.17 梢料滤水还坡示意图

用梢料滤水还坡抢护的滑坡，汛后应清除，重新用原筑坝土料还坡。以防梢料腐烂后影响坝坡的稳定。

4）砂土还坡。砂土透水性良好，用砂土还坡，坡面不需做滤水处理。

将滑坡的滑动体清除后，最好将坡面做成台阶形状，再分层填筑夯实，恢复到原断面。如果用细砂还坡，边坡应适当放缓。

填土还坡时，一定严格控制填土的速率，当坡面土壤过于潮湿时，应停止填筑。最好在坡面反滤排水正常以后，在严格控制填土速率的条件下填土还坡。

10.5.5 浅层（局部）滑坡处理

浅层滑坡一般均发生在坝身，地基基本上未遭破坏。这类滑坡应优先考虑将滑动体全部挖除，重新回填。根据滑坡发生的位置与引起滑坡的原因不同，处理的具体步骤和处理办法也有不同，现分述如下。

10.5.5.1 背水坡浅层滑坡

（1）以渗流为主要原因的浅层滑坡。

1）清除渗流险情。消除渗流险情的办法有：在临水坡面做黏土截渗铺盖，或在坝身中间做截渗墙。

2）具体划定处理范围，包括平面尺寸和挖除的深度。

3）将滑坡上部未滑动的坡肩削坡至稳定的坡度，一般应做到1:3左右（目的是保证施工期的安全）。如滑弧上缘已伸入到坝顶，可直接按要求挖除。

4）挖除滑动体。挖除从上边缘开始。逐级开挖，每级高度20cm。沿着滑动面挖成锯齿形。在每一级深度上应一次挖到位，并且必须一直挖至滑动面以外未滑动土中0.5～1.0m。以便保证新填土与老坝的良好的结合。

5）填筑还坡。挖除重新填筑断面见图10.18。在平面上，滑坡边线四周向外延伸2m范围均应挖除，重新填筑。

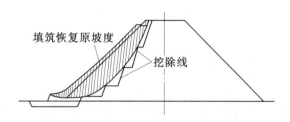

图 10.18　挖除与填筑断面示意图

填筑施工可采用机械或人工进行卸料和铺料。铺料时应严格控制铺土厚度及土块粒径的最大尺寸，两者的施工控制尺寸。一般应通过压实试验确定。

压实的密度必须达到设计要求。重新填筑的坝坡必须达到重新设计的稳定边坡。

（2）以在坝脚下挖塘为主要原因的浅层滑坡。首先消除挖塘险情。在坝脚下挖塘，减小了坝身坝脚的压重，使坝身的抗滑力减小，造成滑坡。消除此类险情的办法很简单，即把挖掉的土体再填回来。如实在有困难，至少在滑坡出口处以外 5m 范围内必须回填。回填的土料以透水性较好砂石料为宜。把坝脚下挖塘填好后按上述的办法 2）、3）、4）、5）四个步骤挖除滑动体后，填筑还坡。

（3）以坝身填筑质量不好为主要原因的浅层滑坡。此类滑坡因填筑施工质量不好，坝身强度不够。一般情况下，将滑动体全部挖除，重新填筑就可以消除产生滑坡的隐患。因此按上述 2）、3）、4）、5）四个步骤挖除滑动体，重新填筑还坡即可（以此原因引起的滑坡发生在临水坡，此法也适用）。

10.5.5.2　临水坡的浅层滑动

（1）以崩岸（坍塌）为主要原因的浅层滑动。首先以抛石护脚等除险加固办法，把崩岸险情消除后即可按上述的 2）、3）、4）、5）四个步骤挖除滑动体，重新填筑还坡。

（2）暴雨或长时间降雨雨水沿着坝体裂缝渗入坝身内部，使坝身抗剪强度降低为主要原因的浅层滑坡。

此类滑坡与因坝身填筑质量不好、强度不够为主要原因而引起的滑坡一样，一般不需要特别处理，只要将滑动体全部挖掉，重新填筑还坡即可。

10.5.6　深层滑坡处理

一般情况下深层滑动的滑动面已切入坝基相当的深度，此类滑坡若全部挖除滑动体，则工作量较大，且施工具有一定的风险，所以应优先考虑采用部分挖除的办法进行处理。具体施工程序如下。

10.5.6.1　挖除滑动体的主滑体并重新填筑

主滑体的确定原则是：在最危险圆弧圆心上侧（产生滑动力的一侧）的土体为主滑体，应全部挖除重新填筑。当没有条件进行稳定分析，无法找到最危险圆弧圆心时，可用下述办法粗略地确定，见图 10.19。做上下口联线 AB 的水平投影线的中垂线，以该线与边坡线的交点 f 做主滑体与阻滑体的分界点，（一般情况，该点位置偏向滑动体一侧，但影响不大），其上侧为主滑体，下侧为阻滑体，将 f 点上侧主滑体部分挖除重新填筑。对 f 点上侧滑动体部分全部挖除与重新填筑的具体实施与前述浅层滑坡的挖除与重新填筑一样，按产生深层滑动的位置和发生的主要原因不同采取不同的办法进行挖除与填筑。将 f 点以下的阻滑体中的滑动面进行处理后，才能开始 f 点上侧坝体的填筑。

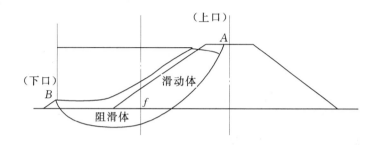

图 10.19 主滑体的简化确定

10.5.6.2 f 点以下阻滑体滑动面的处理办法

（1）按滑坡后设计的稳定断面重新填筑（图 10.20）。图中斜线部分为新增填土部分。这种处理办法就是以增加阻滑体的重量，即增大阻滑力的办法，来提高坝坡的稳定性。该法优点是施工简单，不需三材，易于实施。该法的缺点是需要大量的土方，如土源缺乏的地区，采用该法有一定的困难。

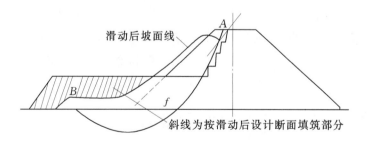

图 10.20 按滑坡后设计的稳定断面重新填筑示意图

（2）采用加固地基的办法。地基加固处理的办法很多，结合坝体除险加固的具体情况，比较适合的地基加固办法如下。

1）搅拌法（拌和法，水泥土法）。该法的基本原理是，用专用的拌和机械，现场将水泥浆与地基的软弱土就地拌和，形成水泥土。经过 2～3 个月后，水泥土的强度将达到 0.5～1MPa 以上。经用水泥土加固后的地基的强度将大大提高，用这种加固方法处理滑坡地基是行之有效的。该法的优点是：加固技术成熟可靠，不需要土方；缺点是：需要一定量的水泥。搅拌法加固滑坡示意图见图 10.21。

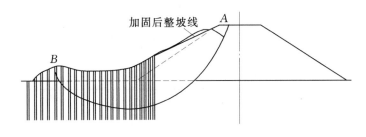

图 10.21　搅拌法加固滑坡示意图

2）灌浆补强。该法加固的基本原理是：利用专用机械以一定的压力将水泥浆强行灌入地下，以水泥本身的高强来增补地基的强度。

3）振冲法。该法加固的基本原理是：利用专用机械将碎石强行灌入地下形成多个独立的碎石桩，用碎石桩置换部分的软弱土体，以达到加固的目的。另外，该法在制碎石桩时，对地基施加一定强度的周期性的振动力，这对于提高砂基的密度和抗液化能力是十分有效的。因此，该法特别适用于加固砂基。该法优点是：不需三材；缺点是：石料用量大，当地石料供应有困难时，造价会较大。

10.5.7　处理滑坡施工期的安全监测

处理滑坡施工是一项技术性较强的工作，必须精心设计，精心施工。在处理滑坡施工期间，为保障坝体的安全应注意做好以下两点。

（1）填筑施工除按上所述的，严格执行规范有关规定外，这里特别强调一个必须遵循的原则：填筑施工必须从下至上，逐级进行，换句话说，先做好基脚，才能做坝坡。而挖除工作则相反，必须从上至下，逐级挖除。即必须从顶部挖起，逐步挖到下部。

（2）在滑坡严重的坝段施工，比如处理深层滑动的滑坡，必须特别注意已滑动土体的稳定性。必要时应设置临时的监测点，监测坝脚水平位移，坝基的孔压（水位）的变化等。以防不测事件发生。

10.5.8　滑坡后陡坎处理及坡面的防护

滑坡后陡坎处理方法：①陡坎下为硬基的，坎下打木桩数根，在木桩与坎间底部填大颗粒碎石滤水，碎石上用碎石装袋填实，阻止土坎进一步崩塌；②陡坎下仍是滑体的，沿坎脚挖 1m 宽的沟，回填碎石，在碎石上用袋装渣子贴坡护撑，同时开沟将坎脚碎石中渗水导出。

坝体坡面的防护是一项十分重要的防护工程措施。如果不重视该项工作，一旦发生较大的风浪、暴雨时，坡面将会被破坏，进一步发展下去，直接威胁坝身的安全。该项工作必须引起高度重视。

第11章 大坝裂缝险情特征分析与处置方法

土石坝裂缝是较为常见的现象，有的裂缝在坝体表面就可以看到，有的隐藏在坝体内部，要开挖检查才能发现。但无论什么裂缝，它对土石坝的正常使用都有不利的影响，甚至危及大坝整体安全。

11.1 裂缝对土石坝的影响

土石坝产生裂缝后，可能造成滑坡、渗水，影响坝体的抗渗性，严重者甚至溃坝失事。对大坝危害最大的是贯穿坝体的横向裂缝、水平裂缝以及滑坡裂缝，它直接威胁坝体的整体稳定。其中横向裂缝易发展为穿过坝身的渗流通道，若不及时修复，可使土石坝在很短的时间内冲毁。如果裂缝发生在防渗体内部，也将使防渗体断裂成为渗流通道而失去防渗作用。坝底内部裂缝主要是由于地基内存在局部大空隙性土壤，在清基时未加处理，当泡水后形成局部下陷，而坝体在局部下沉部位两侧地基的支撑下，存在拱效应，造成中间脱空现象而出现裂缝，使得坝体底部漏水，严重时出现溃坝。

从国外统计资料来看，土石坝发生裂缝导致失事的案例也是较多的。根据美国J.D.杰斯汀统计102座水库土石坝失事中，由于裂缝滑坡造成的占15.5%。为减少溃坝率，从结构破坏方面主要是防止土石坝裂缝的产生，这需做好设计、施工和管理运行方面的工作，一旦裂缝发生，要及时处理，处理过程中应严格控制加固质量，并应注意可能产生的不利后果。发现裂缝后，首先要探明裂缝的宽度、深度、长度、走向等情况，注意观测裂缝的发展和变化，查明裂缝产生的原因，然后要采取防止裂缝发展的措施，同时制订相应的处理方案。裂缝处理前必须控制水库蓄水，同时要采取临时防护措施，防止雨水向裂缝内灌注等不利影响。

11.2 裂 缝 成 因

几乎所有的大坝都有裂缝，关键是这些裂缝是否会发展成为大坝溃决的因素，裂缝都有个发展的过程，一旦裂缝发展到某种程度，就可能成为大坝溃决的隐患。如果是贯穿性的横向裂缝，则可能成为集中渗流通道，导致大坝渗流冲刷破坏，可能溃决。即使是表层裂缝，虽然在正常高水位以上，但洪水期水库水位上升时，也有可能成为过水通道，危及安全，而且汛期多雨水，雨水深入裂缝，将加速滑动的发生。如果是水力劈裂的裂缝，属于深层内部裂缝，难以发现，危险性较大，使得渗径缩短，坡降增大，较易发展成为集中渗流通道。

引起土石坝裂缝的原因是多方面的，归纳起来，产生裂缝的主要原因有以下几方面。

（1）不均匀沉降。坝基础土质条件差别大，有局部软土层；坝身填筑厚度相差悬殊，引起不均匀沉陷，产生裂缝。

（2）施工质量差。大坝施工时填筑土料为黏性土且含水量较大，失水后引起干缩或龟裂，这种裂缝多数为表面裂缝或浅层裂缝，但北方干旱地区的大坝也有较深的干缩裂缝；筑坝时，如填筑土料中夹有淤土块、冻土块、硬土块；碾压不实，以及新老堤结合面未处理好，遇水浸泡饱和时，则易出现各种裂缝，穿坝建筑物接合部处理不好，在不均匀沉陷以及渗水作用下，也易引起裂缝。

（3）坝身存在隐患。害堤动物（如白蚁、獾、狐、鼠等）的洞穴、人类活动造成的洞穴（如坟墓、藏物洞、战壕等）在渗流作用下，引起局部沉陷产生的裂缝。

（4）水流作用。背水坡在高水位渗流作用下抗剪强度降低，当临水坡水位骤降或坝脚被掏空，常可能引起弧形滑坡裂缝。

（5）振动及其他影响。如地震或附近爆破造成坝基础或坝身砂土液化，引起裂缝；背水坡碾压不实，暴雨后坝局部也有可能出现裂缝。

总之，造成裂缝的原因往往不是单一的，常常多种因素并存。

有的表现为主要原因，有的则为次要因素，而有些次要因素，经过发展也可能变成主要原因。

11.3　险情特征分析

裂缝是土石坝建筑物结构破坏较为常见的一种病害现象，土石坝裂缝的类型分类方法有：①按裂缝存在部位分类，有表面裂缝和内部裂缝；②按裂缝走向分类，有纵向裂缝（平行于坝轴线）、横向裂缝（垂直于坝轴线）、水平裂缝、龟裂缝，以及斜向裂缝、弧形裂缝、环形裂缝等；③按其产生原因分类，有变形（沉陷）裂缝、滑坡裂缝、振动裂缝、干缩和冻融裂缝等；④按宽度分类，有张开裂缝、闭合裂缝，以及看不到的裂缝等；⑤按其受力特征分类，有拉裂缝、劈裂缝、剪裂缝等。

按成因或力学性质分类有助于揭示其产生机理，按几何性质分类有助于裂缝的观测。土石坝裂缝常以混合形式出现，难以判别其主要成因，多由综合因素形成。所以不宜机械分类，更重要的是明确裂缝产生的各种因素，为裂缝预防和处理提供指导。

裂缝分类及特征见表 11.1。

表 11.1　　　　　　　　裂缝分类及特征

分类	裂缝名称	裂缝特征
按裂缝部位分类	表面裂缝	裂缝暴露在表面，缝口较宽，一般随深度变窄而逐渐消失
	内部裂缝	裂缝隐藏在坝体内部，水平裂缝常呈透视状，垂直裂缝多为下宽上窄的形状
按裂缝走向分类	横向裂缝	裂缝走向与坝轴线垂直或斜交，一般出现在坝面，严重的发展到坝坡，铅垂或稍倾斜
	纵向裂缝	裂缝走向与坝轴平行，多出现在坝顶及坝坡上部，常发生在铺盖上，纵向裂缝一般较横缝长，可达数十米或数百米，深度从数米到数十米不等
	水平裂缝	裂缝平行或接近水平面，常在坝体内部，中间较宽，四周较窄的透视状
	龟纹裂缝	裂缝分布较广，呈龟纹状，裂缝方向没有规律性，纵横交错。龟裂缝一般与坝表面垂直，上宽下窄，呈楔形尖灭。裂缝宽度一般小于 1cm，深度 10～20cm，很少超过 1m

分类	裂缝名称	裂 缝 特 征
按裂缝成因分类	沉陷裂缝	多发生在坝体与岸坡结合段、土坝合拢段、坝体分区分明填土交界处，坝下埋管的部位，以及坝体与溢洪道边墙接触处
	滑坡裂缝	裂缝中段接近平行坝轴线，缝两端逐渐向坝脚延伸，在平面上呈弧形，缝较长，多出现在坝顶、坝肩、背水坡坝及排水不畅的坝坡下部，在水位骤降或地震情况下，迎水坡也可能出现，形成过程短促，缝口有明显错动，下部土体移动，有离开坝体的倾向
	干缩裂缝	有的呈龟纹裂缝形状，降雨后裂缝变窄或消失，有的也出现在防渗体内部，其形状类似薄透镜状
	冰冻裂缝	发生在冰冻影响深度以内，表层呈破碎、脱空现象，缝宽及缝深随气温而异
	振动裂缝	在经受强烈振动或烈度较大的地震以后发生纵横向裂缝，横向裂缝的缝口随时间延长，缝口逐渐变小或拟合，纵向裂缝缝口没有变化

裂缝抢险，首先要进行裂缝险情的判别，分析其特征。先要分析判断产生裂缝的原因，是滑坡性裂缝，还是不均匀沉降引起；是施工质量差造成，还是由振动引起。而后要判明裂缝的走向，是横缝还是纵缝。对于纵缝应分析判断是否是滑坡或崩岸性裂缝。如果是局部沉降裂缝，应判别是否伴随有管涌或漏洞。此外还应判断是深层裂缝还是浅层裂缝。必要时还应辅以隐患探测仪进行探测。

11.3.1 纵向裂缝

产生纵向裂缝的原因：①不均匀沉降裂缝，由坝体或坝基的不均匀沉降引起；②滑坡裂缝，因坝体滑坡引起。在加固处理中应区分这两种裂缝。

不均匀沉降裂缝与坝体的变形有关。坝体变形包括垂直方向位移（即沉降），水平方向横向位移（垂直于坝轴线方向）和纵向位移（平行于坝轴线）。纵向沉降裂缝的形成原因主要是在坝的横断面上坝身、坝基各部位变形不协调引起。不均匀沉降裂缝是土石坝变形发展的结果。图 11.1 是几种常见的纵向沉降裂缝。

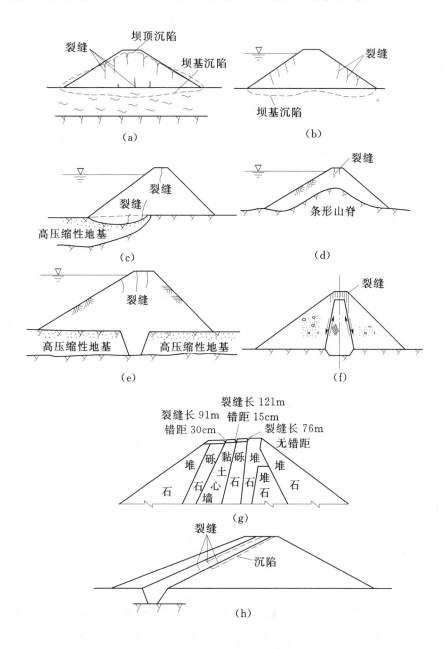

图 11.1　几种常见的纵向裂缝示意图

纵向沉降裂缝主要发生在：①坝基有压缩性大的土层，如软黏土、湿陷性黄土等；②坝体心墙和斜墙与透水料结合处；③分区、分块施工时的纵向结合处；④坝体新老断面结合处。

心墙和坝壳材料压缩性相差悬殊，在坝的横断面上各部位的不均匀沉陷就十分明显。如坝壳石渣或堆石碾压不实，心墙沉陷小，坝壳沉陷大，心墙与坝壳界面上剪裂，就会在心墙顶部和肩部产生拉伸裂缝［图 11.1（f）、图 11.1（g），其中图 11.1（g）为科夏坝的裂缝情况］。斜墙土石坝下游碾压标准不严，土石料压缩性大，则坝体沉陷较大，且上部沉陷大，下部沉陷小，会使黏土斜墙发生折曲断裂或剪裂，产生纵向裂缝［图 11.1（h）］。坝体局部范围内填土压实不足，均质坝填筑含水量过高和干容重过低等，也会导致坝身裂缝。

纵向沉降裂缝一般近似于直线，基本上垂直地向坝体内部延伸；裂缝宽度较窄，缝表面两侧错距较小（一般不大于 30cm），且其发展逐渐减慢，并趋于稳定。一般来说，纵向裂缝危险性较横向裂缝为小。但斜墙上如发生纵向裂缝，会直接危及大坝安全。或者纵向裂缝中有雨水灌入，也会降低土石坝的抗滑稳定性。

坝坡稳定性不足，容易出现滑坡裂缝。图 11.2 为滑坡裂缝示意图。坝坡过陡，排水设施堵塞或损坏，起不到排渗作用，使下游坝坡浸润线过高，可能导致下游坝坡的滑动裂缝；管理运行中库水位骤降，上游坝坡瞬时浸润线过高，会导致上游坝坡的滑动裂缝；背水坡碾压不实，暴雨后也会在局部引起纵向裂缝；地震或附近爆破，也可能是滑坡裂缝的诱因。

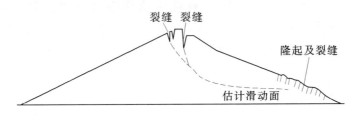

图 11.2　滑坡裂缝示意图

滑坡裂缝的出现往往是坝坡失稳的预兆，需要特别关注。滑坡裂缝在顶部平面上一般呈弧形的张开裂缝，滑坡下部隆起处产生许多细小的裂缝。滑坡裂缝延伸较长较深，其宽度和错距都较大，有时在缝中可见明显的擦痕。纵向滑坡裂缝向坝体内部延伸时弯向上游或下游。裂缝发展有一个逐渐加快的过程。裂缝发展到后期，可以发现在相应部位的坝面或坝基上有带状或椭圆状隆起。

11.3.2　横向裂缝

横向裂缝的走向与坝轴线垂直或斜交。一般常见于坝顶表面，并铅直或倾斜延伸到一定深度而尖灭。有时在表面不易发现，而是埋藏在坝顶以下某一深度，以隐蔽裂缝的形式存在。如果横向裂缝延伸到正常水位以下，可能成为集中渗漏通道。一般而言，在两端岸坡处土石坝的纵向水平位移指向河心，因而在河心坝段产生纵向压缩，在岸坡坝段产生纵向拉伸。这种拉伸就可能导致横向裂缝。

横向裂缝与土石坝沿坝轴线方向的不均匀变形密切相关，主要发生在：① 坝体与岸坡或刚性建筑物接合部位，或者分段施工的接合部位；② 沿坝轴线方向坝基性质不同（尤其坝基覆盖层压缩性不同），或虽然坝基性质均一，但地形起伏变化大（如局部隆起），坝体填筑高差过大，因而压缩变形相差过大时；③ 地震后，靠近岸坡、河槽和台地的坝体也会出现横向裂缝。

此外，如果岸坡有台阶，施工时没有削成平顺斜坡，则台阶上下不均匀沉降量大，而且集中在较窄的范围内，这会导致台阶边缘土坝心墙产生横向裂缝。坝下有埋管或坝内有其他刚性建筑物时，由于该处坝体沉陷较小，两侧沉陷较大，也会因不均匀沉陷在坝顶产生横向裂缝。图 11.3 为横向裂缝示意图。

11.3.3　水平裂缝

水平裂缝是指坝体破裂面大致呈水平分布。水平裂缝必然出现在坝顶以下某一深度。图 11.4 为水平裂缝示意图。对于心墙坝，

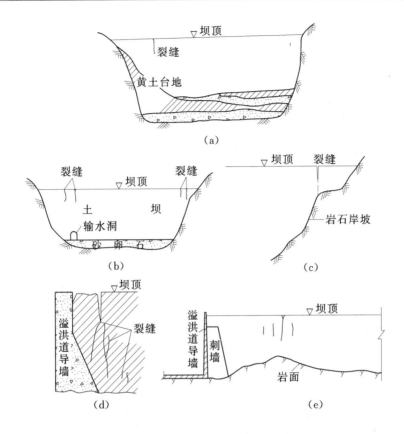

图 11.3 几种常见的横向裂缝示意图

当坝壳沉降量小且稳定较快，心墙沉降量大且稳定较慢时，已变形稳定的坝壳将阻止心墙继续下沉，从而引起在横断面上的"拱效应"。这种拱效应会降低心墙中的垂直应力，使之成为一个较小的数值。当水库的水压力超过此垂直应力时，就会在心墙中产生水力劈裂，从而形成水平裂缝［图 11.4 （a）］。在 V 形河谷中修建土石坝，则可能引起在纵向的拱效应导致水平裂缝［图 11.4 （b）］。此外，在基岩表面局部不平整［图 11.4 （d）］、坝内防渗体中埋管、防渗体与刚性建筑物接触处、土坝与混凝土坝的连接部位，也都可能存在"拱效应"并导致水平裂缝。

水平裂缝属内部裂缝，其他易发生内部裂缝的情况见图 11.5。其中图 11.5 （a） 为因地基压缩而形成的下部张开的内部横向裂缝

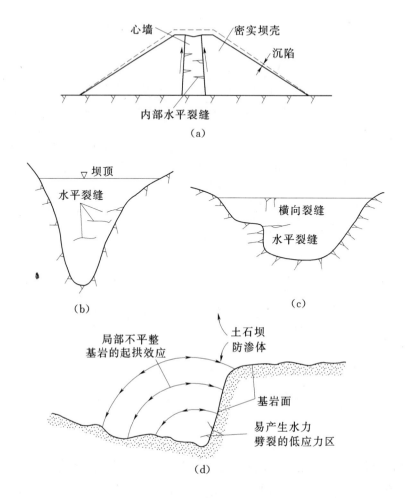

图 11.4　几种常见的水平裂缝示意图

示意图，图 11.5（b）和图 11.5（c）分别为刚性截水墙和坝下埋管引起的坝体内部裂缝，图 11.5（d）为坝基塑流引起的坝体内部裂缝。

11.3.4　龟裂缝

　　龟裂缝主要由干缩或冻融引起，发生在坝体填土表面。这种裂缝的产生主要受气候影响。在炎热干旱的气候下，表层土料因蒸发而导致含水量降低。土料失水时体积收缩，细粒土，尤其黏粒含量

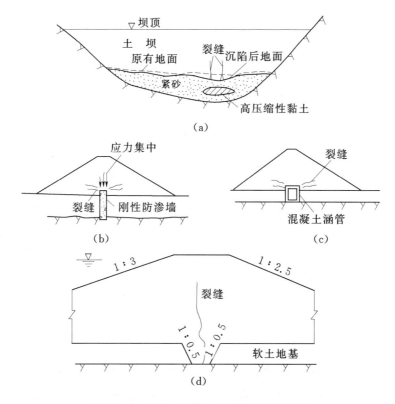

图 11.5 坝体的其他内部裂缝示意图

较大及含水量较大时，容易形成干缩裂缝。在寒冷地区，冬季表层土中水因温度降低而冻结，而且冻结的土会产生吸力，吸引附近水分渗向冻结区并一起冻结。因此土冻结后含水量增加，体积膨胀，即发生冻胀现象，春季气温升高时冰融化，冻土层体积缩小而且含水量显著增加，由于土不能恢复到原有状态，在反复冻融作用下就易形成裂缝。裂缝检查时注意不要与其他裂缝如变形（沉降）裂缝、滑坡裂缝等混淆。

没有护坡或保护层的黏性土上游、下游坝坡会产生龟裂缝。这种裂缝也可能出现在水库泄空而出露的上游防渗铺盖表面上。另外，土坝施工期间停工一段时间，填土表面没有很好保护，也会因干缩而产生龟裂缝。工程竣工后，在不利的应力条件下，裂缝会扩展，甚至会漏水。

11.4　抢险主要方法

11.4.1　裂缝的检查

（1）巡视检查。当出现险情时，应注重土石坝裂缝的巡视检查。主要检查坝面和坝坡有无裂缝，坝坡有无隆起。排水沟和交通沟道路有无变形、断裂等。坝基地形或地质条件突变的坝段容易因不均匀沉降产生裂缝，应注意检查。由于混凝土或石材的极限拉应变为黏性土极限拉应变的 $1/15\sim1/20$，因此在相同的拉应变量时，混凝土或石材将先于土体开裂。如果防浪墙拉裂，其下心墙或斜墙也可能被拉裂，如果防浪墙被挤碎，说明其下心墙或斜墙受压，不会出现横向裂缝。

（2）钻孔井探检查。为进一步直接了解裂缝深度和延伸情况，还可以进行以下检查。

1）钻孔检查。通过钻孔取样，进行干密度和含水量试验，可以了解裂缝的发展情况（钻孔时，可以从缝口灌入石灰水以显示裂缝痕迹）。钻孔可用垂直孔或斜孔。有条件时，可以采用钻孔照相或电视观测等技术。

由于裂缝的渗透系数远远大于土的正常渗透系数。通过向孔内注水，根据渗透情况也能判断坝体内部是否存在裂缝。注水试验前，必须做好充分的准备工作。

2）井探（或槽探）检查。开挖探坑（探槽）或竖井，可以直接观测立面的裂缝宽度、深度以及裂缝两侧土体的相对位移。这种方法比较直观，可采用人工开挖，但开挖深度受到限制。目前国内探坑（探槽）的深度不超过 10m，探井深度可达 40m，探井直径 $1.2\sim1.6m$。开挖时，应根据情况进行必要的支撑和通风，做好遮盖防雨以及井口附近的排水设施。要确保坝体和施工人员的安全。裂缝检查结束后，应按设计要求及时回填。

按《土石坝安全监测技术规范》（SL 60—94）的要求，对已建坝的表面裂缝（非干缩、冰冻缝），凡缝宽大于 5mm，缝长大于 5m，缝深大于 2m 的纵向、横向缝，都必须进行监测。对土石坝的表面裂缝，一般可采用皮尺、钢尺等简单工具进行测量。对 2m 以内的浅缝，可用坑槽探法检查；对深层裂缝，缝深不超过 20～25m 时，宜采用探坑或竖井检查，必要时埋设测缝计（位移计）进行观测。

（3）其他探测方法检查。采用同位素探测、地质雷达（探地雷达）探测、电法探测等也都可以用来检查裂缝。

11.4.2 裂缝处理

当大坝出现裂缝险情时，首先应进行险情判别，根据裂缝特点，合理确定抢护方法。主要裂缝处理原则如下。

（1）如果是滑动或坍塌崩岸性裂缝，应先按处理滑坡或崩岸方法进行抢护，待滑坡或崩岸稳定后，再处理裂缝，否则达不到预期效果。

（2）纵向裂缝如果仅是表面裂缝，可暂不处理，但须注意观察其变化和发展，并封堵缝口，以免雨水侵入，引起裂缝扩展。较宽较深的纵缝，即使不是滑坡性裂缝，也会影响堤坝强度，降低其抗洪能力，应及时处理，消除裂缝。

（3）横向裂缝是最为危险的裂缝，如果已横贯堤身，在水面以下时水流会冲刷扩宽裂缝，导致非常严重的后果；即使不是贯穿性裂缝，也会因缩短渗径，浸润线抬高，造成堤身土体的渗透破坏。因此，对于横向裂缝，不论是否贯穿堤身，均应迅速处理。

（4）窄而浅的龟纹裂缝，一般可不进行处理。较宽较深的龟纹裂缝，可用较干的细土填缝处理。表面的龟裂缝一般不会直接影响坝体安全，但会加速沉陷裂缝和滑坡裂缝的发展，以及加剧坝面雨淋沟的发展。此外，防渗斜墙或铺盖上的龟裂缝可能对安全不利。在坝面设置块石、碎石、砂土护坡和坝顶工程保护层，可以防止龟裂缝的发生和发展。

裂缝险情的应急处理技术，一般有开挖回填、横墙隔断、封堵缝口等。

11.5　抢　险　技　术

土石坝发生裂缝后，应通过坝面观测，开挖探槽和探井，及时查明裂缝情况，其中包括裂缝形状、宽度、长度、深度、错距、走向以及其发展。根据裂缝观测资料，针对不同性质的裂缝，采取不同的加固处理措施。一般情况下，纵向裂缝宽度小于1cm，深度小于1m的较短纵缝，只要不与横缝连通，在防渗上无问题，同时对坝体整体性和横断面传力影响不大，可以不必翻修，但要进行封闭处理，防止雨水浸入，减低土体的抗剪强度；对裂缝宽度大于1cm、缝深大于1m的纵向裂缝，破坏了坝体横断面的整体稳定性和增加局部断面内部应力，且缝内浸入雨水，降低土体抗剪强度，对坝坡稳定不利，应进行处理。横向和内部裂缝在渗漏上危害性很大，对坝体整体性也有较大影响，因此，无论裂缝大小，均应进行加固处理。

国内外处理土石坝裂缝多采用挖除回填、裂缝灌浆以及两者相结合的方法。有特殊要求时也可采用冲击钻孔，并回填混凝土或塑性材料，形成防渗墙或塑性墙，但这种方法费用高，施工时段长，只在裂缝较严重，又不能用其他方法处理时才可考虑使用。

11.5.1　挖除回填

挖除回填处理裂缝是一种即简单易行，又比较彻底和可靠的方法，对纵向或横向裂缝都可以使用。

对于一般的表面干缩或冻融裂缝，因深度不大可不必挖除，只用砂土填塞并在表面用低塑性的黏土封填、夯实，以防止雨水冲蚀即可。坝顶部的浅层纵向缝可按干缩缝处理，也可以挖除重填，可视坝的重要性和部位的关键性而定。

深度小于5m的裂缝，一般可采用人工挖除回填；深度大于

5m 的裂缝，最好用简单的机械挖除回填。开挖前，向裂缝内灌入白灰水，以利于掌握开挖边界。裂缝开挖的长度应超过裂缝两端 1m 以上，深度超过裂缝尽头 0.5m，开挖坑槽底部的宽度至少 0.5m。开挖一般采用梯形断面，边坡应满足稳定及新旧填土结合的要求。当裂缝较深时，可开挖成阶梯形槽坑，在回填时再逐级削去台阶，保持梯形断面。阶梯形槽坑开挖示意图见图 11.6（a）。

坑槽开挖应做好安全防护工作，防止坑槽进水、土壤干裂或冻裂；挖出的土料要远离坑口堆放，以免影响边坡稳定；回填土料要符合坝体土料的设计要求。回填前要检查坑槽周围土的情况，如果偏干，应将表面洒水润湿，如表面过湿或冻结，则应清除后再回填。回填时要分层夯实，要特别注意坑槽边角处的夯实质量。要求压实厚度为填土厚度的 2/3。对贯穿坝体的横向裂缝，应沿裂缝方向每 5m 挖十字形结合槽一个，结合槽开挖示意图见图 11.6（b）。

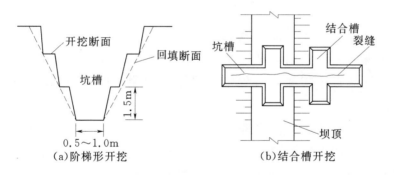

图 11.6　裂缝开挖处理示意图

11.5.2　灌浆处理

灌浆处理是将某些固化材料如黏土浆液、水泥黏土浆液或其他化学材料灌入岩土中，填塞岩土中裂缝和孔隙，适用于裂缝较深或处于内部的情况。坝体灌浆不但能够充填裂缝或洞穴，提高坝体的整体性，消除坝内管涌、接触冲刷的可能性，而且能够改善坝体内的应力条件，增强其稳定性。

（1）按灌浆材料分有黏土灌浆、水泥灌浆、水泥黏土灌浆、化学材料灌浆等。黏土浆适用于坝体下游水位以上的部位，黏土水泥浆适用于下游水位以下的部位。黏土浆施工简单，造价也较低，它固结后与土料的性能比较一致。水泥可加快浆液的凝固，减少体积收缩和增加固结后的强度，但水泥的掺量不宜太多，常用的水泥掺量大致为固体颗粒的 15％左右（重量比）。

（2）灌浆常采用重力灌浆或压力灌浆方法。重力灌浆仅靠浆液自重灌入裂缝；压力灌浆除浆液自重外，再加压力，使浆液在较大压力作用下灌入裂缝。在采用压力灌浆时，要适当控制压力，以防止使裂缝扩大，或产生新的裂缝，但压力过小，又不能达到灌浆的效果。重力灌浆时，对于表面较深的裂缝，可以抬高泥浆桶，取得灌浆压力。但在灌浆前必须将裂缝表面开挖回填厚 2m 以上的阻浆盖，以防止浆液外溢。浆液对裂缝具有很高的充填能力，浆液与缝壁的紧密结合，使裂缝得到控制，但在使用灌浆方法时应注意：①对于尚未作出判断的纵向裂缝，不能采用灌浆方法加固处理；②灌浆时，要防止浆液堵塞反滤层，进入测压管，影响滤土排水和浸润线观测；③在雨季或库水位较高时，由于泥浆不易固结，一般不宜进行灌浆；④灌浆过程中，要加强观测，如发现问题，应当及时处理。

（3）灌浆按其功能有充填式灌浆和劈裂灌浆。充填式灌浆是将浆液直接充填入裂缝或洞穴中，灌浆压力较低，灌浆时需尽量避免出现新的裂缝或保持裂缝不扩大。劈裂灌浆是用一定灌浆压力将坝体沿坝轴线方向人为劈裂，灌入浆液形成连续的帷幕，并填塞与劈裂缝连通的洞穴、裂缝或切断软弱层，达到防渗和加固的目的。充填式灌浆适用于处理性质和范围都已确定的隐患，劈裂式灌浆适用于处理范围较大，问题性质和部位不能完全确定的隐患。另外，如果防渗体整个质量都比较好，只是局部出现裂缝和渗漏，可以用充填式灌浆处理。如果整个防渗体都比较疏松，最好用劈裂式灌浆处理。根据具体情况，一些土坝也用充填式灌浆和劈裂式灌浆相结合的方法进行处理。

灌浆工艺流程包括布孔、造孔、制浆、灌浆、终灌封孔等。浆液的浓度随裂缝宽度及浆液中所含的颗粒大小而定。灌注细缝时，可用较稀的浆液，灌注较宽的缝时则用浓浆。灌注的程序，一般是先用稀浆，后用浓浆。由于浓浆的阻力大，常常需要在浓浆中掺入少量塑化剂，以增加浆液的流动性。

在用灌浆处理土石坝裂缝方面，我国积累了丰富的经验。这里简要介绍充填式灌浆和劈裂灌浆方法，详细可参考相关专著和规程。

1）充填式灌浆。灌浆前应首先做好隐患探测和分析工作。钻孔布置应根据裂缝的分布和走向确定。原则上灌浆孔应打在裂缝上，孔的间距由疏到密，视灌浆的具体情况而定。在裂缝两端、转弯处、缝宽突变处都要布孔。孔深应超过裂缝深 2m 左右。造孔方法有干钻、湿钻或泥浆循环钻等，一般采用干钻加上套管跟进的方法进行。

灌浆时，孔序布置上应遵循"由外到里，分序灌浆"，浆液浓度和灌浆次数遵循"由稀到稠，少灌多复"的原则。施灌时灌浆压力应逐步从小到大，不得突然增加。灌浆过程中应维持压力稳定，波动范围不超过 5%。对宽缝可以采用重力灌浆，即保持液面在一定高度，靠浆液自重进行灌浆。灌浆材料主要为用黏性土制成的黏土浆（泥浆）。泥浆所用土料中黏粒含量过高或过低都对灌浆不利。灌浆时应先用稀浆，再用稠浆。在保证能够充分充填裂缝的情况下，稠度越大越好。

灌浆后，由于泥浆的排水固结，孔内泥浆发生体缩，因此需要进行复灌。在设计压力下，灌浆孔段经连续 3 次复灌不再吸浆时，灌浆即可结束。充填式灌浆可用泥球封孔。在浆液初凝后（一般12h），先扫孔到底，分层填入直径 2～3cm 的干黏土泥球（每层厚度一般 0.5～1.0m），然后捣实。均质土坝可向孔内灌注浓泥浆或灌注最优含水量的制浆土料捣实。

对于灌宽度为 1～2mm 的细缝，可用较细的泥浆，浆液中不应含有砂砾，否则可能影响灌浆效果。对于宽度较大的裂缝，可以考虑用砂或其他固体材料作为填料。但泥浆中含砂量过大容易发生沉淀，易堵塞浆路。对灌浆机械的磨损也较大。

在浆液中加入塑化剂，如水玻璃（硅酸钠），有利于增加浆液的流动性。在浸润线以下灌浆最好用水泥黏土浆，即在泥浆中掺入水泥。水泥掺量大致以占固体颗粒的 $10\% \sim 30\%$（重量比）为宜。但水泥固结后的变形性质与坝体土料性质差别较大，在坝体后继变形时易产生新的裂缝。而且裂缝灌浆的目的主要是防渗，对强度要求不高，所以水泥掺量不宜过高。

2）劈裂灌浆。劈裂灌浆由山东省水利科学研究所于 20 世纪 70 年代提出，经过长期研究和实践而逐渐完善，成为一种较有特色的灌浆技术。

劈裂灌浆适用于处理范围较大，问题性质和部位不能完全确定的隐患情况。当坝体质量不好，坝体外部有裂缝、塌陷，下游坝坡出现大面积湿润，坝体有明显渗漏或坝体内部有较多隐患时，可以用劈裂灌浆处理。劈裂灌浆的原理是利用灌浆压力劈开坝体，在坝体中形成垂直连续的浆体帷幕。劈裂缝一般与小主应力方向垂直，向坝体质量差的区域和低应力区发展，且很容易与土体内的隐蔽裂缝或孔洞相贯通。对存在隐蔽的内部裂缝或找不到裂缝确切位置的情况下，劈裂灌浆不失为一种行之有效的加固方法。

劈裂灌浆一般采用稠泥浆封孔，因为劈裂灌浆坝体内部的劈裂宽度（浆缝宽度）较大，一般大于钻孔直径，有的因控制不好，甚至坝顶也被劈开相当宽度，因此用其他方法封孔就没有意义，只好用稠浆封孔。每孔灌完后拔出注浆管，向孔内注满容重大于 14.7kN/m^3 的稠浆，直至浆面升至坝顶不再下降为止。

灌浆中由于泥浆压力的作用，使坝体失去原来的平衡状态，常会出现一些问题，比如：裂缝、冒浆、串浆、塌坑、隆起、单孔吃浆量过大等。对这些问题要及时发现，进行妥善处理后再行灌浆。

灌浆施工期要加强观测。这种观测包括：①坝面巡视检查，检查裂缝、冒浆、坝面塌坑或隆起、下游渗水情况等；②变形观测；③应力观测；④渗流观测。通过观测资料进行分析，可以指导灌浆施工，确保灌浆期间的安全以及灌浆质量和效果。

11.5.3　挖除回填与灌浆处理相结合

在很深的非滑坡表面裂缝进行加固处理时，可采用表层挖除回填和深层灌浆相结合的办法。开挖深度达到裂缝宽度小于 1cm 后处理，进行钻孔，一般孔距 5～10m，钻孔的排数，视裂缝范围而定，一般 2～3 排。预埋管后回填阻浆盖，灌入黏土浆，控制灌浆压力。

土石坝裂缝的类型多种多样，成因错综复杂，当土石坝出现裂缝险情时，应对其加强检查观测，认真分析发生的原因，处理时应当结合裂缝发生发展情况和当地条件对其采取合适的处理方法，以达有效处置险情的目的。

第 12 章 溢 洪 道 险 情 处 置

12.1 溢洪道防洪险情处置方法

12.1.1 险情说明

大坝溢洪道作为水库主要泄洪通道，往往会由于上游的来水量较大，超标准洪水的发生，满足不了泄洪要求，造成水库水位持续上涨，超过防洪高水位，洪水漫过坝顶，造成大坝溃决。一些 20 世纪中期修建的水库，由于年代久远，工程本身安全隐患较多，工程来不及加固或拆除，面对突然入库的洪水，泄洪建筑物满足不了泄流要求，更容易发生灾害。

（1）根据水库工程特点和可能发生的重大突发事件，工程可能发生重大险情如下。

1）工程发生重大险情。

（a）拦水建筑物：如发生严重的大坝裂缝、滑坡、管涌以及漏水、大面积散浸、集中渗流、决口等危及大坝安全的可能导致垮坝的险情。

（b）泄水建筑物：如紧急泄洪时溢洪道启闭设备失灵，侧墙倒塌、底部严重冲刷等危及大坝安全的险情；输水洞严重断裂或堵塞，大量漏水浑浊，启闭设备失灵等可能危及大坝安全的险情。

（c）水库下游防洪工程发生重大险情，需要水库紧急调整当年调度方案。

2）超标准洪水：①超标准洪水指水库超过设计的校核标准的洪水；②根据审定的洪水预报方案，预报水库所在流域内可能发生超标准洪水。

3）其他原因。如地震、地质灾害、战争、恐怖事件、漂移物体、危险物品等可能危及大坝安全的险情：①超设计标准地震导致大坝严重裂缝、基础破坏等危及大坝安全的险情；②山体滑坡、泥石流等地质灾害导致水库水位严重壅高，危及大坝安全的险情；③库区出现漂船、漂木等难以通过泄洪道（孔）的漂移物体以及危险物品可能危及大坝安全的险情；④人为破坏等危及大坝安全的恐怖事件；⑤上级宣布进入紧急备战状态。

（2）适应范围。该处置方法适应于水库入库流量大于下泄流量，水位持续上涨，且未来一段时间来水或降雨有持续增多迹象，水库各建筑物不能满足超高水位运行，大坝溢洪道不能满足泄流要求，需对溢洪道进行开挖排险处理。

12.1.2 险情监测与分析

当险情发生后，必须及时与当地水情、水利、气象等部门联系配合，在原有监测方案的基础上，加强监测措施，确保给抢险时提供准确的信息，一般通过水文、变形观测等手段进行监测，根据监测数据分析险情程度。

（1）水文、气象监测。水文气象监测主要通过水库所在地的水文部门、气象部门利用原有监测设备进行监测。险情发生后水文、气象部门必须增设必要的雨情水情观测点，严密监测雨水情的变化，加强监测频次。特别是要加强对坝前、坝后水位和出入库流量、蓄水量变化等情况的监测，为人员转移、避险提供预警预测保障。

（2）变形观测。变形观测主要利用测量仪器和设备工具进行，随时观测分析大坝等重要建筑物变形测量数据变化。变形观测前应根据险情设置变形观测点和三角控制网，变形观测点布设要均匀合理，牢固稳定，必须能全面查明建筑工程项目的基础沉降和其他变形要求。沉降观测采用环形闭合法或往返闭合法进行控制。

12.1.3 抢险技术

针对大坝和溢洪道防洪出现的险情，处理方案如下：必须考虑迅速降低水位，减少水库库容；除对水库永久建筑物进行加固外，一般可采用破碎开挖降低、扩挖溢洪道或开挖临时泄水槽来降低水位，力争水库低水位空库运行。

临时泄水槽可选择远离大坝下游坡脚的部位，根据现场地形设计，溢洪道扩挖或降低根据溢洪道两侧岩体确定，一般开挖边坡坡比在 1∶0.3～1∶0.75，开挖边坡一般高差 10～15m 预留一条 1～2m 宽马道，开挖宽度根据泄流量由专业人员进行设计验算。

12.1.3.1 施工布置

出渣道路尽可能结合永久交通线，尽快修通场内抢险通道，结合开挖适当布置岔线，组成各作业区的施工通道回路。风水电一般采用机动性强、受外界干扰较小的移动式设备。供风一般采用移动式柴油空压机，供电一般采用移动式发电机。

12.1.3.2 开挖方法

大坝溢洪道防洪险情开挖根据现场地形地貌，可采用分段自上而下逐层展开方式进行，同一断面开挖施工，按照"先土方开挖，后石方开挖"的顺序进行。石方开挖采用边坡预裂，主体梯段爆破开挖技术。

12.1.3.3 施工工艺

（1）施工准备。施工准备主要包括现场表面植被清理、改建临时支线道路、风水电布设、测量放线。

现场表面植被清理可采用人工进行清理。改建临时支线道路直接用反铲配合小规模爆破进行。测量采用徕卡全站仪放线，开挖前先对开挖断面进行复测，现场放样包括开挖边线、开口线、控制性爆破布孔孔位等，放样采用校样单进行放样交底。

（2）钻孔与爆破。

1）钻孔。开挖前先搭设样架控制钻机就位，经检查合格后即可开钻。梯段爆破孔以液压履带钻机造孔为主，宣化 YQ‐100B 钻机为辅，主爆孔钻孔直径 90～105mm，间距 2.5～3.5m，临近预裂面预裂孔采用宣化 YQ－100B 钻机造孔，钻孔孔径 ϕ90mm，预裂孔间距 0.8～1.0m，钻进过程中应控制钻压，钻孔深度一般情况下按梯段高度或边坡高度控制，一般按 7～20m 控制，马道及底板建基面预留 2m 保护层。预裂孔的孔距误差应小于 5cm，炮孔外偏斜率不大于 50mm/m，孔深误差不宜大于 100mm，其他炮孔孔位偏差不得大于 10cm。

2）装药、联网爆破。炮孔经检查合格后，方可进行装药爆破，明挖爆破采取人工装药，主爆破孔以乳化炸药为主，采取全耦合柱状连续装药；缓冲及预裂孔采用条形乳化炸药，采取柱状分段不耦合装药。预裂爆破选用 ϕ32 的乳化炸药，线装药密度拟采用 250～350g/m，缓冲孔采用 ϕ32 的乳化炸药进行不耦合柱状装药。岩石爆破单位耗药量暂按 0.45kg/m³ 考虑，现场根据爆破情况调整。梯段爆破采用微差爆破网络，1～20 段非电毫秒雷管连网，磁电起爆，雷雨天严禁采用电起爆方式。分段起爆药量梯段爆破最大一段起爆药量不大于 120kg；临近建建筑物和设计边坡及洞顶部位时，最大一段起爆药量不大于 30kg，并满足振动要求。根据不同部位的开挖要求及实际岩性，参照以往类似工程的施工经验，拟定爆破参数，抢险过程中根据抢险情况选择最优爆破参数，以保证边坡开挖的平整，避免冲刷破坏。

12.1.3.4 出渣

出渣可考虑采用 1.2～1.6m³ 反铲挖装，15～20t 自卸汽车运输。每次爆破后，首先由人工配合反铲对坡面松动块石进行清理，然后进行出渣作业。利用出渣料来进行危险坝段护脚、边坡防护以及坝体加高。

12.1.3.5 防护施工

抢险过程中根据开挖情况及时采取防护措施，边坡防护主要采用钢筋石笼、喷混凝土、锚杆或锚筋桩等措施进行保护。

（1）钢筋石笼的制作砌筑。钢筋笼在钢筋厂人工制作，采用 8t 运输车运至现场。钢筋笼框架采用 ϕ16 钢筋点焊连接；铅丝网用

8 号。铅丝人工编制，孔眼控制 15～20cm。钢筋笼 1m×1m×2m（高×宽×长）。石块由开挖弃渣中选取，8t 自卸车运至现场。石块最大粒径不超过 30cm，按干砌石作业要求人工码砌。同层的钢筋笼用 8 号铅丝连接牢固，形成一体。

（2）喷射混凝土施工。喷射混凝土前先沿边坡搭设简易工作台，清除开挖面上的松动块石、浮石及坡脚的石碴和堆积物。土质边坡，先将边坡整平、压实。混凝土混合料采用设置在施工现场的强制式拌和机拌制，人力手推车转入喷射机料斗内供料，喷混凝土采用混凝土喷射机，由人工手持喷头在脚手架上施喷，喷嘴口距离受喷面 60～100cm，喷射料束与受喷面夹角不小于 75°。

喷射作业分段分片进行，同一作业区自下而上依次进行喷射。每层喷射厚度 5cm，后一层在前一层混凝土终凝后进行喷射，若终凝 1h 后再行喷射，则先用风水清洗喷层面；对不平部位先喷凹处，最后找平。

喷射混凝土养护：在终凝 2h 后喷水养护，经常保持潮湿状态，养护时间不少于 7d。

（3）锚杆施工。锚杆可采用 4.5m 或 6m 长的 $\phi25$ 砂浆锚杆。锚杆孔采用手风钻造孔，孔径 $\phi50$，人工插锚杆，先注装锚固剂，然后在把锚杆插入孔内，插杆过程中要保证有锚固剂溢出，确保施工质量。锚杆孔孔位偏差不大于 10cm，孔深偏差不大于 5cm；孔轴线应符合设计要求，一般与开挖轮廓线垂直，局部加固锚杆的孔轴方向与可能滑动方向相反并与可能滑动面的倾向成 45°的夹角。杆体插入孔内长度不应小于设计规定的 95％。锚杆安装后，不得随意敲击。

12.2　水闸启闭机及闸门故障险情处置

12.2.1　险情说明

由于闸门变形、滚轮失灵、闸门槽扭曲、丝杠扭曲、启闭设备发生故障或机座损坏、地脚螺栓失效以及卷扬机钢丝绳断裂等原因，或者闸门底坎及门槽内有石块等杂物卡阻、牛腿断裂、闸身倾斜，往往造成闸门难以开启、关闭甚至卡住，从而导致闸门运行失控、漏水。有时某些水闸在高水位泄流时也会引起闸门和闸体的强烈震动。闸门止水设备安装不当或老化失效，也会造成严重漏水。

闸门失控、漏水、闸顶漫溢不仅危及水闸本身及大坝安全，而且由于控制洪水作用减弱或失去对洪水的控制，对闸门下游地区或河流下游地区将造成严重的洪涝灾害。

12.2.2　抢险技术

当大坝闸门发生事故，不能关闭或不能完全关闭或闸门损坏大量漏水或闸顶漫溢时必须抢护。险情抢护方法采取的是应急措施，技术上难以达到规范要求，一旦险情稳定时，要抓紧时间，认真分析发生险情的原因，判断抢险措施的可靠性及防御能力，进行整修加固；在险情结束后，要进一步查清险情发生的原因、险情规模和破坏程度，进行彻底修复。下面从闸门失控抢堵、闸门漏水抢堵、闸门失控抢启、闸顶漫溢抢护几方面介绍大坝水闸常见险情紧急抢险时的一般抢护原则和方法。

12.2.2.1　闸门失控抢堵

当闸门不能关闭或不能完全关闭时，采取以下 4 种方法进行险情抢护。

（1）吊放检修闸门或叠梁屯堵。吊放检修闸门或叠梁进行屯堵，如仍漏水，可以在检修门或叠梁前铺放篷布或土工膜布等防水布帘，以及抛填土袋、灰渣或土料，利用水的吸力堵漏，待不漏水后，对工作闸门、启闭设备、钢丝绳等进行抢修和更换。

（2）采用框架和土袋屯堵。对无检修门槽及预留门槽的水闸，可根据工作门槽或闸孔跨度，焊制一钢框架，框架网格约 0.2m×0.2m，并将框架吊放卡在工作闸门前或闸墩前，然后在框架前抛填土袋，直至高出水面，并在土袋前抛黏土或用灰渣闭气。

（3）钢筋网堵口。钢筋网一般为长方形或正方形，其长度和宽度均应大于进水口的两倍以上。沉堵前，先架浮桥用作通道，在进水口前扎排并加以固定，然后在排上将钢筋网沉下。待盖住进口后，随即将预先准备的麻袋、草袋抛下，堵塞网格。若漏水量显著减少，即为沉堵成功。根据情况，如需断流闭气，可在土袋堆体上加抛散土。

（4）钢筋混凝土管封堵。当闸门不能完全关闭时，采用直径大于闸门开度 20～30cm，长度略小于闸孔净宽的钢筋混凝土管。管的外围包扎一层棉絮或棉毯，用铅丝捆紧，混凝土管内穿一根钢管，钢管两头各系一条绳索，沿闸门上游侧将钢筋混凝土管缓缓放下，在水压力作用下将孔封堵，然后用土袋和散土断流闭气。

12.2.2.2　闸门漏水抢堵

由于闸门止水安装不好或年久失效和其他原因，造成漏水比较严重，需要临时抢堵时，可在关门挡水的条件下，从闸上游接近闸门，用沥青麻丝、棉纱团、棉絮等填塞缝隙，并用木楔挤紧。有的还可用直径约 10cm 的布袋，内装黄豆、海带丝、粗砂和棉絮混合物，堵塞闸门止水与门槽上下左右间的缝隙。也可将灰渣投放于闸门临水面水中，利用水的吸力堵漏。如系木闸门，漏水也可用木条、木板或布条柏油等进行修补或堵塞。在堵塞时，要特别注意人身安全。

12.2.2.3　闸门失控抢启

当洪水超过水库库容安全限度时，往往需要紧急泄洪分流，以防止水库、大坝被毁而导致更重大险情和灾害发生。若此时忽遇泄洪闸门或启闭机出现故障使得闸门无法开启，一般可采取以下方法进行险情抢护。

（1）开启备用泄洪设施。立即开启水坝备用泄洪设施（泄洪底孔、放水洞）进行泄洪，以降低水库运行水位，防止险情进一步扩大，为抢险争取时间。

（2）接入临时电源启动闸门。当关键时刻发生供电线路损坏不能供电，启闭机因此失去电力供应影响闸门正常开启，在短时间内无法恢复时，应紧急启用临时电源保障泄洪闸的正常开启泄洪。比如可将移动式应急柴油发电机组运至坝顶等不受洪水威胁的地方与启闭机连接供电，以临时启动闸门，达到泄洪要求。

（3）闸门破坏性开启。当泄洪闸门或启闭机出现故障而不能及时排除，或者由于常年生锈或泥沙压力过大，一些闸门在紧急情况下无法开启时，在紧急情况下可以根据实际情况采取以下方法：①在洪水未淹没闸孔时，迅速组织人员割除并移走闸门露出水面的部分，以打开闸孔缺口溢流，部分缓解泄洪压力；②确定爆破材料和爆破施工工艺，实施同步爆破，瞬间开启闸门；③视情炸掉胸墙变孔口出流为堰顶溢流，加大溢洪道的下泄流量，或者从副坝打开缺口排水泄洪。但爆破处理可能会导致泄洪水量过大冲刷下游的危险。

12.2.2.4　启闭机故障抢修

（1）启闭机螺杆弯曲抢修。对使用手电两用螺杆式启闭机的涵闸，因开度指示器不准确，或限位开关失灵，电机接线相序错误，闸门底部有石块等障碍物，或因超标准运用，工作水头超过设计水头，致使启闭力过大，超过螺杆许可压力，引起纵向弯曲。在条件许可时，其抢修方法如下。

1）在不可能将螺杆从启闭机拆下时，可在现场用活动扳手、千斤顶、支撑杆及钢撬等器具进行矫直。将闸门与螺杆的连接销或螺栓拆除，向上提升螺杆，使弯曲段靠近启闭机，在弯曲段的两端，靠近闸室侧墙设置反向支撑，然后在弯曲凸面用千斤顶缓慢加压，将弯曲段矫直，见图12.1。

2）若螺杆直径较小，经拆卸并支承定位后，可用手动螺杆矫正器将弯曲段矫直，见图12.2。

（2）启闭机螺杆折断抢修。在涵闸没有泄漏的情况下发生螺杆折断时，可由潜水员下水探清螺杆断口位置，并用钢丝绳系住闸门吊耳，利用卷扬机绕转钢丝绳开启闸门，待露出折断部位后进行拆除更换。当事故发生时，若闸门已有较大漏水，可先抛置土袋，后用沉放钢筋网方法封堵进水孔口，然后派潜水员按上述方法处理，

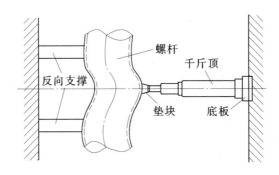

图 12.1 矫直启闭机弯曲螺杆示意图

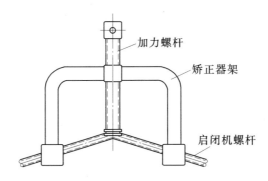

图 12.2 用手动螺杆矫正器将弯曲段矫直示意图

再更换折断螺杆。处理完毕，清除钢筋网及土袋后，进行闸门启闭试验。

12.2.2.5 闸顶漫溢抢护

闸、涵埋设于大坝内，在采取闸顶防漫溢加高挡水时，要进行核算，保证闸身稳定安全。对开敞式水闸的防漫溢措施如下。

（1）无胸墙的开敞式水闸。如闸孔跨度不大时，可焊接一平面钢架，其网格不大于 0.3m×0.3m，将钢架吊入闸门槽内，置放于关闭的工作闸门顶上，紧靠门槽下游侧，然后在钢架前部的闸门顶部，分层铺放土袋，临水面放置土工膜布或篷布挡水，宽度不足，可以搭接，搭接长度不小于 0.2m；如工作闸门顶宽度不足，也可将土袋改为 2～4cm 厚的木板，严密拼接靠在钢架上，压紧木板，防止漂浮。

（2）有胸墙的开敞式水闸。利用闸前工作桥在胸墙顶部堆放土袋，临水面压放土工膜布或篷布挡水；也有采取在胸墙顶与启闭台大梁之间浆砌砖，上游面砂浆抹面，并将大梁至墙顶空间封死以挡水。

上述抢护堆放土袋，应注意与两侧坝衔接，共同挡御洪水。如洪水位超过顶高，应考虑抢筑围堤挡水，以保证闸的安全。

12.2.2.6 大型分水、泄水闸抢堵

大型分水、泄水闸抢堵的临时措施主要是根据闸上游、下游场地情况，侍机采用围堰封堵。

第13章 抢险决策与指挥

近年来，我国自然灾害频发，武警水电部队坚持发挥"平战结合、能工能战"的体制优势，在参与重大应急救援行动中发挥了重要作用，出色完成了国家赋予的一次次重大应急救援任务。

总结部队参加应急救援的历次行动可以看出，武警水电部队的基本任务主要有6项：

（1）堤坝抢险。如1998年三峡工程指挥部参与的湖北荆江大堤枝江段的加固抢险，2009年武警水电一总队参与的广西卡马水库的开渠泄洪抢险，2010年武警水电二总队江西抚河唱凯堤348m特大决口封堵抢险。

（2）堰塞湖排险。如2000年西藏易贡河特大山体滑坡造成的堰塞湖排险，2008年"5·12"汶川地震中唐家山等22个堰塞湖的排险。

（3）救人通路。如2008年"5·12"汶川和2010年青海玉树地震救援中，参战部队第一阶段都是在救人救物和抢通道路，这始终是第一位的。汶川抗震救灾中，水电部队救出生还者46人，率先打通马尔康经理县至汶川震中89km长的第一条"生命线"。

（4）电网抢修。如2008年南方低温雨雪冰冻造成的电网瘫痪，武警水电二总队转战湖南、江西、广东六个重灾区，拆装线塔98座，恢复供电线路138km。

（5）管道抢修。如2006年12月武警水电三总队参与的四川宣汉天然气溢流事故抢险，紧急安装铺设管道44km。

（6）灾后重建。如2008年汶川地震后，武警水电三总队担负了映秀电厂的修复任务；2010年武警水电二总队、三总队参与的江西抚河和舟曲白龙江堤防综合治理等任务，都属于灾后重建的范畴。

这6项任务有三个比较显著的共性特点：从救援类型看，水电部队应急救援大都是工程救援。比如抗震救灾、泥石流抢险、管道抢修和抗冰保电等，尽管这些任务或多或少地包括人员搜救、财物抢运等，但归根结底都是以工程抢险为主。从外在联系看，水电部队应急救援大都与水有关。比如抗洪抢险、决口封堵、堰塞湖排险、大坝加固、河道疏通等，这些都与江河湖泊等水利设施和水工建筑物有关。从作业手段看，水电部队应急救援属于专业救援，其运用的工器具大都是与工程钻爆、开挖、运输、起重、安装等有关的专业装备，采取的技术方案、技术手段如江河截流、隧洞开挖、土石爆破、堤坝加固、边坡治理、基础钻灌、机电安装、电网组立等专业技术性都比较强。正确认识水电部队应急救援的基本任务、特点规律，重点把握应急抢险决策与指挥中的关键问题，发挥好长期参加国家重点工程建设积累的专业优势，才能确保能够成功处置各类险情。本章首先阐述部队应急救援的时效性把握这一关键，然后对影响抢险时机的因素进行分析，最后从抢险资源配置及后勤保障等两方面进行具体介绍。

13.1　抢险中的时效性把握

武警水电部队作为国家应急救援的专业骨干力量，其行动大都是临危受命，形势非常紧迫。主要表现在三个方面：①突发性。多数行动是在灾害发生难预测、后果难确定的情况下进行的。如汶川、玉树大地震，事先均毫无征兆。②复杂性。多数行动面临的灾害具有多样性、衍生性。如2008年南方低温雨雪冰冻灾害，造成电网大面积瘫痪，交通紊乱，受灾人口迅速波及数省近8000万人。③严重性。多数行动要面对重大人员伤亡、财产损失、环境恶化，处置不及时后果非常严重。如汶川救灾中，唐家山堰塞湖超过2亿多 m^3 的"悬湖之水"如果不及时处置，一旦溃决将给下游绵阳市130多万人民群众带来灭顶之灾，可以说是十万火急，刻不容缓。

因此，把握抢险的时效性，具有十分重要的现实意义。

13.1.1　指挥决策的时效性把握

　　临机决断，是指各级指挥员可依据灾情临机指挥部队实施救援行动。这一规律强调，组织指挥应急救援行动，必须善于审时度势、果断决策，准确捕捉有利战机，定下正确的救援决心。行动初期，指挥员要围绕全局利益和根本目的，把握主要矛盾，区分轻重缓急，优先解决重点难点问题；行动中间，指挥员要因时因势，适时调整救援部署和行动方法，牢牢把握救援行动的主动权。指挥员行使临机决断指挥权，必须围绕上级总体意图，把握好时机和场合：①时间紧迫，拖延意味着增加无谓伤亡损失时；②情况紧急，非采取断然措施不能排除险情时；③联系中断，无法得到上级指挥机构的指令时；④灾情突变，不改变任务部署将造成严重后果时。

13.1.2　应急救援行动的时效性把握

　　应急救援行动应该坚持快速出动、快速到位、快速救援的原则，这是应急救援行动本质的内在要求。2010 年江西抚州唱凯堤决口封堵抢险中，武警水电二总队从接到江西省防总预先通知 6h 内，170 名官兵率先赶到救灾现场。受领任务 24h 内完成 8 省（市）10 个项目部的人员装备集结。抢险中，按照"一切往前赶"的要求，提前 3.5d 完成决口封堵任务。

　　（1）快速出动。①果断决策，当获悉灾情或接到上级命令后，指挥员要及时下达预先号令，迅速定下救援决心并组织部队开进，争取机动时间；②简化程序，首长定下决心后，各部门要在平时战备的基础上平行展开工作，减少不必要的工作程序，必要时边行动边报告，缩短准备时间。

　　（2）快速到位。①科学确定开进部署。机动方式上，要根据现实条件，灵活选择不同的输送方式；机动编组上，要本着有利于组织指挥、综合保障和提高速度的原则，采取梯次部署或多路部署等不同形式；路线选择上，要选择两条以上的机动路线，多部队同时行动时，要搞好途中协调，避免路线交叉与拥堵。②灵活采取指挥方式。开进中的指挥，应以伴随指挥为主，以运动指挥和定点指挥为辅。重点运用好现代通信指挥手段，搞好行进中的实时指挥、动态管理，秩序维护、情况处置，交通疏导和安全监控。③周密组织机动保障。派出先遣组或组建机动保障小分队开道，配置以挖机、推土机或起重机为主，加强对复杂路段和交通枢纽的运动保障，随时做好修复通道的准备。另外，还要搞好卫勤、油料补给、装备修理、军需供应等机动保障。

（3）快速救援。①派出先遣指挥组。在部队开进前或开进途中，提前进入灾区，搜集、侦察有关灾情，与联合指挥机构取得联系，并及时将有关灾情和本级任务、上级要求等及时反馈到前指和基本指挥所，为部队边开进、边明确任务、边形成救援部署提供信息保障。②按照预案快速展开。部队进入灾区或到达救援现场后，首先在先遣组和地方向导的指引下展开，其次按预案边开设机构、边指挥部署、边展开行动。做到"三快"，关键是各项准备工作必须充分：一是应急战备要扎实，强化战备值班，落实战备储备；二是应急预案要科学，预设情况要实要全，办法措施要有针对性；三是应急演练要经常，要通过野战化、常态化演练，提高各级快速反应能力。

13.1.3 技术支撑的时效性把握

在险情处置过程中，抢险方案的决策问题，直接关系到抢险的成功与否。因此，在制定抢险方案时，应注重"六快"原则，即"快速调查、快速监测、快速定性、快速论证、快速决策和快速实施"。这6个环节不是等同的，更不是彼此截然分离，而是根据具体的灾害事件的情形而表现为相互交叉、相互合并的。技术决策阶段的工作特点是技术要求高、工作反应迅速、技术结论正确及时和政策意识强，对参与快速反应的科学技术人员的专业知识储备、工程实践经验和政策法规意识，甚至社会伦理修养等方面都提出了不同于常规的特殊要求。

（1）"快速调查"：目的是快速查明灾害分布和环境条件等。调查任务是基本查明灾害的规模、分布、破坏类型及其危害状况。工作方法是在充分收集研究现有资料基础上，对现场进行全面细致的考察和不拘形式的明察暗访。在各种条件允许时，可利用实时卫星图像、GPS定位、高倍数望远镜、数码摄像、全站仪、探地雷达、激光扫描系统和快速物探技术等取得灾害险情的特征、空间分布和环境要素等资料。

（2）"快速监测"：目的是了解灾害的动态与发展趋势，判断灾害险情大小、新隐患的位置和危害范围及可能的发生时间，为会商定性、处置方案论证和紧急避险提供依据。工作任务是基本查明灾害的整体动态分布及其随时间的变化特点，提出预警预报和紧急撤离的判据和报警方式。工作方法采用人工测量与GPS定位、全站仪和激光测距仪遥测相结合。另外，广泛发动居民开展群测群防，及时发现新的变形迹象也是应急监测的重要工作。监测工作也是保障抢险人员安全的一种有效手段。

（3）"快速定性"：目的是为确定抢险方案提供依据。工作任务是根据调查和监测资料的全面分析论证，判定提出灾害或险情的成因机制。工作方法是现场观察和会议会商相结合。条件允许时可以开通远程传输会商系统，以便听取更多专家的意见。

（4）"快速论证"：目的是比选提出科学、可行的险情处置方法或者避让方案。"科学"是指应急方案针对险情或灾害成因机理，对症下药；"可行"是指处置技术方法比较成熟，操作流程简便易行，减灾成效显著且可考核，施工安全有保证。

（5）"快速决策"：目的是保证报批等程序及时到位和落实应急资金、队伍和技术装备的配备。工作任务是根据应急抢险的报批程序，应急指挥机构及时决策批准工程控制或避让方案，相关职能部门对应急资金、队伍和技术装备等协调配备到位。

（6）"快速实施"：目的就是保证把握应急处置的最佳时机和紧张有序地实施，争取实现减灾效益的最大化。灾害应急处置工程属于救灾性质，不能按常规工程安排工期、任务和投资等。要力戒议而不决、决而不动的现象发生，工作任务是按决策的方案立即实施。

13.2 影响抢险时机的因素分析

部队参与国家重大突发事件抢险出动时机的选择，不仅关系部队参与处置突发事件作用的发挥，还会影响社会稳定，关乎其他力量的处突行为。部队参与处置国家重大突发事件的时机选择具有重要意义，必须准确把握，以使部队力量精确的投入到突发事件的处置行动中以取得最佳的效果，力求一旦投入部队力量，突发事件的不良态势就能够立即得到根本性好转。

应该认识到，工程部队是参与处置突发事件的重要力量，部队在参与处置国家重大突发事件时，要根据任务准确定位，科学决策出动时机，发挥好与地方和专业处置突发事件力量协同提供技术支援的作用。同时，军队在参与处置国家重大突发事件中具有更多的政治意义，如果部队出动时机过早，不仅影响地方处置突发事件力量的发挥，使其丧失处置各类突发事件的信心和决心，而且还会致使民众对突发事件产生过度恐慌和忧虑，对社会稳定产生负面影响。部队作为处置突发事件的重要突击力量，如果出动时机过迟，将不能有效抑制重大突发事件的后续发展。

在抢险过程中，要确定部队参与处置国家重大突发事件的时机，就必须要对决定部队参与处置突发事件时机选择的主要因素进行分析。这些决定因素主要包括重大突发事件的性质、突发事件的地理环境、信息获取情况、重大突发事件的发展规律、部队的作用及能力建设情况、部队驻防体系布局等。

（1）重大突发事件的性质。国家重大突发事件具有爆发突然、危害大、危险性高、情况复杂等特点，各种类型的突发事件虽然在总体上具有一些共性，但就部队出动时机的选择，主要是基于不同类型事件之间的性质差异，这也是部队出动时机选择的首要依据。

部队参与处置国家重大突发事件的任务，主要是以军队处置军事冲突突发事件、协助地方维护社会稳定、参与处置重大恐怖破坏事件、参加抢险救灾、参与处置突发公共安全事件等"五大任务"为基础，而这五大任务性质的不同，决定其峰值点、发展的速度和衰减程度也不一样，即使是其中一项任务，也包括多种类型，这些不同性质的突发事件对军队投入的时机要求也不尽相同。如部队在参与处置军事突发事件、重大恐怖破坏事件等地方力量参与有限，必须依赖军队出动迅速解决的突发事件，时机选择不宜过迟；在参与处置需要依托地方力量为主解决的公共突发事件，时机选择不宜过早；在参与处置容易引起次生事件或负面社会影响的突发事件，如抗冰救灾、抗震救灾等突发事件，应在灾害发生后的第一时间出动部队力量，及时处置。水电部队的主要任务是参加抢险救灾，因此，结合部队承担任务的特点，部队应当在险情发生后的第一时间主动出击，同时还必须根据处置任务的不同，对不同类型突发事件的特性进行具体研究分析，做到恰到好处。

（2）突发事件的地理环境。在作战中，地理环境要素是影响军事行动的主要因素，同时，因国家重大突发事件本身具有很强的时空特征，军队对其处置行动受地理环境的影响也较大。该地域内的交通状况、地貌特征直接决定着军队机动的快慢和兵力的展开速度。部队参与处置国家重大突发事件，其兵力的投送现今主要采取立体投送的方式，即从陆地、水上和空中三维空间机动。针对某一特定的重大突发事件，具体采取何种类型的投送方式，主要由突发事件的性质、特点以及事件发生地域内及周边的交通情况决定。在交通状况允许的条件下，可选择最为迅捷的投送方式，及时、可靠地对部队进行机动，这不仅可以保障充足的兵力投送，还能使部队获得相对充裕的处置准备时间。相反，如果交通情况较差，或交通网络遭受大的损害，陆上机动就会受到很大限制，有时甚至无法进行。而空中机动也受地形影响较大，如汶川地震救灾行动中，影响部队开展救援的最大问题就是受灾地域内交通状况和地形因素。因此，部队在参与处置国家重大突发事件时，要把地理环境因素作为其出动时机选择的重要因素，综合考虑突发事件发生地三维交通能力，合理选择部队出动时机。

（3）信息获取情况。信息情报包括对重大突发事件的预警信息、事件发展的监控信息和舆情监控信息等，是影响部队出动时机选择的重要因素。这些情报信息随着时间的推移而不断积累，信息量越来越充足，对科学合理决策军队的出动时机选择也越来越有利，只有掌握及时可靠的突发事件情报信息，才能及时对突发事件的性质做出正确判断，对部队在处置行动中的作用做出正确定位，才能确保部队力量的及时准确出动。①翔实准确的信息情报，能够对重大突发事件发生发展实施有效监控，一旦出现地方力量和其他专业处置力量不能满足处置要求时，部队力量可迅速精确投放；②准确的信息情报是确保部队在参与处置突发事件中，对部队力量需求优化分析，对部队人员、装备、技术统筹配置，对重大突发事件目标实施精确定位，对处置效果实施精确判定的依据，失去可靠的信息情报支持，便无法对部队的出动精确控制。此外，重大突发事件发生地的民情、社情、经济、宗教等社会情况也会对军队出动时机产生影响，及时获取这方面的信息将有利于部队参与处置重大突发事件的时机选择。

（4）重大突发事件的发展规律。重大突发事件具有爆发突然、持续时间不定、后续影响严重等特点，然而重大突发事件的发展过程又往往有一定的规律可循。重大突发事件的发生，通常分为前兆、发生、发展、峰值、下降、消失等几个时间段，在不同的时间节点投入处置力量对事件的结果有不同的影响。部队参与处置重大突发事件的时机选择，要依据突发事件发展规律，科学谋划、相机而动。根据突发事件的发展规律，部队要针对重大突发事件的不同阶段形成事前、事发、事中、事后等各个时间节点工作运行机制，投入时机通常应在突发事件达到影响峰值之前，选取恰当的时间节点出动，一旦投入部队力量，就要充分发挥部队的突击作用，使突发事件得到有效控制，确保处置突发事件的及时、高效。

（5）部队的作用及能力建设情况。部队参与处置国家重大突发事件的出动时机与部队在处置国家重大突发事件的作用及自身能力建设情况密不可分。部队作用的有效发挥又必须以精准的力量投入为前提。在参与处置国家重大突发事件中，部队作为主力要尽量靠前，作为技术指导要及时精确出动。正确定位不同性质突发事件中部队应发挥的作用，对于科学决策出动时机有着至关重要的意义。在专业应急力量建设情况上，主要包括人员和装备的情况，如人员的专业技能情况、装备的技术性能等。在决策部队参与处置国家重大突发事件的出动时机时，必须考虑部队的现状，重点是部队的作战保障能力尤其是自身的机动能力，此外还有它的后勤保障能力和装备保障能力等，这些都是影响部队出动的关键因素。部队参与处置国家重大突发事件是非战争条件下实施的军事行动，区别于作战行动。部队参与处置国家重大突发事件能力是部队核心军事能力建设的拓展和延伸。国家重大突发事件类型繁多、性质不一，涉及军事、政治、外交、经济、社会等多个领域，各种应急处置行动所处的环境、实施的对象和达到的目标都明显地不同，对处置的内容、方法、手段、指挥控制等方面都有特定的要求。部队要根据各类突发事件在不同领域的不同需求，以安全种类为导向，有针对性地加强专业训练，把专业力量建设作为提高部队参与处置国家重大突发事件能力的有力抓手。

（6）驻防体系布局。武警水电部队相比于其他兵种，具有分布相对广泛的优势，尤其针对水利工程及堤防的险情处置布防，在这一方面更有利于部队在处置重大突发事件时就近使用部队力量。但从整体上看，我军现有的驻防体系布局在空间上仍然存在制约部队参与处置国家重大突发事件的因素。从近几次部队参与处置的重大突发事件来看，部队遂行任务呈现延伸多样化的特点，事件发生地域也大多离部队驻防地较远，加上重大突发事件的最佳处置时间有限，这就决定了远距离、大规模调动部队必然会制约险情处置时机的把握。因此，作为参与处置国家重大突发事件的重要骨干力量，部队在选择出动时机时，要重点考虑现有驻防体系可能会给处置行动带来的不利影响。

13.3 抢险装备配置

武警水电部队以工程抢险救援为中心任务，工程装备是部队遂行应急抢险任务的杀手锏武器。工程装备的种类、型号、规格繁多，各自又有独特的技术性能和作业范围，根据灾害发生现场的具体条件和抢险要求，合理地选择与配套工程装备投入抢险，制定切实可行的装备保障措施，是部队工程抢险成功的关键。

13.3.1 基本原则

在配置工程抢险装备时，一定要使配置的装备性能先进，做到系统配套，既能用于战时抢险救援，又能用于平时训练施工，全面提升部队战斗力和保障力。

（1）任务牵引，分类实施。按照建设国家队的战斗力标准，以工程抢险救援力量体系建设为重点，根据武警水电部队以支队为作战单元和各作战要素配置要求，分类形成各类装备配置标准，满足不同任务需求，配置符合实际。

（2）系统配套，综合集成。立足抢险装备长远建设发展要求，搞好顶层设计，注重系统集成，优化配置结构，完善装备体系，优化装备型谱，抢险救援、灾后重建、工程练兵、机动运输和后勤保障装备配套完善，逐步实现装备通用化、系列化、标准化，确保装备成建制、成系统。

（3）突出重点，统筹兼顾。突出抢险救援任务，重点配置抢险专业中队工程抢险装备，兼顾运输车辆、后勤保障等其他装备建设，实现重点和全局的协调发展。同时要做到人装结合，发挥装备优势。

13.3.2 配置需求分析

目前，武警水电部队抢险资源配置主要是根据调整转型后的职能任务和部队人员配置系统来进行。武警水电部队应急抢险的首要职能任务是担负因自然灾害、恐怖袭击和战争等因数导致损毁的江河、堤防、水库、水电站、变电站、输电线路等水利水电设施应急排险、抢修抢建任务。为满足抢险资源配置要求，在部队专业化建设中，至少应考虑配置挖装中队、浇筑中队、钻灌中队、钻爆中队、电网中队、安装中队等6类主要专业中队。同时，结合专业化中队建设的实际，工程抢险装备配置还必须满足人装结合，利于管理，满足训练、施工、抢险救援作业需要。下面介绍这几类专业中队的具体配置规划。

(1) 挖装中队配置规划。挖装中队承担土石方挖、装、运抢险任务。每个中队主要配置 $1.9m^3$ 挖掘机1台、$1.6m^3$ 挖掘机2台、$1.2m^3$ 挖掘机1台、两栖挖掘机1台；配420hp推土机1台、320hp推土机1台、220hp推土机1台；配 $3.0m^3$ 装载机1台、侧卸式装载机1台；配26t振动碾1台、18t振动碾1台；配15t自卸车15台、挖装综合作业车1台（挖装综合作业车要专门研发），主要是将用于挖装中队的电焊机、千斤顶、导链葫芦、氧气乙炔割刀等工器具分类放置在一个特制的集装箱中，便于机动迅速、存取方便、救援训练有序。挖掘机、推土机每台装备配置3人，抢险救援时24h作业，其他装备配置1～2人。1个挖装中队具有每天挖装 $8300m^3$ 土石方的抢险能力。

(2) 浇筑中队配置规划。浇筑中队承担钢筋制作、混凝土拌制、立模和浇筑任务。每个中队主要配置 $1.9m^3$ 挖掘机1台、$1.6m^3$ 挖掘机1台、220hp推土机1台、$3m^3$ 装载机1台；$8m^3$ 搅拌运输车3台、26t振动碾1台、$80m^3/h$ 履带式布料机1台、50t履带起重机和25t汽车起重机各1台；37m混凝土泵车2台、$70m^3/h$ 拖泵2台、15t自卸车3台；移动式搅拌站1座、移动式破碎站1套。移动式搅拌站生产率可达到 $90m^3/h$，机动方便，免基础安装，运到救援现场后1d即可安装完成；移动式破碎站包括1台移动式鄂式破碎站、1台移动式圆锥破碎站、1台移动式筛分站，生产率均可达到200t/h，工程拖车运到救援现场后不需安装即可作业。1个浇筑中队具有每天浇筑 $600m^3$ 混凝土的抢险能力。

（3）钻灌中队配置规划。钻灌中队承担基础处理、边坡支护等抢险任务。每个中队主要配置地质钻机 6 台、液压钻机 1 台、锚杆台车 1 台、混凝土喷射台车 1 台、自卸车 3 台、高喷台车 1 台。1 个钻灌中队具有每天独立支护、钻灌 300m 的综合抢险能力。

（4）钻爆中队配置规划。钻爆中队承担岩石钻孔、爆破任务。每个中队主要配置 4 台 D7 液压钻机（孔径 64～115mm，1 台 8h 钻 150m，最大钻孔深度 29m。多臂凿岩台车 1 台；气腿式手风钻 4 台、架子钻 4 台、手风钻 10 台；20m³/min 柴油动力大空压机 2 台、10m³/min 电动中空压机 2 台、3m³/min 电动小空压机 10 台。1 台手风钻配 1 台小空压机，便于机动，架子钻（1 台需要 10m³ 风量）主要用来打边坡孔，气腿式手风钻（1 台需要 5m³ 风量）主要用来打隧道孔。1 个钻爆中队具有每天爆破 1.8 万 m³ 土石方的抢险能力。

（5）电网中队配置规划。电网中队承担组塔、架线等任务。每个中队主要配置大牵引机 1 台、小牵引机 1 台、大张力机 3 台、小张力机 1 台、起重机 2 台。一个电网中队具备同时组 2 级塔、中高压输电线路每天 1km 的抢险能力。

（6）安装中队配置规划。安装中队承担机电安装、金结抢修、管道安装和抽排水等抢险任务。每个安装中队主要配置汽车起重机 2 台、车床 1 台、铣床 1 台，其他小装备若干台。

13.3.3 抢险装备的选型与组合

工程抢险是一个高效率高强度的综合机械化施工过程，要使每种机械的效率都得以充分发挥，对抢险装备的选型与组合配套提出了较高要求。

（1）应选择适合抢险工程施工技术水平和管理维修水平、零配件易于解决、技术性能先进的抢险装备。购置能在抢险工地现场设立售后维修服务点的国内龙头企业的产品。结合抢险单位已有的装备厂家品牌、规格型号来确定新购装备。

（2）优先选用通用抢险装备，特定抢险条件下可考虑选用专用抢险装备。装备的性能选择应考虑装备的输送方式和自重等因素。在能满足技术性能和产品服务要求的前提下，尽量选用国产装备。四川唐家山、广西卡马水库、青海玉树工程抢险主要选用小松山推、山推股份、东风康明斯、中国重汽和河北宣化等品牌，这些厂家的产品价格合理，质量稳定，供货商维修服务好，是抢险装备规格型号的理想选择。

（3）进行抢险装备组合配套时，宜减少配套装备的种类，同一类型的抢险装备，其型号、生产厂家不应过杂。唐家山堰塞湖抢险施工选用的厂家品牌不超过 4 种，广西卡马水库不超过 3 种，提高了抢险施工效率。

（4）配套组合时，应首先确定起主导控制作用的抢险装备，其他与之配套的抢险装备需要数量，应根据主导抢险装备而定，其抢险能力是否大于主导装备的抢险能力，要根据抢险场地来确定。唐家山堰塞湖抢险工程主要以挖掘机和推土机为主导装备。甘肃舟曲以挖掘机为主导装备，广西卡马以钻机和挖掘机为主导装备，江西唱凯堤以推土机和自卸车为主导装备。

（5）抢险装备数量必须满足抢险进度和强度要求，应该扣除因各种原因可能造成的停工天数，并应考虑各种抢险条件造成的施工不均匀程度。工程抢险是应急工程，抢险装备保障必须要有一定的装备储备数量，根据唐家山堰塞湖、广西卡马和江西唱凯堤等抢险工程经验，一般以实际需要量的 1.5 倍为宜。

（6）抢险装备组合配套方案，有条件的可采用计算机系统仿真技术，解决影响因素多而复杂的抢险装备选择和配套组合问题。确定的装备类型和数量，必须根据抢险工程量进行技术经济比较。

13.3.4 主要抢险装备的选择方法

挖掘机、推土机、钻孔机械和自卸车是工程抢险的主要装备，这些装备的选择是拟定抢险装备配置方案的重点。

13.3.4.1 挖掘机的选择

选择挖掘机时，应考虑挖掘机对梯段高度、岩石块度、工作面宽度等方面的要求。

（1）挖掘机抢险能力的确定，按照以下公式计算：

$$P = \frac{TVK_{ch}K_t}{K_k t} \tag{13.1}$$

式中：P 为台班生产率，m^3/台班；T 为台班工作时间，取 $T=480min$；V 为铲斗容量，m^3；K_{ch} 为铲斗充满系数；K_t 为时间利用系数；K_k 为物料松散系数；t 为每次作业循环时间，min。

（2）挖掘机需要量的确定，按照以下公式计算：

$$N = \frac{Q}{MP} \tag{13.2}$$

式中：N 为机械需要量，台；Q 为由抢险总进度决定的月开挖强度，m^3/月；M 为单机月工作台班数；P 为单机台班生产率，m^3/台班。

13.3.4.2 推土机的选择

推土机多用于以下场合：配合挖掘机作掌子面清理、渣堆集散工作；具备挖掘机工作条件地段的土石推运（如炮台清理、边坡修正等）；施工场地广阔，大方量嵌合紧密的坚实黏土及软岩的开挖；小型基坑不深的河渠土方开挖和弃渣场的平整。

（1）推土机抢险能力的确定，按照以下公式计算：

$$P = \frac{TVK_P K_s K_t}{K_k t} \tag{13.3}$$

$$V = 0.5H^2 L\cot\theta \tag{13.4}$$

式中：P 为台班生产率，m^3/台班；V 为一次推移土石料体积，m^3；H、L 为推土铲高度与宽度，m；θ 为推送土石料的自然倾角；K_P 为坡度影响系数；K_s 为推移损失系数；T、K_t、K_k、t，见挖掘机抢险能力计算式（13.1）中的解释。

（2）推土机需要量的确定，推土机进行推土作业时按抢险工程量决定其需要量；进行多项辅助作业时，需要量则根据抢险具体情况而定。

13.3.4.3 钻孔机械的选择

（1）钻孔机械的选择，应对岩石特性、开挖部位、爆破方式等方面进行综合分析比较后加以确定，同时考虑孔径、孔深、钻孔方向、风压、供风方式、不同岩石级别下的钻进速度、架设和移运的方便程度等因素。

（2）开挖场面较大、地势较平坦的梯段爆破，选用潜孔钻机或履带式液压钻机；开挖场面较狭窄、交通困难或高陡坡上，选用移动方便的轻型钻机；当开挖厚度和方量较小时，可采用手持式钻机。

（3）对保护层、设计边线附近的钻爆开挖以及沟槽开挖，应用较小口径的钻孔机械；接近斜坡时，应用能准确控制钻孔方向的机械；在距离设计边线一定范围之外的开挖及高梯段开挖，宜选用较大孔径的钻机。

（4）钻机与挖装装备的抢险能力要协调，钻爆后的岩石块度应满足挖装装备铲斗内容的要求。当钻爆和挖装之间插有其他作业要求时，应考虑其对抢险效率的影响。

（5）钻孔装备抢险能力的确定，按照以下公式计算：

$$P = TVK_t K_s \tag{13.5}$$

式中：P 为钻机台班生产力，m/台班；T 为台班工作时间，取 $T=480\mathrm{min}$；V 为钻速，m/min，由生产厂家提供，当地质条件、钻机工作压力和钻孔方向等改变时，应对 V 值加以修正；K_t 为工作时间利用数；K_s 为钻机同时利用系数，取 0.7～1.0（1～10 台），台数多取小值，反之取大值，单台时取 1.0。对按公式计算出的生产能力，一般均不应低于定额值，必要时，还应和国内外相似工程所达到的实际生产指标进行对比推算确定。

（6）钻孔装备需要量的确定，主要考虑钻孔爆破与开挖直接配套时钻机的需要量，按照以下公式计算：

$$N = \frac{L}{P} \tag{13.6}$$

式中：N 为钻机需要量，台；P 为钻机台班生产率，m/台班；L 为岩石月开挖强度为 Q 时钻机平均每台班需要钻孔的总进尺，m/台班。其中，L 的计算：

$$L = \frac{Q}{Mq} \tag{13.7}$$

式中：Q 为月开挖强度，$m^3/$月；M 为钻机月工作台班数；q 为每米钻孔爆破石方量（自然方），m^3/m，根据钻爆设计取值。

13.3.4.4 自卸车的选择

与挖掘机配套的自卸车主要选用不同类型和规格的车辆。自卸车的装载容量应与挖掘机相匹配，其容量宜取挖掘机斗容的 3～6 倍。自卸车的车型选择应根据工程规模、运输强度、地形和工作面条件等进行技术经济比较后确定。汽车选型时应考虑的主要性能参数主要包括载重量、行驶速度、卸载方式、爬坡能力和最小转弯半径等。

（1）自卸车抢险能力的确定，按照以下公式计算：

$$P = \frac{TVK_{ch}K_sK_t}{K_kt} \tag{13.8}$$

式中：P 为台班生产率，m^3（自然方）/台班；V 为车箱容量，m^3；K_{ch} 为汽车装满系数；K_s 为运输损耗系数；T、K_t、K_k、t，见挖掘机抢险能力计算式（13.1）中的解释。

（2）自卸车需要量的确定，与挖掘机需要量计算公式相同，单车生产率 P 按照自卸车生产率计算。与开挖配套的汽车数量配置应充分考虑如下特点：装车面常比卸料面狭窄，易造成汽车待装；作业时间受到其他作业干扰，使时间利用率降低；运渣道路路面技术等级低，道路如纵坡大，车辆密集，汽车通过能力将减弱，增加抢险循环时间。

13.4 抢险中的后勤保障问题

抢险中的后勤保障困难主要集中反映在 3 个方面：①指挥保障难。灾害发生后，灾区通信、交通、电力基本中断甚至瘫痪，初期掌握灾情十分困难，对任务部队实施有效、不间断指挥的难度比较大。②救援保障难。一方面，时间紧急、准备仓促、信息不明；另一方面，跨区作业、远程救援、流动性大，保障方向和保障对象不断变化，保障工作不利于有针对性地展开。③持续保障难。水电部队应急救援短则 3～5 天，多则半月至数月，远离机关基地行动，需要消耗大量的生活物资和救援器材，长时间、远距离保障比较困难。应急抢险，打的是装备和技术、靠的是保障和供应，各类后勤保障必须配套、完善和有效，只有后勤保障跟得上，抢险战斗才能打得赢。因此，针对上述后勤保障实际，如何采取合理的方式，来实现抢险过程的高效保障，是值得深入研究探讨的一个方向。

13.4.1 抢险装备保障

工程抢险救援具有时间紧、任务重、要求高等特点，工程抢险装备是否及时保障到位，是部队完成救援任务的关键。因此，必须制定严密保障措施，采取多种有效保障方式，确保装备保障有力。

（1）自我保障。对部队现有装备搞好普查，摸清装备底数，进行技术鉴定，确定现有装备数量、质量。按照配置标准认真分析部队装备缺口种类和数量，积极申请装备经费及时到位，搞好装备建设五年规划，制定年度装备配置计划，做到退补平衡，各专业中队工程抢险装备全部落编到位，部队工程抢险装备完好率达到 92％以上，做到成型配套，一旦部队遂行抢险救援任务，装备保障首先以部队自我保障为主。

（2）协议保障。对工程装备采购采取招标的组织形式，对投标厂家的社会责任感、政治敏感性、产品性能、售后服务、厂家信誉和财务实力进行考察，筛选出国内外名牌厂家，以国内厂家和部队现有装备品牌为主，与中标厂家签订应急保障协议，建立应急机制。当部队对任务目标实施救援时，在部队装备不能快速到位或数量不足时，可以按照协议由厂家实施应急保障。厂家接到部队通知后，与部队只办理约定的简化手续，即动用其全国销售网络中储备的装备，就近保障到位，并对部队工程救援装备实施现场维修保障服务。

（3）租赁保障。在部队自有装备无法保障工程救援任务需要时，可以通过地方政府部门或社会信息，就近向社会租赁装备，签订租赁协议。平时应建立地方省市装备信息库，与地方装备单位保持良好关系，特别是中国电力建设集团、中国中铁集团、中国建筑集团、中国中交集团等大型国有施工企业，部队应了解其拥有的装备种类、数量和分布情况，做到部队一旦需要，可以立即启动租赁机制，确保装备及时租赁到位。

（4）储备保障。为保障部队装备种类齐全、数量足够，部队可以储备一定数量的装备。部队要充分利用地方政府部门储备的装备资源实施军地联合保障，摸清国家电网公司、国家地震局、水利厅（局）等单位储备的装备种类、数量和分布情况，建立政府装备储备信息库，加强沟通联系，建立应急响应保障机制，确保政府装备资源保障及时、足量，满足部队工程抢险的需要。

13.4.2　应急物资保障

应急物资是指为应对严重自然灾害、突发性公共卫生事件、公共安全事件及军事冲突等突发公共事件应急处置过程中所必需的保障性物质，其特点是不确定性、不可替代性、时效性和滞后性。武警水电部队在应急抢险过程中承担了道路抢通、堰塞湖抢险、水电站抢修等诸多任务，所需应急物资主要集中在动力燃料、设备配件、工程材料、小型工器具等专用物资以及食宿、卫生防护通用物资。应急物资筹措是应急物资保障的基础和首要环节，是应急物流指挥机构顺利运行的物质基础，是检验应急组织指挥机构运作效率的重要标准。其筹措方式主要有：动用平时储备、使用公共资源、市场紧急采购、动员社会捐赠和组织研发和生产。

（1）动用平时储备。"应急物资的储备"主要包括实物储备、资金储备、生产能力储备和社会储备。它是应急物资筹措的首选方式，是缩短物资供应时间的最佳途径。从汶川道路抢修过程来看，地震救援初期由于交通、信息的损坏，作为一支特殊的应急救援队伍，无论设备、工程材料还是生活保障性物资，只能依靠自己的储备。

（2）使用公共资源。当突发事件发生后，国家会迅速启动应急系统，包括启动应急物资中心和应急物资信息系统，并建立应急指挥机构。应急指挥机构根据事件的大小、性质、影响范围等，对所需应急物资做初步的需求分析，并在应急物流信息系统的基础上，查询应急物资的储备、分布、品种、规格等具体情况，决定应急物资的发放、数量、种类等，随后通过各种渠道筹措应急物资，组织统一运输与配送。

（3）市场紧急采购。根据筹措计划，对储备、征用不足的物资，国家实行政府集中采购。部队也是如此，汶川地震期间，武警水电部队大量采购了食品、办公用品、被装、重型设备等物资充实救灾一线。

（4）动员社会捐赠。在突发情况下，动员社会各界积极开展捐赠，是挖掘社会潜在资源的一种重要手段。"一方有难，八方支援"，捐赠和支援物资也是应急物资的重要来源之一。当今社会捐助的主要方式是资金，也有部分救灾物资。救灾物资大多数可直接运往灾区，进行救急，如衣物、粮食、抢险设备等；捐款则可广泛用于各种应急救灾物资的采购，灵活性强。

第14章 典 型 案 例

14.1 广西卡马水库溃坝险情处置

2009 年 7 月 2 日 3 时，因多日连降暴雨，位于广西河池市罗城仫佬族自治县怀群镇龙江支流、正在进行除险加固施工的卡马水库出现重大险情，大坝出现渗水，严重危及下游 4 个村，39 个自然屯 1.5 万多名群众的生命财产安全。险情发生后，按照上级部门的指示，武警水电一总队立即抽组人员装备投入抢险战斗。通过参战官兵的连续奋战，最终提前 24h 完成卡马水库溃坝险情处置任务，确保了下游人民群众的生命财产安全。

14.1.1 险情处置任务情况

2009 年 7 月 2 日 16 时，广西壮族自治区防办介绍卡马水库险情基本情况，总队派出先遣组连夜赶赴现场勘察水库险情。3 日 1 时，先遣组参加了自治区抢险指挥部现场会，会议明确由武警水电一总队承担卡马水库溢洪道开挖抢险任务。

根据联合指挥部召开的卡马水库险情处置会议精神，总队采取在水库大坝右岸适当位置开口泄洪下降水位，把库水位下降至左岸溢流坝高程以下，然后在左岸进行导流明渠施工的抢险方案，于 4 日 14 时，组织参战官兵开始实施抢险作业。15 日 4 时，水库水位降至 200.09m 高程，溃坝险情被彻底排除，抢险官兵开始分批撤离。

此次抢险，累计抢通道路 1.83km；大坝右岸泄洪槽和导流槽土石方开挖超过 21300m³；左岸溢洪道钻孔超过 2100m、开挖超过 15000m³，拆除钢筋混凝土 410m³。

14.1.2 处置方案的制定与实施

14.1.2.1 工程概况

（1）地理位置。卡马水库位于广西罗城县怀群镇卡马屯境内龙江东小江怀群河支流卡马河上，坝址距县城54km，距怀群镇政府所在地3km。卡马河发源于高山峡谷中，由北东向西南流，属山区小河流，主河道总长15.3km，河流比降25.1%，坝址以上集雨面积52.3km²（其中明流为41.5km²，伏流为10.8km²），主要支流有2d，于坝址以上3km处汇合，流域西北部有10.8km²集雨面积通过一伏流段流入水库。库区多年平均降雨量1520mm，多年平均径流量5550万m³。多年平均气温为19.4℃，极端最高气温是38.0℃，极端最低气温是−4.0℃。

（2）水库简介。卡马水库是一座具有灌溉、养殖、发电等多功能综合效益的小（1）型水利工程（图14.1）。水库始建于1957年10月，原设计为一座7.4m高的浆砌石滚水坝，1958年建成。1971年9月对原矮坝做了扩建，1981年2月主体工程竣工，扩建后1988年和2002年分别对大坝做了帷幕灌浆加固处理。水库主要由混凝土面板干砌石重力坝、溢洪道、坝内输水涵管及坝后式发电站组成。大坝为斜墙混凝土面板干砌石重力坝，最大坝高38.7m，坝长250.3m，水库总库容930万m³，大坝为4级建筑物，次要建筑物为5级。

水库设计以灌溉为主，并兼发电和养殖，设计灌溉面积840hm²（1.26万亩）。坝后式电站装机容量2×200kW，由于大坝渗漏严重，年发电量仅为50万kW·h。水库正常蓄水位为220.10m，50年一遇($P=20\%$)设计洪水水位222.49m，200年一遇校核洪水水位223.89m³/s，设计洪水泄洪流量431m³/s，校核洪水泄洪流量689m³/s。

（3）水库影响范围。卡马水库安全影响范围涉坝址下游3km的怀群镇及剑江、泗岸、冬安、加林等村屯3.4万人，耕地1667hm²（2.5亩），以及罗城—环江二级公路。

图 14.1　卡马水库全貌

14.1.2.2　地质情况

（1）库区地质概况。库区位于云贵高原和广西盆地的斜坡地带，库区北高南低，山峰均在海拔 500m 左右，属构造剥蚀低山地貌，库区山体雄厚，不存在单薄分水岭和低矮垭口。库区地层中存在泥岩，为相对隔水岩系，无库内外连通的导水断层，不存在库水向临谷渗漏问题，库岸不存在较大不良物理地质现象，近坝库岸坡坡度较缓，覆盖层薄，经过多年运行，未发现塌岸、滑坡等不良物理地质现象，库岸稳定性良好，水库淤积量小，水库成库条件较好。

（2）工程区地质概况。工程区河谷为对称 U 形河谷，左岸、右岸岸坡坡度分别为 25°及 35°，岸坡残坡积层厚 1～5m，河床宽 15m，河床基岩零星裸露，近坝区大部分覆盖砂卵砾石、漂石冲积层，厚约 2～3m。

工程区处在断陷谷地内，岩石为单斜构造，北东向一组断裂发育，产生断层，沿断层带有破碎带及断层角砾岩，裂隙发育；工程区岩溶发育，地表和钻孔均发现溶洞，由于地质构造发育，地下水水量较大，溶洞水赋存于灰岩溶洞、溶隙中；地下水通道主要为断层及岩溶裂隙，水文地质条件较为复杂。

（3）大坝防渗情况。据有关记录，卡马水库原矮坝主要是人工施工，在施工过程中由于水泥短缺，为了不至于停工待料，只能用石灰浆代替水泥，而灰浆水分含量大，截流后受水浸泡，灰浆固结慢，在渗流作用下，部分灰浆被掏空。在 1988 年的固结灌浆加固施工过程中，发现 0.1～0.6m 的空洞多处，松动石块较多，造成钻进困难。表明原矮坝坝体密实度低，填筑质量差，结构松散。

扩建后的卡马水库大坝是在原浆砌石大坝基础上加高，为干砌石坝体。坝体表明砌筑质量好，但从深坑开挖结果看，砌石堆砌不紧密杂乱堆放，块石之间缝隙大，空洞多结构松散。曾在坝顶挖坑用充水法检测砌石的天然容重平均值为 1.74g/cm^3，试验结果较低，砌石施工质量差，解密性差。

综合上述，旧坝坝体渗透等级为强透水，达不到防渗要求。扩建后大坝不具有防渗功能，为大坝病险加固后的卡马水库大坝，完成大部分防渗面板，全靠铺设于迎水面的混凝土防渗面板防渗。

14.1.2.3 水库鉴定情况

2007 年 9 月，罗城县水利局委托河池水利电力勘测设计院对卡马水库大坝进行了安全评价工作，评定卡马水库大坝安全类别为三类坝。其安全鉴定结论如下。

（1）大坝坝基岩性主要为灰岩、泥岩，灰岩岩溶发育。大坝清基不彻底，坝基没有全线做帷幕灌浆，大坝坝基及坝肩岩体存在连通性良好的岩溶裂隙及溶洞，库水通过岩体中顺河的岩溶裂隙溶洞产生严重渗漏，渗漏途径主要是强分化带、弱分化带溶洞、断层及风化裂隙。渗漏问题尤以左坝肩至溢洪道一带最为严重，不能满足防渗要求。

（2）大坝砌体存在不均匀沉降现象，上游侧干砌石体间有 5～10cm 的高差，现状坝体变形已基本稳定，但局部坝段坝体与防渗面板间有张拉裂缝。上游侧混凝土防渗面板施工质量一般，抗渗指标低，受坝体变形影响，坝体中部及左侧伸缩缝大部分已开裂变形，存在渗漏通道。

（3）大坝坝体干砌块石间空洞多，大坝抗滑稳定不满足规范要求。

（4）大坝坝顶高程不满足校核工况防洪要求，满足非常运用工况防洪要求；溢洪道满足防洪要求。

（5）各工况下大坝稳定安全系数均满足规范要求；坝顶宽度满足要求，但栏杆、路面破损严重，下游坝坡需要修正并补建排水设施。

（6）溢洪道泄洪能力满足规范要求，溢洪道岸墙高度满足要求。溢洪道岸墙抗滑和抗倾稳定安全系数满足规范要求，基底正应力小于基础的承载力。但现状溢洪道堰面混凝土破损、剥蚀，露出浆砌石体，多出有纵向裂缝，冲刷坑，没有设置排水设施，存在隐患。

（7）有压混凝土压力管过水能力满足要求，混凝土压力管现场检测混凝土强度偏低，碳化严重，现状管壁开裂、剥蚀、漏水严重，混凝土强度不满足要求。

（8）发电灌溉进水塔结构破损，不能满足运行要求；拦污栅、检修闸门及启闭设备均已破损废弃，无法使用。

（9）防汛道路为泥路，路面狭窄，路况差，雨天通行困难，无法满足防汛抢险的要求。

（10）水库水文观测设施不齐全，未设大坝安全检测设施。水库管理房不满足使用要求。

2007 年 11 月，卡马水库三类坝安全评价成果通过广西壮族自治区水利厅核查，同意三类坝鉴定结论。核查意见如下。

（1）坝顶欠高，大坝防洪能力不满足规范要求；上游防渗面板局部开裂，表面剥蚀严重，伸缩缝变形开裂，止水橡胶老化开裂，漏水严重；坝顶栏杆损坏严重，坝顶下游侧路面有不均匀沉陷，上游侧混凝土防渗面板与坝体干砌石接触面有变形分裂现象。

（2）坝基岩体岩溶裂隙发育，透水性强，渗透系数不满足规范要求，坝基渗漏严重。

（3）溢洪道溢流面砌体老化，表面砂浆剥落，泄槽边墙、底板砌体老化开裂，表面剥蚀严重，局部损坏，陡坡段五排水设施。

（4）大坝干砌石坝体空洞多，大坝抗滑稳定不满足规范要求。

（5）穿堤涵管老化，管壁剥蚀，沉降变形，有环向裂缝，漏水严重；放水塔结构损坏，闸门及启闭设备损坏废弃。

（6）管理设施不完善，大坝无安全检测设施；防汛道路路况差。

根据水利部《水库大坝安全鉴定办法》（水建管〔2003〕271号）规定：三类坝，实际抗御洪水标准低于部颁水利枢纽工程除险加固近期非常运用洪水标准，或者工程存在较严重的质量问题影响大坝安全，不能正常运行的坝。

根据鉴定情况，2008 年 9 月开始对卡马水库进行除险加固处理，除险加固报告计划工期为 18 个月。

14.1.2.4 水库险情发展过程

（1）险情出现前情况。据了解，截止到 6 月下旬出现第一次险情前，卡马水库除险加固施工完成了大坝上游面板插筋施工，上游面板混凝土浇筑除靠左岸、右岸部分面板未浇筑外，其余基本浇筑至坝顶高程。

（2）第一次险情情况。2009 年 6 月 24 日 8 时左右，施工监理发现已封堵的大坝放空导流洞开始漏水，漏水流量约 $10m^3/s$，水流冲垮卡马水库东干渠道边墙长约 10m。据分析，发生漏水的原因是，原被封堵的放空导流洞被击穿，出现渗漏（图 14.2）。险情发生后，当地政府启动紧急预案，组织水利人员商讨抢险方案，决定采取抢险方案：先定位，找到漏水位置，用钢筋笼装块石料抛下堵漏，再用编织袋装土抛堵（图 14.3）。至 6 月 25 日 9 时，抢险队通过投放石料钢筋笼和沙袋，虽然渗漏有一定减少，但是效果不明显。根据堵漏情况，再次会同有关技术人员讨论研究重新制定堵漏方案：利用放空导流洞和发电引水洞的泄水，将水库的水排干，查找放空导流洞被击穿的闸门，进行重新封堵。

6 月 28 日 14 时，水库水位最低位 197.02m，水库的水基本被

图 14.2 水库第一次险情情况

图 14.3 第一次险情抛填堵漏处置

放空（图 14.4）。当地政府和水利部门组织人员，清理原放空导流洞上的淤泥，并组织人员设备进行封堵放空洞及放空洞周围防渗处理。但是在封堵过程中，出现降雨，水库水位开始上涨，在 6 月 29 日，水库水位上升至 202.1m，放空导流洞封堵被迫终止。

（3）第二次险情情况。6 月 29 日和 30 日，卡马水库受上游库区强降雨影响，卡马水库水位急剧上涨。至 7 月 1 日 12 时，水库水位上升至 210.2m，带来了第二波更严重的险情。7 月 2 日零时30 分，卡马水库水位为 210.98m，大坝外侧放空洞出水口处出现山体塌方险情；凌晨 1 时 25 分，放空洞出口右侧边墙被冲垮 3.5m

307

图 14.4 水库放空进行防渗处置

左右，排水改道往塌方处流；2 时 58 分，放空洞出口右侧边墙又
被冲毁两米左右；11 时，卡马水库大坝放空洞出口右侧边墙又被
冲毁 8m，累计被冲毁 13.5m，塌方处距大坝基脚仅有 4m（图
14.5）。

图 14.5 水库出现塌方险情

　　根据距卡马水库直线距离在 8～10km，下游最近的天河水文
站和上游最近的古坡雨量站记录：7 月 3 日，据天河水文站测量，
1h 最大降雨 20mm，24h 最大降雨量 113mm；古坡雨量站测量 1h
最大降雨 69.5mm，最大 24h 降雨量为 338mm。导致 7 月 3 日卡马
水库水位又持续上涨（图 14.6），12 时，水库的水位已涨至

215.47m，比 2 日 8 时的水位上涨 4.9m，库容骤然增加至 526 万 m³。14 时 45 分开始，库水位超过 218m，水库溢洪道开始泄洪；3 日泄洪水深一度超过溢洪道 2m，达到 220m 高程，水库险情严重恶化，大坝的承受能力已接近极限。

图 14.6　库区出现强降雨水位不断上升

3 日 20 时 30 分左右，放空导流洞发生坍塌（图 14.7），导致放空导流洞上方的坝体塌陷、面板悬空、及较大范围的坝体渗漏扩散，原放空导流洞流量多以潜流方式下泄（图 14.8），大坝坝顶震动明显增大。此时，在巨大的水压下，大坝随时都有可能出现垮坝。

图 14.7　放空导流洞坝体塌陷

图 14.8 坝体渗漏扩散加剧

险情发生后，当地政府紧急疏散库区抢险人员、设备和库区下游 1.5 万余群众至罗成县城和地势较高的乡镇避险。党中央、国务院高度重视卡马水库险情，7 月 3 日晚，中央领导作重要批示，要把抢险救灾工作做好、做实、做到家，确保群众生命安全。水库 6 月 24 日至 7 月 4 日水位、库容变化见图 14.9、图 14.10。

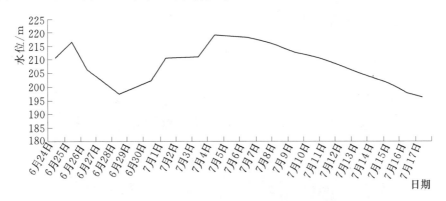

图 14.9 2009 年 6 月 24 日至 7 月 4 日卡马水库水位变化曲线图

14.1.2.5 除险方案确定

考虑库区水雨情的复杂性，水库处于高水位运行，水库险情随时可能进一步恶化。为了尽快排除险情，首要任务是快速降低水库的水位，减少水库的库容，减少水压力。

（1）技术方案选择。

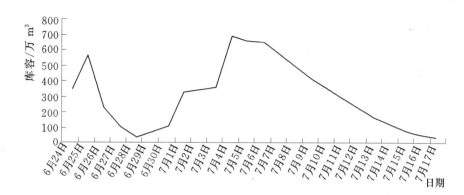

图 14.10　2009 年 6 月 24 日至 7 月 4 日卡马水库库容变化曲线图

1）第一次除险方案。在 7 月 2 日，由水利部、珠江委和当地水利部门技术人员组成的专家组，在查看现场和询问当年曾参与过卡马水库施工的人员后，经过研究讨论决定的处理方案是：①在库区放空导流洞闸门部位，采取抛块石钢筋笼，降低渗漏水流速度；②在放空导流洞出口，用块石钢筋笼进行加固，减少放空导流洞泄水对坝脚的冲刷；③尽快在左岸溢洪道上开挖底宽 10m、深度为 10m 的泄流槽，以便于降低水库的水位，缓解水压力。

7 月 3 日当地出现强降雨，24h 降雨 110mm，在卡马水库下游的河道交通中断，同时在同日 14 时 30 分左右，溢洪道开始泄水，下游河道水位进一步加高，同时通往溢洪道的公路处于山地，年久失修，部分大型机械设备根本无法通行，在左岸溢洪道开凿泄流槽的方案暂时无法实施。

2）第二次除险方案。7 月 4 日，自治区政府以及水利部、珠江委、当地水利部门和武警水电部队有关人员再次就险情处置方案进行讨论，各位专家先后提出四种泄洪的方案：①在大坝垮塌部位开口泄洪；②在大坝靠近左岸溢洪道侧开口处泄洪；③在大坝中间开口泄洪；④在大坝右岸适当位置开凿泄流槽，泄流降低水位后，配合左岸溢洪道泄流槽的开挖。

经过充分讨论，考虑大坝泄流安全的同时，充分考虑泄流过程大坝的安全及除险人员的安全，同时结合整个汛期的防洪安全对四个方案进行分析。方案①：施工地点远离安全地段，大型机械设备无法达到，人员设备撤离距离长；大坝加固的钢筋混凝土面板厚度为 50cm，拆除难度大；大坝震动依旧，垮塌随时有扩大的危险，直接威胁除险人员的生命安全。方案②：溢洪道目前仍在泄水，机械设备和除险人员无法达到；紧急情况时，人员撤离难度很大。方案③：依然存在拆除面板难度大，大型机械设备无法进场，人员撤离安全距离远，还存在打开缺口后，水流直接冲刷大坝，干砌石大坝被掏蚀扩大危险。方案④：右岸边坡为古滑坡体和大坝坝脚，右岸泄流会造成冲刷，可能会带来次生灾害；同时，左岸泄流槽均为岩石结构，开挖需要爆破作业，爆破一旦控制不好，会造成大坝坍塌的薄弱部位坍塌扩大甚至垮坝的危险；但右岸泄流槽采取控制性泄流，可以有效减少对古滑坡体和大坝的冲刷，同时泄流低于218m 高程后，右岸泄流槽可以继续降低，左岸泄流槽也能在干场作业下的施工，可以加快施工进度，尽快缓解水库险情。

　　3）第三次除险方案。7 月 10 日，由水利部、自治区、珠江委、武警水电部队以及当地有关部门参加的第三次除险方案讨论会，针对卡马水库目前汛情初步得到缓解，但是考虑到今年整个汛期卡马水库及下游群众的安全问题，进一步研究讨论除险方案。经过充分的讨论和分析，最后决定在原方案的基础上对左岸泄流槽加深 2m。在适当情况下，对渗漏的导流洞进行封堵，保证今年整个汛期水库和下游群众安全度汛。

　　（2）技术方案确定。经充分讨论、反复比较，卡马水库除险方案最终确定为：在右岸坝段和左岸溢洪道分别开挖泄流槽，右岸泄流槽采取控制性泄流，同时辅以导流槽，引导下泄水流朝预定的方向流入河道，减少对古滑坡体和大坝坝脚的冲刷；当水库水位降低至 218m 高程后，积极组织进行左岸泄流槽的开挖，同时右岸泄流槽继续加快加深，尽快降低水库水位，解除水库险情，同时考虑整个汛前的水库的度汛安全，保持水库低水位运行。

　　（3）大坝右岸泄流槽方案参数的选择。

　　1）存在的难点和和重点。右岸泄流槽主要的难点和重点是安全问题，存在四种安全因数。①考虑大坝安全因素：在大坝上开口泄流，在此前没有先例可以借鉴；且大坝为松散的浆砌石，开口泄流后，对大坝冲刷和大坝整体安全影响难以控制。②考虑对滑坡体冲刷因素：大坝泄流槽至主河道直线距离约 100m，高差在 30m，且右侧山体为浅层古滑坡体，如泄流流速较大，会冲刷到滑坡体的坝脚，严重时会带来次生灾害。③考虑附近村庄安全：大坝开口处距离附近村庄约 50m 远，如果遇到石方，要采取爆破方法拆除，必须采取控制爆破，减少爆破产生的冲击波和飞石对村庄的影响。

2）泄流槽开口位置确定。根据大坝为上宽 5m，靠库区内侧为素混凝土面板，坡度为 1∶0.65；库区外区为干砌石，坡度为 1∶0.55，在距离右岸约 50m 处大坝呈弧线连接处，库区内主要为回水，水流缓慢，流速很小；库区外为一坡地，距离坝脚约 20m 至 30m，有利于开挖导流槽和大坝拆除的块石进行左侧大坝护脚处理。在综合考虑泄流流速小，最大程度减少对古滑坡体边坡的冲刷，同时也充分考虑到设备人员安全撤离路线和距离等因素，确定在距离右岸约 50m 处开口。

3）泄流槽参数选择。泄流槽开口线长度根据泄流槽底部宽度和坝体缺口两侧的坡度确定，泄流槽底部宽度依据宽顶堰泄水流量公式计算初步确定，缺口两侧坡度依据缺口干砌石质量和施工设备进退场情况决定。

根据现场情况，设备可自缺口外侧的斜坡地进场和退场，开挖后的土石方利用斜坡地可以就地堆放，主要根据拆除大坝后的干砌石质量情况确定两侧的坡度，初步确定为 1∶0.75。

泄流槽底部宽度根据泄流槽下泄流量确定，下泄流量参照宽顶堰自由出流公式计算。

宽顶堰泄水流量公式：　　$Q = \varepsilon m B \sqrt{2g} H_0^{3/2}$

式中：H_0 为缺口底坎以上的上游水头；B 为堰口过水宽度；ε 为侧向收缩系数；m 为流量系数。

侧向收缩系数 ε，可以从缺口、梳齿泄流侧收缩系数 ε 曲线差得为 0.93；流量系数 m，采用锐缘进口、缺口下游为斜坡的经验

公式 $m = 0.34 + 0.01 \dfrac{4 - P_1/H}{0.89 + 2.24 P_1/H}$ 计算，得到 m 为 0.3437；

缺口以上水头 H_0，为了减少泄流对坝体及对滑坡体的冲刷，控制下泄水流速度，在改变水流方向的情况下，尽量控制水头，确定把水头差 H 控制在 $0.5 \sim 1\text{m}$；综合上述，可以初步推算出流量 Q 与堰口过水宽度 B 之间的关系是 $Q = (0.5 \sim 1.415)B$。综合考虑下泄流量减少对古滑坡体的冲刷和满足泄流要求的情况下，要求下泄流量控制在 $3 \sim 10\text{m}^3/\text{s}$，因此泄流槽底部宽度选择为 $7 \sim 15\text{m}$，最终取值为 10m。

为了尽快降低库水位，同时考虑左岸溢洪道能够在干场情况下施工，初步确定开挖深度最低约为 $8 \sim 216.8\text{m}$ 高程（左岸溢洪道底板高程约为 218m），再视天气和库水位情况进行进一步加深。

由此，计算得出坝顶开口线的长度，同时考虑进一步加深宽度初步确定为 30m。

为了泄流槽水流畅通，减少对滑坡体和大坝坝脚的冲刷，开挖导流槽至下游河道，导流槽尽量利用原有的排水沟，在坝脚部位增加块石和沙袋护坡，初步确定泄流槽开挖的长度约 100m。

（4）左岸溢洪道泄流槽方案参数的选择。

1）存在的重点和难点。右岸泄流槽主要的难点和重点是要充分考虑以下四个方面因数：①大坝安全因素：距离溢洪道约 50m 远的大坝曾发生坍塌，为大坝薄弱部位，施工时要确保大坝不发生安全事故；②溢洪道地质条件复杂，可能遇到溶洞、断层和裂隙等地质条件，不可预见因素比较多，且施工前没有图纸和地质资料，只能根据溢洪道左岸岩石构造和咨询当地群众，了解部分地质情况；③溢洪道泄流槽设计不仅满足本次泄流，且综合考虑汛期大坝的安全，要有足够的泄流量，保证汛期卡马水库低水位运行；④溢洪道上游为水库，下游为河道，施工期间和施工后人员、设备安全撤离通道，也是必须考虑的因素。

2）泄流槽布置。溢洪道现状：溢洪道前端为高度为 2m 的浆砌石挡墙，顶部高程为 220m，长度为 79.1m，与大坝连接；溢洪道的平直段轴线长为 61.3m，宽度为 79.1～26.5m，坡度 $i=$ 0.012；斜坡段长 83.4m，宽度为 26.5～17.1m，坡度为 $i=0.273$。

泄流槽布置：考虑到坝体侧交通，靠山体侧最窄处能满足设备自由通行，初步考虑为 5m，然后自山体向大坝布置泄流槽，在泄流槽轴线方向沿溢洪道轴线方向布置，考虑在短时间内达到降低泄流槽高度，泄流槽前段采取圆弧连接的弧线形式，以减少开挖长度，长度方向约 110m。

3）泄流槽参数选择。泄流槽参数主要是确定上部开口宽度、底部宽度和泄流槽深度。

首先确定溢洪道泄流槽开挖深度：对照《卡马水库水位库容查算表》，表中可查数据最低水位为 195m，对应库容为 22 万 m³，最高库水位为 222m，对应库容为 840 万 m³。据了解，最近几年最大水位为超过溢洪道底板 2m 多高，库水位约为 220～221m，对应水位是 750 万～790 万 m³。据溃坝对库区下游影响大小，要求把库容控制在 300 万 m³ 以内，并且尽可能的降低。7 月 3 日方案讨论决定溢洪道泄流槽下降到 208m，对应最大库容 258 万 m³。

7 月 10 日第二次研究讨论方案，考虑到卡马水库由于发生导流洞坍塌，大坝较高部位（213m 高程以上）已不具备正常挡水条件；同时泄流槽满足 2009 年汛期度汛要求，即是库区上游出现强降雨，卡马水库不至于发生溃坝的险情，下泄水流对下游产生的影响不大。

就此思路，专家提出在大坝坍塌部位拆坝至 202m 高程、加宽左岸泄流槽及加深现有左岸泄流槽等多种方案。专家组分析，202m 高程以下大坝基础是大块石，相对比较稳定，即使垮坝，202m 高程以下的坝体也不会冲垮；在控制水位不超过 214m 高程，坝基原渗漏部位不会出现较明显颗粒流失的情况下，左岸溢洪道上泄洪槽开挖至 208m 高程后，可排泄 20 年一遇的洪水（最大泄流量约 300m³/s），与下游河道安全承泄能力相匹配，库区下游的群众安全，不受威胁；当左岸泄流槽开挖至 206m 高程，可以抵挡 50 年一遇洪水标准，坝前壅水位高大约 213m 高程，最大的下泄流量约 344m³/s（考虑左右岸泄流槽、发电洞泄流以及渗漏），库区下游将形成一定的漫滩，但是当来洪超过 50 年一遇标准时，有一定的时间过程，可以对导流洞上部部分面板拆除开槽以保障不至于发生在较高水位条件下发生溃坝事故。最后综合考虑各种因数后，决定在原有左岸溢洪道泄流槽开挖深度的基础上，加深 2~12m，相应库水位 206m 高程，对应库容为 199 万 m³/s。

第二确定泄流槽底部宽度：按照台型堰自由出流公式计算。

台型堰自由出流公式：　　　$Q = m_p B \sqrt{2g} H^{3/2}$

式中：m_p 为台型堰流量系数，B 为堰孔过流宽度；H 为上游水深。

其中 m_p，按照上游面坡度小于 0.6，下游面坡度 0~0.75，自由出流流量系数为 $0.31 + 0.23H/P_1$，P_1 为堰顶至库底距离，卡马为 11m。根据缺口上游可能出现的水深 H，测算出泄流槽与堰孔过流宽度的关系见表 14.1。

表 14.1　　　　　　　　　泄流槽与堰孔过流宽度关系

序号	上游水深 H /m	相应库水位 /m	对应库容 /万 m³	流量 Q 与宽度 B 关系
1	1	207	227	$Q = 1.465B$
2	2	208	258	$Q = 4.4055B$
3	3	209	289	$Q = 8.5743B$
4	4	210	322	$Q = 13.942B$
5	5	211	355	$Q = 20.519B$
6	6	212	389	$Q = 28.333B$
7	7	213	425	$Q = 37.418B$
8	8	214	464	$Q = 47.7811B$

根据卡马水库历年汛期的入库流量，能满足尽快泄水要求，缓解库容压力的原则，最终确定泄流槽底部宽度为 10m。为了尽量减少对大坝薄弱部位的震动影响，上部开口宽度为 13m。

（5）主要技术方案参数。右岸泄流槽，上部宽度 30m，底部宽度 5m，根据泄流情况逐步加深；左岸泄流槽，上部宽度 13m，底部宽度 10m，深度 12m。

（6）左岸泄流槽爆破设计。右岸泄流槽开挖，如遇到大块石，尽量以冲击锤进行解小，必要时辅以控制装药的爆破解小；如遇到石方，采取控制爆破方式，控制单响爆破在 20kg 以内。

左岸泄流槽由于开挖工程量大，而且均为岩石，设计采取分层分区爆破，根据第一次方案，设计分 2 层开挖至 208m 高程，每层开挖深度为 5m，每层按照 12～15m 为一个爆破区。为了减少对大坝及大坝薄弱面的震动，在泄流槽两侧边墙采取预裂爆破技术，主爆区采取梯段爆破技术。

在预裂爆破设计时，考虑是抢险工程，工期要求紧，不可能与平常爆破一样，先进行爆破试验，然后总结分析后进行施工。只能依靠经验公式结合工程实际情况来确定主要的爆破参数，这就对爆破参数设计要求更高，尤其是第一次爆破参数确定至关重要。

1）预裂爆破主要参数设计。

（a）预裂爆破要求的质量标准。

预裂爆破主要是在预裂爆破时把岩体切开造成整齐的贯通裂缝，同时还要求爆破不造成大的裂缝。为了达到上述目的，预裂爆破应达到以下的质量标准：①岩体在预裂面上形成贯通裂缝，其表面宽度不小于 1cm；②预裂缝面保持平整，不平整度小于 15cm；③预裂缝面岩体不产生大的爆破裂隙。

为了达到上述三项要求，需要合理处理装药密度、不耦合系数和钻孔间距三者的关系。

（b）装药密度的计算。根据长江水利科学院等单位建立的经验公式：

$$\Delta_{\text{线}} = 0.034 a^{0.67} [R_{\text{压}}]^{0.63}$$

式中：$\Delta_{\text{线}}$ 为线装药密度，kg/m；a 为钻孔间距，m；$[R_{\text{压}}]$ 为岩石极限抗压强度，MPa。

其中，经过询问当地设计部门和比对岩石极限抗压强度表，溢洪道灰岩的极限抗压强度约为 40～60MPa，考虑到抢险要求在短时间完成任务，减少造孔量，钻孔间距确定为 80cm，根据公式计算其线装药密度为 299～386g/m，按照极限抗压强度为 50MPa 计算其线装药量为 344g/m。

计算的结果，再利用《水工建筑物岩石基础开挖施工技术规范》（SDJ 211—83）介绍的公式 $\Delta_线 = 0.068 \times a \times [R_压]^{0.5}$ 进行复核，得到的结果 339g/m。

（c）钻孔间距 a 的确定。根据实践经验表明，钻孔间距和钻孔直径之间有一个合理的关系。即钻孔间距和钻孔直径 D 之比值，称为间距系数，用 E 表示，一般认为取值为 7～12 为宜，即 $a=(7～12)D$。该工程采用潜孔钻造孔，造孔直径 90mm，按照上式计算出造孔间距 a 为 63～108cm，设计考虑工期要求紧，造孔间距 a 取值为 80cm。

（d）不耦合系数 m 的确定。不耦合系数 m 是指装药的不耦合程度，用 $m=D/d$ 表示，其中 d 为装药直径。根据以往爆破的实践经验，一般不耦合系数选用 $m=2～4$。坚硬的岩石选小值，松软岩石取大值。根据岩石硬度情况 m 取值为 2.5～2.8，选取 $\phi32$ 的乳化炸药。

（e）装药结构设计。设计时考虑溢洪道下可能存在裂隙、溶洞、断层等不确定因素，设计的线装药量 q 可以分为在装药结构上分三段（即孔口段 $q_{孔口}$、中间段 $q_中$、孔低段 $q_底$）。

孔口段：一般为 $q_{孔口}=(1/2～1/3)q$ 中，装药长度为 1～2m，地面岩石比较坚硬完整部位，$q_{孔口}=q_中$。在溢洪道表面采取的钢筋混凝土面板，因此选取的是 $q_{孔口}=q_中$。

中间段 $q_中$：是预裂爆破的主要装药段，对预裂裂缝的形成和预裂的宽度起到控制作用，选取 $q_中=q$。

孔底段 $q_底$：底部装药量随着孔深增加而加大，集中分部在孔底 1～2m 范围内，以克服岩体底部对预裂缝面的夹制力。一般底部线密度参照是孔深小于 10m 公式 $q_底=(1～2)q_中$ 进行计算。

根据分层开挖设计，每层开挖深度为 5～5.5m，超钻深度为 1m，预裂孔的孔口堵塞长度设计为 1.2～1.5m，底部孔底加强段长度为 0.5m，选用 2 组 3 根 $\phi32$ 的乳化炸药；中间段和孔口段长度为 4m，选用 $\phi32$ 的乳化炸药，用竹片和黑胶带间隔为 $0.2\sim0.25$m 连接，线装药密度为 $300\sim350$g/m。

2）主爆孔参数设计。造孔采取 ROCD7 液压潜孔钻造孔，钻孔直径 90mm，分台阶开挖，底盘抵抗线（W_d），参照经验公式

$$W_d = HD\eta d/150$$

式中：H 为台阶高度，m；d 为钻孔直径，mm；D 为岩石硬度调整系数，一般 $D=0.46\sim0.56$；η 为台阶高度影响系数，因 $H<10$m，取值为 1；设计取值范围为 $1.8\sim2.3$。

超钻深度 h 参照 $(0.15\sim0.35)W_d$ 计算，设计取值范围为 $0.3\sim0.5$m。孔间距 a 按照 $(0.8\sim2.0)W_d$ 计算，设计取值范围为 $1.5\sim4.2$m。堵塞长度（L_1）按 $L_1\geqslant0.75W_d$ 或 $L_1=(0.2\sim0.4)L$，进行综合计算，取值范围为 $1.35\sim2.0$m。

装药量计算：前排炮孔单孔装药量参照公式 $Q=qaW_dH$ 计算，q 为爆破炸药单耗，按照中硬度岩石 $(0.3\sim0.45)$kg/m³ 取值，设计取值范围为 $10\sim30$kg。

（a）缓冲孔参数设计。缓冲孔是紧邻预裂缝面的梯段爆破最后排的炮孔。考虑到岩石性质，岩爆直径大小，梯段爆破起爆方式及炮孔排数等综合因数，结合实践经验，选取缓冲孔距离预裂孔间距为 1.5m，缓冲孔的孔距取值为 $1.5\sim2.0$m，堵塞长度为 $2.5\sim3.0$m（第一层为 2.5m，第二层为 3.0m），超钻深度为 1.0m，缓冲孔单孔耗药量，按照经验，一般缓冲孔的单孔耗药量为主爆孔单孔耗药量的 $1/2\sim1/3$，即为 $10\sim15$kg。

（b）主爆孔参数设计。根据经验设计为，距离缓冲孔为 2.5m，距离孔距为 2.5m，超钻长度为 1m，堵塞长度为 $1.5\sim2$m，第一层第一区造孔开口线在溢洪道斜坡段约 2m 处，采取 $\phi70$ 的乳化炸药，每根长 0.4m，单孔耗药量按照经验设计为 $20\sim30$kg。

（c）掏槽孔参数设计。掏槽孔超钻深度为 1.0m，堵塞长度为 $1.5\sim2.0$m，布置在泄流槽中轴线位置，距离主爆孔 2.5m，孔距

2.5m，单孔耗药量按照经验与主爆孔单孔耗药量基本相同，即为 20～30kg。

3）爆破联网布置。按照分层分区爆破方式，每层第一区采取 V形向上爆破，每层第二区以后，有一个临空面，采取 V形向下游临空面爆破，采用导爆索联网，电起爆方式。每个分区爆破顺序为：预裂孔→掏槽孔→主爆孔→缓冲孔；要求单响最大爆破耗药量小于 60kg。第二层与第一层爆破联网类似。

爆破参数见表 14.2。

表 14.2 **爆 破 参 数 表**

爆孔名称	第一层预裂孔	第二层预裂孔	缓冲孔	主爆孔	掏槽孔
造孔孔径	90mm	90mm	90mm	90mm	90mm
钻孔深度	6.0～6.5m	8.0～7.5m	6.0～7.5m	6.0～7.5m	6.0～7.5m
间距	0.8～1.0mm	0.8～1.0mm	1.5～2.0m	2.5～3.0m	2.5～3.0m
堵塞长度	1.0～1.5m	1.0～1.5m	2.5～3.0m	1.5～2.0m	1.5～2.0m
药卷直径	ϕ32mm	ϕ32mm	ϕ60～70mm	ϕ60～70mm	ϕ60～70mm
装药结构	不耦合装药	不耦合装药	不耦合装药	不耦合装药	不耦合装药
不耦合系数	2.5～2.8	2.5～2.8	1.2～1.5	1.2～1.5	1.2～1.5
线装药量	300～350g/m	300～350g/m	10～15kg	20～30kg	20～30kg

4）设计爆破网络图。根据设计的爆破参数与泄流槽的分层分区爆破方式，第一层孔深为 6.0～6.5m，第二层孔深为 7～7.5m，爆破网络图因每层第一区爆破临空面与其他区的临空面不同，因此爆破网络有所不同，设计爆破网络图见图 14.11、图 14.12；

14.1.2.6 除险施工

（1）施工场地整体布置。根据卡马水库走位的地势情况，施工前安排专人熟悉和掌握周围地势情况，制定施工场地的整体布置方案。

1）生产生活设施布置：根据卡马水库的地形和除险任务工作安排，由于当地群众均撤离，当地政府协调解决除险人员居住

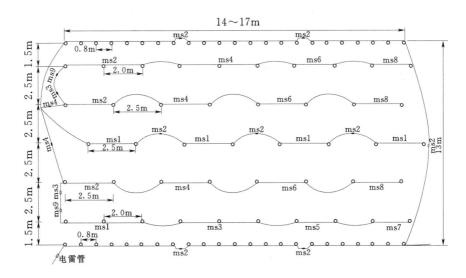

图 14.11　第一区爆破网络图

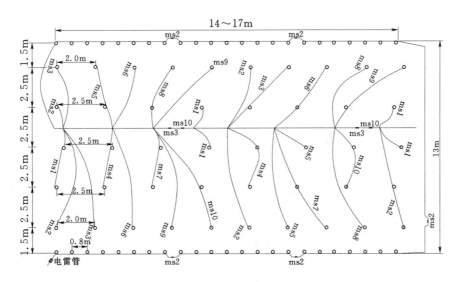

图 14.12　其他区爆破网络图

和生活问题。右岸泄流槽施工时，除险人员全部居住在水库右岸卡马屯居民的空闲房；左岸泄流槽施工时，除险的大部分人员在溢洪道旁边的山坡上搭设帐篷居住。生产主要是大型机械设备和火工产品的加工，安排在工作面旁的空地进行开展，不另设专门的生产场地。

2）施工交通：右岸泄流槽开挖交通依靠原进入卡马屯的上坝公路和新建约 100m 的进场公路进入大坝下游侧进行干砌石拆除；左岸泄流槽施工，自水库下游约 1km 处，新修长约 500m 临时道路，同时用混凝土涵管跨越 50m 宽河道，通往果敢村的道路加宽和加固，完善该条道路后可以直接进入溢洪道施工现场；左岸泄流槽第一层出渣道路，在泄流槽的前端靠山体侧开挖斜坡道作为设备进出和出渣交通，在溢洪道挑出段左侧山体，开挖一条宽 7m、长约 500m 的道路，与进入果敢村的道路相连，作为第二层设备进退场和出渣交通。

3）施工用电：施工主要采用液压潜孔钻造孔，反铲配合推土机、自卸汽车出渣，施工用电主要考虑夜间施工照明。主要依靠当地的卡马屯的村庄用电进行夜间施工照明，同时两台 24kW 的柴油发电机作为备用。

4）物资材料：除险的主要物资材料是油料和炸药，由罗城经四把镇、天河乡运至工地现场，现场不设置专门的材料库，所需材料按材料需求计划当天使用前运至卡马屯，由人工搬运至工地现场。右岸泄流槽距离村庄约 50m，材料人工搬运至施工现场；左岸泄流槽施工时，前期由于道路无法通行，由人工搬运，通过船运输至左岸，再由人工搬运至工地现场，后期道路改善后，材料直接运输至施工现场。火工材料当天全部消耗完，如不能消耗完的火工产品，及时退库或销毁。

5）渣场布置：右岸泄流槽开挖的土石方，利用反铲接力运输至泄流槽左侧大坝下游的斜坡，进行块石压脚，保护大坝坝脚。左岸泄流槽开挖石渣，主要利用 25t 自卸车运输至进果敢村和溢洪道的道路，对路面进行碎石硬化和加固。

6）应急撤退路线。开工前，组织人员专程熟悉周围的地形地貌，制定周密的应急撤退方案。在右岸施工时，如遇到垮坝时，人员分组撤退至卡马屯后侧的山坡，必要时可以翻过山头撤离到兼爱乡进行避险；如遇到卡马屯的滑坡体移动时，人员分组撤离至对面山坡，或撤离至卡马水库的上游地段进行避险。左岸施工时，地势相对开阔，周围基本没有人群聚集地带，撤离主要是施工人员，如遇到垮坝，人员分组撤离至溢洪道左侧的山坡上。

（2）右岸泄流槽。

1）施工方法。首先，由 CAT336D 反铲改装的冲击锤，自右侧上坝公路运行至泄流槽开口处，对混凝土面板、迎水面混凝土面板以及坝顶混凝土栏杆采用冲击锤拆除；然后，利用 1 台 CAT320D 反铲和 1 台 PC360 反铲自进村道路的 220m 高程和 217m 高程修建道路，进入大坝下游侧，拆除大坝下游侧的干砌石，利用 1 台 PC200 反铲将拆除的石渣，倒运至大坝下游左侧的 213m 高程斜坡上，保护大坝坝脚；最后，在泄流槽开挖下游端，开挖导流槽，引导下泄流水到下游河道。

施工中，靠近水面时，对泄流槽靠近上游预留岩坎，最后拆除过流，利用反铲和冲击锤逐步加深加宽；遇到大孤石和岩石，首先采取冲击锤破碎，破碎难度大的石方，再采取松动控制爆破技术，利用 ROC D7 液压潜孔钻造孔，孔径为 76mm，孔深为 3m，装 $\phi70$ 乳化炸药或 4 根 $\phi32$ 乳化炸药，装药长度 1.5m，堵塞长度 1.5m，单孔装药 5～6kg，导爆索联网，电雷管引爆，微差毫秒控制爆破，控制单响药量。施工中先后进行三次爆破，开挖至 217.5m 高程，实现了泄流；过流后，用液压潜孔配合 PC200 反铲进行加宽和加深，采取控制过流方式。在加深过程中，主要采取反铲开挖，坚硬或大块石采取控制爆破，进行了 2 次爆破开挖至 211m 高程，完成泄流任务。

2）减少对周围影响因素的措施。右岸泄流槽开挖过程中，为了最大程度的减少对大坝、古滑坡体的影响，在泄流槽的开口方向、导流槽位置选择等方面做出周密部署，采取了改变泄流方向、机械开挖和控制爆破、控制泄流、护坡和压脚、疏导、加固等措施，达到了即满足水库泄流，又最大程度地减少泄流对大坝和滑坡体的影响。

（a）泄流槽开口的方向的选择。施工时，选择距右坝端约 50m

处开口，且泄流槽轴线位置偏向山体，改变下泄流量流向，避免了直接冲刷大坝坝脚。

（b）泄流槽开挖时，主要采取机械破碎，最大程度地减少对大坝和古滑坡体的扰动；机械无法满足拆除要求时，采取微差毫秒控制爆破技术，控制单响爆破药量。爆破期间，加强对大坝和村庄的震动监测，加强爆破警戒和无关人员的清理疏散工作。施工过程中虽然进行 5 次爆破，但没有一次爆破对大坝和古滑坡体产生大的不良影响，在大坝坍塌部位也没有因爆破而产生继续塌方情况发生。

（c）泄流槽泄流后，对泄流口逐步加宽加深，4 天内对泄流槽加深约 6m，控制下泄流量。在泄流过程中，除 7 月 6 日 19—20 时，最大过流量为 14.5m³/s，采取了用反铲在泄流缺口处回填块石，减少下泄流量外，过流量一直控制在 10m³/s 以内，整个泄流的 4d 内，有效地减少了大坝和古滑坡体的冲刷。

（d）在大坝拆除时，利用拆除的土石方对大坝泄流槽左侧大坝坝脚进行压坡加固。在泄流槽至河道部分增加导流槽，并在导流槽的底部和两侧壁增加大块石护壁；最初导流槽尽量利用原排水沟，当下泄流水影响到坝脚时，马上改变导流槽方向，搬迁导流槽通过部位上的拌和站，重新布置了导流槽。

（e）在下泄流水过程中，为了尽最大程度地减少对滑坡体和大坝坝脚的冲刷，在导流槽两侧增加 3m 长的木桩，每隔 0.5m 布置一根，进行加固，并在木桩靠槽体侧，增加袋装沙石进行边坡加固。在改变导流槽的位置采取块石钢筋笼进行加固。

3）水流控制情况。7 月 5 日 17 时 30 分开始泄流，库水位约218.25m，泄流槽高程约 217m，宽度约 3m；随着水位下降，逐步加宽、加深泄流槽，保持过水面高出开口面约 0.5~0.7m，控制泄水流量，实测 6 日 19~20 时最大过流量为 14.5m³/s，经过局部在泄流口处回填块石后，泄流量减少至 10m³/s 以内，一直控制到停止泄流；7 月 9 日开挖至 211m，开口宽度 5m，23 时停止过流。

4）投入的主要人员和设备。抢险投入的主要设备见表 14.3。

表 14.3 主 要 设 备 表

序 号	设备名称及型号	单 位	数 量
1	冲击锤（KAT360 改装）	台	1
2	反铲 KAT360	台	1
3	反铲 KAT320C	台	1
4	反铲 PC360	台	1
5	反铲 PC220	台	1
6	液压潜孔钻 ROC D7	台	2

抢险投入的主要人员见表 14.4。

表 14.4 主 要 人 员 表

序 号	主 要 人 员	单 位	数 量
1	机械操作手及修理工	个	21
2	爆破人员	个	7
3	现场指挥	个	6
4	技术人员	个	5
5	质量安全员	个	3
6	警戒人员	个	5

5）完成的主要工程量见表 14.5。

表 14.5 主 要 工 程 量 表

序 号	项 目 名 称	单 位	数 量
1	泄流槽及导流槽石方开挖	m³	5100
2	土石方倒运	m³	12000
3	排水沟清理及编织袋护坡	m	300

（3）左岸泄流槽。

1）泄流槽布置。泄流槽布置在溢洪道中间靠山体侧，靠山体侧最短距离为 5m，靠大坝侧最短距离为 10m。

2）施工方法简述。泄流槽岩石主要是灰岩，采用 CDH911C

与 KHCD650C 液压潜孔钻造孔;采用"多造孔,高单耗,低单响"的预裂控制爆破技术,周边采用预裂爆破防震,减少对大坝薄弱面的震动;主爆区,无临空面时,采用 V 形向上爆破,有临空面时,采用 V 形向临空面爆破方式;利用 CAT336D 和 PC360 液压反铲挖渣,SD320 和 SD16 推土机推渣,25t 自卸车配合出渣。

3)爆破方案。溢洪道泄流槽开挖,周边采用预裂爆破防震,孔径 90mm,孔距 0.8~1m,主爆孔孔距 2m,掏槽孔间距 2m,缓冲孔孔距 2m,每排布置 7 个孔,排距 2.5m,梅花形布置。爆破装药量根据 $Q=awqH$(式中 Q 为单孔装药量,kg;a 为孔间距,m;w 为最小抵抗线,m;q 为单耗,kg/m^3;H 为梯段高度,m)计算。采取分区分层爆破方式,每个区长度 10~15m,第一层自溢洪道斜坡起坡段 2m 开始造孔,造孔深度 6m,分区向上游爆破,最后爆破靠近库区的一段;第二层由于方案变化,开挖深度加深至 12m,自溢洪道斜坡段开始造孔深度 7.5m,分区向上游爆破,斜坡段分两次下降至 206m 高程,其余一次爆破降至 206m 高程。预裂爆破使用 ϕ32 乳化炸药,主爆区使用 ϕ70 乳化炸药或用黑胶带将 4 根 ϕ32 乳化炸药捆绑为 1 节代替,采用导爆索联网,非电毫秒雷管引爆。

4)爆破控制情况。爆破前,测量孔深度和孔间距,复核单孔装药量;装药时,安排专人发放雷管,对每孔装药量做出记录;装药结束后,作业人员全部退场,由专业技术人员和专职炮工进行联网,经检查无误后对网络进行保护。爆破后,根据预裂爆破裂缝宽度和残孔情况,调整预裂线装药量;根据爆破后的石渣大小、爆破深度情况以及大坝震动情况,调整主爆区的单孔装药量和联网方式。最终预裂孔线装药量控制在 250~400g,最大单响药量控制在 50kg 以内,爆破单耗药量控制在 0.5~0.8kg/m^3。通过四次优化调整孔距、孔深、装药量等爆破参数,取得了理想的爆破效果,爆破残孔率达 85%以上,大坝薄弱面没有由于爆破而发生垮塌。

5)投入的主要人员和设备。投入的主要设备:液压潜孔钻 4 台,反铲 6 台,推土机 3 台,25t 自卸车 5 台,农用车 7 台。

投入主要人员：技术人员 5 人，现场指挥 18 人，机械操作人员 43 人，机械维修人员 12 人，爆破人员 20 人，质量人员 3 人，安全人员 12 人，警戒人员 10 人。

6）完成主要工程量。泄流槽石方开挖 15000m³，新修施工道路 400m。

（4）工期确定和安排。

1）工期确定。卡马水库除险施工工期短，工期受气候条件影响大。7 月 4 日 13 时左右提出处理方案时，卡马水库的水位为 218.6m 左右，相应库容为 671 万 m³，入库流量为 20m³/s，出库流量为 12m³/s。为了达到降低水位，减少库容，缓解险情，让转移群众尽快回家恢复生产的目的，确定右岸泄流槽 2d 内实现泄流，左岸泄流槽开始施工后 7d 内降低 10m。在 7 月 10 日，自治区再次组织论证施工方案时，要求左岸泄流槽开挖加深至 12m，且在 7 月 15 日前全部完成。

2）工期安排。该工程具有以下特点：①工期短，计划工期只有 12d；②不确定因素多，缺少工程资料，地质条件复杂，如遇到暴雨，水位上涨，溢洪道过流将无法施工；③在可能的情况下，尽可能加大前期的施工进度，为后期进一步挖深创造条件。实际施工右岸泄流槽从 7 月 4 日 15 时开工，7 月 5 日 17 时开始过流，7 月 9 日停止对右岸泄流槽加宽加深。左岸泄流槽自 7 月 6 日 9 时开工，7 月 9 日 20 时第一层开挖结束，7 月 15 日 4 时第二层开挖全部完成，提前实现既定目标。

14.1.2.7 除险效果评价

2009 年 7 月 5 日右岸泄流槽开始泄流，到 7 月 9 日右岸泄流槽停止泄流，卡马水库水位下降约 7m，下泄流量约 300 万 m³；泄流槽缺口两侧没有被掏蚀，导流槽两侧冲刷不严重，导流槽底部局部被冲刷，但没有影响到古滑坡体的安全。

2009 年 7 月 6 日左岸泄流槽开始施工，7 月 10 日抢险指挥部要求将泄流槽加深 2m，7 月 15 日 4 时左岸泄流槽开挖全部完成。卡马水库险情解除，搬迁的群众全部返回，恢复正常生产生活，也保证卡马水库汛前低水位运行。根据后期跟踪，7 月 28 日卡马水库遭遇一次大规模降雨，最高水位为 208.45m，最大下泄流量约为 43.9m³/s，排洪历时 2d，过流后泄流槽运行安全。

14.1.3 采取的主要战法手段

（1）多案论证、果断决策。充分考虑泄流过程大坝的安全及除险人员的安全，同时结合整个汛期的防洪安全对四个方案进行分析。卡马水库除险方案最终确定为：在右岸坝段和左岸溢洪道分别开挖泄流槽，右岸泄流槽采取控制性泄流，同时辅以导流槽，引导下泄水流朝预定的方向流入河道，减少对古滑坡体和大坝坝脚的冲刷；当水库水位降低至 218m 高程后，积极组织进行左岸泄流槽的开挖，同时右岸泄流槽继续加快加深，尽快降低水库水位，解除水库险情，同时考虑整个汛前的水库的度汛安全，保持水库低水位运行。

（2）双向开挖、左右导流。泄流槽开口位置确定有利于开挖导流槽和大坝拆除的块石进行左侧大坝护脚处理。在综合考虑泄流流速小，最大程度减少对古滑坡体边坡的冲刷，同时也充分考虑到设备、人员安全撤离路线和距离等因素，确定在距离右岸约 50m 处开口。

右岸泄流槽开挖，如遇到大块石，尽量以冲击锤进行解小，必要时辅以控制装药的爆破解小；如遇到石方，采取控制爆破方式，控制单响爆破在 20kg 以内。

左岸泄流槽由于开挖工程量大，而且均为岩石，采取分层分区爆破，分 2 层开挖至 208m 高程，每层开挖深度为 5m，每层按照 12~15m 为一个爆破区。为减少对大坝及薄弱面的震动，在泄流槽两侧边墙采取预裂爆破技术，主爆区采取梯段爆破技术。

（3）钻爆结合、推挖并举。抢险中，靠近水面时，对泄流槽靠近上游预留岩坎，最后拆除过流，利用反铲和冲击锤逐步加深加宽；遇到大孤石和岩石，首先采取冲击锤破碎，破碎难度大的石方，再采取松动控制爆破技术，利用 ROC D7 液压潜孔钻造孔，孔径为 76，孔深为 3m，装 $\phi70$ 乳化炸药或 4 根 $\phi32$ 乳化炸药，装药长度 1.5m，堵塞长度 1.5m，单孔装药 5～6kg，导爆索联网，电雷管引爆，微差毫秒控制爆破，控制单响药量。

由反铲改装的冲击锤，自右侧上坝公路运行至泄流槽开口处，对混凝土面板、迎水面混凝土面板以及坝顶混凝土栏杆采用冲击锤拆除；利用 2 台反铲自进村道路的 220m 高程和 217m 高程修建道路，进入大坝下游侧，拆除大坝下游侧的干砌石，利用 1 台反铲将拆除的石渣，倒运至大坝下游左侧的 213m 高程斜坡上，保护大坝坝脚；在泄流槽开挖下游端，开挖导流槽，引导下泄流水到下游河道。

14.1.4　抢险经验总结

（1）反应快速，科学决策。卡马水库险情发生后，总队随即启动抢险救灾应急预案，明确指挥机构编成，1h 内派出先遣组连夜赶赴现场勘察了解险情，研究制定抢险救灾方案，并及时抽组专业技术力量，于 24h 内机动到位，为抢险赢得了宝贵的时间。

（2）管理严格，井然有序。参战部队严格按照指挥部、总队有关抢险救灾期间安全管理工作的指示，认真落实"三工"和"三个每次"制度，划分抢险施工班组，明确负责人。坚持每天召开工作部署会、讲评分析会，结合抢险现场情况变化，及时调整抢险施工方案，明确具体要求。为确保抢险人员、设备绝对安全，每天派出 20 名官兵在各关键部位进行坝体、水位观测和安全警戒，设置安全警示牌和安全警戒线，指定紧急避险点，制定了现场应急避险措施，时刻提醒抢险官兵和驻地群众注意安全。严格落实现场安全、技术交底的抢险施工秩序，对抢险救灾设备和各类物资实行专人专管，登记造册，做到谁领用，谁负责。加强各类文件资料、通信设备和计算机的管理，严格通信纪律，做到密码通信设备、秘密文件资料柜子化管理，避免了失泄密事故的发生。周密制定撤离方案和输送计划，及时归还抢险设备和物品，与地方政府和人民群众建立了深厚友谊。

（3）军地协同，保障到位。部队受领任务后，积极与地方政府和有关单位沟通协调，及时做好急用设备、物资等保障工作。调配地方大中型机械设备 38 台（套），油料 21t、炸药 9.7t、雷管 840 发、导爆索 5500m。设立现场医疗救护所，做好了现场医疗救护和疾病防控工作，确保了官兵身体和饮食安全，为胜利完成抢险任务提供了强有力的后勤保障。

14.2　江西峡江水利枢纽工程围堰险情处置

2012 年 3 月初，赣江上游连降暴雨，截至 3 月 7 日 11 时，峡江水利枢纽坝址流量由 2000m³/s 急增至 7530m³/s。据气象部门预报，赣江上游流域仍有大规模较强降雨，峡江水利枢纽工程坝址将达到 20 年一遇的 10600m³/s 洪峰过境，最高洪峰持续 20h，超过峡江二期工程枯水围堰 3 月设计挡水标准 8620m³/s，过境洪峰达到历年 3 月 30 年一遇洪水标准。峡江枢纽二期枯水 1 号及 2 号围堰堰体设计防洪标准无法抵御超标准洪峰，堰体将产生垮塌灾害，正在施工过程中的二期基坑将产生冲毁及淹没灾害。

14.2.1　险情处置任务情况

根据峡江防洪度汛应急预案，如遇超标准流量时，采取向二期改造基坑内充水的措施。该措施会造成：①正在施工的基坑淹没，材料、机械、设备严重损毁；②围堰内外侧均浸泡于水中，造成堰体及防渗体破坏，围堰丧失挡水功能；③灾后围堰恢复技术难度大，成本高昂；④枢纽总体工期推迟 1 年，工程投资巨幅增加，社会负面影响巨大。

其时正值两会期间，为避免洪水灾害造成的重大损失和政治影响，江西省省委省政府领导高度重视，明确指示：峡江水利枢纽工程必须确保在 11000m³/s 流量下二期枯水围堰安全稳定。由承建峡江二期工程的武警水电部队为主体，对二期围堰实施应急抢险工作。2012 年 3 月 7 日上午，经部队相关专家及抢险技术人员对险情进行查勘，结合水情信息，研究制定了应急抢险方案及措施，确保在 11000m³/s 流量下二期枯水围堰安全稳定，最大限度减少工程损失。

基于现有围堰经过改造，在采取加高加固的工程抢险措施基础上，1 号及 2 号围堰堰体可以具备挡 11000m³/s 超标洪水（水位 41.71m）的能力，结合现场应急抢险的施工条件，制定了以"加高加固为主、险情处置为辅"的抢险原则，运用非工程措施控制洪峰流量，运用工程措施抵御洪峰。从信息收集与分析、洪峰调节、风险预判、围堰加高加固四个方面进行应对。

14.2.2　处置方案的制定与实施

14.2.2.1　工程概况

峡江水利枢纽工程位于赣江中游峡江县巴邱镇上游 6km 的峡谷河段上，坝址控制流域面积 62710km²，是赣江干流梯级开发的主体工程，也是江西省大江大河治理的关键性工程。水库以防洪、发电、航运为主，兼有灌溉等综合利用功能。

水库正常蓄水位 46m（黄海基面，下同），死水位 44m，防洪高水位 49m，设计洪水位 49m，校核洪水位 49m；总库容 11.87 亿 m³，防洪库容 6.0 亿 m³，调节库容 2.14 亿 m³，死库容 4.88 亿 m³。初选电站装机容量 360MW，多年平均发电量约 11.42 亿 kW·h。布置最大过坝船舶吨位为 1000t 的船闸，灌溉耕地面积 33 万亩。

工程建成后，可将南昌市防洪标准从 100 年一遇提高到 200 年一遇，使赣东大堤的防洪标准从 50 年一遇提高到 100 年一遇；电站在满足江西省 电力发展需要的同时，对改善电网电源结构也将发挥一定作用；水库可渠化航道约 77km，对实现赣江航道全线达到三级及以上通航标准具有关键作用；水库下游可新增自流灌溉面积 11.69 万亩，改善灌溉面积 21.26 万亩。枢纽主要建筑物包括混凝土重力坝、混凝土泄水闸、河床式厂房、船闸、左右岸灌溉进水口、鱼道等，最大坝高 23.1m，坝顶全长 874m，库区防护堤总长 70.126km。

14.2.2.2 水文信息收集分析

（1）现场水情测报。成立现场水情测报组。由测量员、巡视员、信息员、技术员组成现场水情预报组。测量员采用 GPS 进行实时水位测量，巡堤员通过现场水尺进行实时水位观测，两者将结果通过手机短信发送至现场技术组。现场技术组查阅峡江水利枢纽水文服务系统中上游径流量、实时降雨量、水库出库流量等数据，结合现场实测水位数据，进行统计及分析后，将数据及分析结果用手机短信形式群发给现场各级指挥员，使抢险人员明确实时水情。

本次抢险测报主要数据为坝址上游水位、下游水位、基坑内水位、水位涨幅、坝址流量、流量涨幅、上游万安水库出入库流量、实时降雨情况。测报频率为每小时测报一次。

（2）洪水预报。洪水预报是根据峡江水利枢纽所在的赣江流域前期和现时的水文、气象等信息，揭示和预测洪水的发生及其变化过程，是本次抢险过程中非工程措施的重要内容。技术保障组依据水情测报数据对水情进行实时分析，形成峡江坝址水位过程曲线、流量过程曲线，水位与流量关系曲线，并依据分析结果，进行洪水预报，指导现场抢险工作。洪水预报主要包括预报最高洪峰水位和流量、洪峰出现时间、洪水涨落过程等内容。

14.2.2.3 洪峰调节

峡江坝址洪峰流量主要受两方面因素的影响：①位于上游160km 处的万安水库出库流量；②万安水库于峡江枢纽之间的区间径流量，两方面流量峰值叠加会产生峡江坝址的最大洪峰流量，峡江水利枢纽工程吉安区间流域水系图见图 14.13。

本次抢险洪峰调节主要强调对两者关系进行调节。万安水库下泄流量在未达到警戒水位时，下泄流量可以进行调节。区间径流流量大时，控制下泄流量，区间径流量小时，适当增加下泄流量，腾空库容，为下阶段洪峰调节做库容储备。在抢险期间，通过对洪水

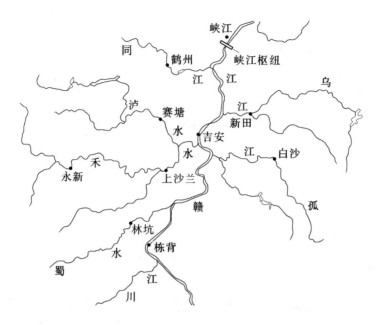

图 14.13 峡江水利枢纽工程吉安区间流域水系图

调控，万安水电站拦蓄洪峰 1000m³/s，区间径流量预泄削峰 2000m³/s，将最高洪峰成功控制在 11000m³/s 以下，见图 14.14～图 14.16。

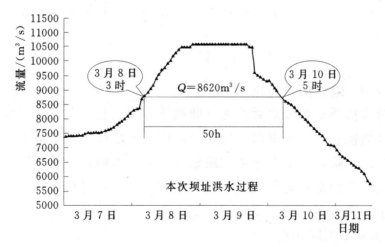

图 14.14 洪水涨落过程图

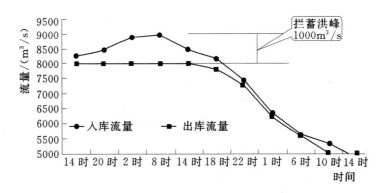

图 14.15　万安水电站削峰图

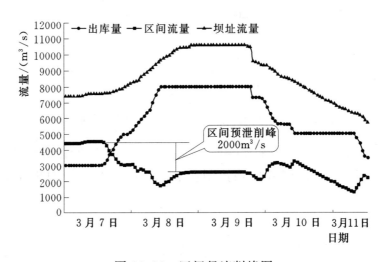

图 14.16　区间径流削峰图

14.2.2.4　险情的风险预判

抢险指挥机构成立后首先立即组织专家及技术人员对围堰工程进行全面检查，掌握围堰工程情况，依据各段围堰所处地理位置可能面临的风险，对围堰进行区域划分，并对不同区域围堰已经产生及可能产生的险点进行筛分，对该区域主要险点进行风险预判。二期枯水围堰可划分为 4 个区段，见表 14.6。

14.2.2.5　围堰加高加固

对 1 号围堰进行加高作业，对 2 号围堰进行加高及加固作业，使堰形体尺寸满足防洪要求，同时利用加高加固作业消除各种险情出现的几率。

表 14.6 二期枯水围堰分区风险预判表

区段号	涵 盖 范 围	主要可能出现的险情	险情判定
A	1号围堰上游横堰	矶头冲毁、护面冲刷、绕渗	可控
B	1号围堰下游横堰（含混凝土纵堰）	堰体失稳、护面冲刷	可控
C	2号纵堰	堰身渗漏、管涌、冲刷、脱坡	高危
D	2号下游横堰	堰体渗漏、管涌	高危

（1）围堰加高。根据峡江坝址水位—流量关系成果表（黄海基面），洪峰 11000m^3/s 流量对应外河床水位为 40.5m，见表 14.7。

表 14.7 峡江坝址水位—流量关系成果表（黄海基面）

水位/m	流量/(m^3/s)	水位/m	流量/(m^3/s)
31.3	129	39.5	9280
31.5	211	40.0	10200
32.0	446	40.5	11170
32.5	727	41.0	12210
33.0	1050	41.5	13300
33.5	1420	42.0	14450
34.0	1840	42.5	15650
34.5	2300	43.0	16920
35.0	2810	43.5	18250
35.5	3360	44.0	19640
36.0	3950	44.5	21150
36.5	4590	45.0	22860
37.0	5280	45.5	24680
37.5	6010	46.0	26590
38.0	6790	46.5	28590
38.5	7600	47.0	30690
39.0	8420	47.5	32890

考虑河床缩窄后上游水位壅高，结合以往现场实测水位—流量关系，确定上游横堰设防水位为 42.0m，下游围堰及纵向围堰设防水位为 40.9m，加上下泄水流回旋会造成涌浪，按最不利条件考虑，上游围堰堰顶高程控制在 43.5m，下游横堰及纵向围堰堰顶高程控制在 41.5m，增加围堰抵抗超标水位的安全储备。

原上游横堰堰顶高程 42.0m，下游围堰及纵向围堰堰顶高程为 40.9m，不满足堰顶控制高程要求，需对围堰进行加高，具体加高部位见表 14.8。

表 14.8　　　　　　　二期围堰各部位抢险加高统计表　　　　单位：m

加高部位	堰顶高程	设防水位	堰顶控制高程	加高
1 号上游横堰	42.0	42.0	43.5	1.5
1 号下游横堰及混凝土纵堰	40.9	40.9	41.5	0.6
2 号纵堰	40.5	40.9	41.5	1.0
2 号下游横堰	40.5	40.9	41.5	1.0

从洪峰过境期间实测水位数据验证，上游最高水位达到 41.71m，下游最高水位达到 40.15m。

1) 1 号上游横堰加高方案。由于 1 号上游横堰堰顶空间大、距离短、工作条件好，机械设备具备足够操作空间，加高时间，采用具有一定防渗效果的黏土及石渣混合料进行加高，加高段靠上游设置，宽度控制在 4m，见图 14.17。

2) 2 号纵堰及下游横堰加高方案。纵堰及下游横堰堰顶空间小，路线长，机械设备无法操作，采用人工码放黏土编织袋进行加高。堰顶靠河床侧增加一道高 1m，宽 1.5m 防浪袋装黏土子堰，提高围堰的防浪能力，见图 14.18。

(2) 围堰加固。

1) 1 号上游横堰加固方案。根据围堰施工情况，1 号改造围堰为旱地施工围堰，施工条件优越，施工质量控制较好，在前期挡水期间观察发现围堰形体及防渗效果良好，不需做加固处理。但考虑到上游横堰为抵御洪峰第一道防线，水流流速大，存在急速回旋

图 14.17 上游横堰加高作业（机械作业）

图 14.18 纵堰及下游横堰加高作业（人工作业）

区。在水流流态紊乱部位及冲刷高强度部位采用块石料增设矶头，改善水流流态，防止水流对围堰的直接冲击。同时对上游横堰矶头部位重点防范，及时补充大块石和钢筋石笼，确保上游横堰的稳定，见图 14.19。

2）2 号纵堰加固方案。2 号纵向围堰分两个阶段施工。①施工至 38.5m 高程，36.0m 高程以下采用高喷灌浆作为防渗体，因地

图 14.19 矶头加固作业

质条件约束，砂层过厚，基岩面沟壑分布深，掏槽无法彻底，存在少量渗漏通道。②改造加高至 40.9m 高程，采用黏土防渗。因施工时间短，施工过程中处于阴雨天气，存在问题较多。首先是加高段断面受限，加高段堰体厚度拓展空间受限，无法形成缓坡；其次是加高部分防渗体布置在临主河床侧，采取掏挖方式与原黏土层衔接（厚 2m），因黏土为砂性土，防渗效果差，且施工期间处于降雨天气，黏土及土石渣料含水率大，无法达到最优含水率，围堰防渗效果无法保证为最佳效果；尤其是加高段与原围堰顶之间的层间结合存在隐患。

鉴于 2 号纵向围堰实际情况，对 2 号纵向围堰进行全面加固，沿 2 号纵向围堰背水面坡脚采用从下游向上游单向进占填筑的方式，重新修筑一道土石子堰，对堰体基础进行加宽，增加围堰本体抵抗能力，延长渗径，减少渗漏和管涌的产生，保证围堰的稳定，同时因纵向围堰堰顶狭窄，可起到抢险第二通道的作用，见图 14.20。

（3）堰顶处理。堰顶存在淤泥及弹簧土，采用反铲对堰顶淤泥及弹簧土进行掏挖，掏挖深度不小于 1m，且掏挖至完好堰体区域。掏挖完成后外侧采用块石料进行换填，黏土防渗体区域采用合格黏

图 14.20　纵堰堰体加固作业

土进行碾压回填，内侧采用石渣进行碾压回填。掏挖换填完毕后堰顶采用块石料重新修建抢险通行道路，见图 14.21。

图 14.21　堰顶处理

（4）基坑抽排水。围堰持续处于高水位状态，围堰加高部分因结构断面受限，黏土防渗体局部失去作用，围堰堰身出现大量渗水点，渗漏量大，渗漏量维持在 $10000\mathrm{m^3/h}$。选用 22kW 浮筒式水泵作为主力机型，该水泵具有安装方便，机动性好的特点，抽排能力为 $200m^3/h$，日抽排强度达到 $4000m^3$。在抢险过程中，水泵逐步配置到 90 台，最终排水能力达到 $18000m^3/h$。水泵依据集中设置的原则，设置在 1 号及 2 号围堰交接部位，同时在渗漏量大的部位单独设置泵坑，有针对性排水。渗漏量小的部位进行导流至泵坑，规范排水通道。

14.2.2.6　现场险情处置

紧急调运物资设备及人员，对围堰出现的常见险情进行快速反应，临机应急处置，高标准消除险情或控制险情发展，避免灾难。本次抢险过程中，勘察出来的险情主要有脱坡、管涌、渗漏、冲刷几大类型险情。

（1）脱坡险情处置。脱坡是危害围堰堰体安全，降低围堰防护能力，促使围堰垮塌的一种重大险情，在勘察过程中，造成脱坡的成因主要有以下几方面：①受迎水面洪峰高流速冲击，围堰外侧块石料被冲走，导致堰体表面出现裂缝，进而脱坡，严重则造成垮塌；②高水位浸泡时间长后，防渗体局部失效，堰体填筑料被渗漏通道带走，造成脱坡。

脱坡主要采取措施为：小规模脱坡采用挖除脱坡体，重新填筑块石和黏土料对脱坡处堰体进行恢复，并依据现场条件适当加厚的方式处理。主要运用于围堰背水侧及迎水侧水面以上部位小规模脱坡的处理。大规模脱坡如果采用挖除后换料恢复的方式容易造成围堰的垮塌，因此脱坡处不能轻易挖除，采用增加填筑料进行加固的方式进行处理。背水侧可采用石渣料对脱坡处进行加宽加固，对脱坡体进行反压，避免脱坡体开裂后坍塌。迎水侧采用大块石进行加宽加固，起到防冲刷和反压双重作用。

洪水期间出现脱坡险情 1 次。3 月 8 日上午，2 号围堰下游纵堰发生脱坡险情，脱坡位于下游横堰及纵堰交接处，原整治过的围堰内侧脱坡裂缝，长 50m，脱坡平均面宽 3m。导致脱坡的原因是在围堰维修加固中，背水坡填筑了透水性小的土料，在高水位下，堤内的水不易从背水坡排出，抬高了浸润线，加大了渗水压力。长期降雨使背水坡堤脚浸入水中，堰基内有污泥使堰基抗剪强度减少。高水位时，堰顶或背水坡面上堆放重物，加重了堰身上部重量，沿浸润面上的分力，促进了滑坡。堰身断面瘦小，浸润线出逸点在背水堤坡上，形成散浸，造成脱坡。

现场具体处理措施为：①在围堰背水侧 36.5m 高程马道围绕脱坡范围用黏土做子堰形成集水坑，设置 4 台浮筒泵进行抽排水，消除渗水压力，确保脱坡位置稳定。②采用大块石填筑在脱坡渗漏处，起到反滤和固脚双重作用，防止未脱坡部位产生进一步坍塌。然后在渗漏处安装排水管，将渗漏水流集中后抛填石渣混合料对脱坡位置进行恢复。

（2）管涌险情处置。洪水过境持续高水位时，围堰内沙性土在渗流力作用下被水流不断带走，形成管状渗流通道，即通常所说的管涌，也称翻沙鼓水、泡泉等。本次抢险过程中，管涌产生的部位较少，但管涌对围堰的危害十分巨大，是造成围堰垮塌的成因之一。

现场管涌处理主要按管涌漏量的大小来进行分级处理，分别采用反滤倒渗、反滤围井（图 14.22）、蓄水反压三个级别来进行处理。即先采用块石、卵石或砂等反滤料将管涌渗水进行反滤，阻止围堰内细颗粒的流失，然后设置排水管进行排水。若漏量偏大，则在反滤的基础上进行围井，减少内外渗流压力，遏制管涌进一步发展。对于特大型管涌，则采用反滤后在背水侧修筑临时围堰进行蓄水，进行反压。

现场管涌出现 1 处，位于 2 号下游横堰与 2 号纵堰交接处，距离脱坡位置约 20m。漏量达到 3m³/min，且有细颗粒带出。对此现场采取紧急措施，将卵石和砂铺设于管涌口进行反滤，然后安装排水管进行导流，同时在周边修筑子堰，进行蓄水反压。

（3）渗漏险情处置。渗漏是本次抗洪抢险过程中围堰险情勘察出现最多的险情。具有类别多，分布广的特点。总结造成渗漏的成因主要有防渗体失效、新老防渗体层间结合不好、高水位产生堰顶绕渗、堰体破坏出现渗漏通道。针对不同原因产生的渗漏，采用不

图 14.22　反滤围井

同的措施进行处理。对于防渗体失效产生的渗漏，视现场情况，如位置相对较高，施工条件好，则采取挖除老防渗体，换填黏土进行碾压后形成新防渗体。不适宜进行换填处理的部位视渗漏量大小，采取不同方式应对。渗漏量小的部位采取在渗漏处铺设碎石或砂卵石进行反滤处理即可。渗漏量大的部位采取先反滤后压重的方式处理，尤其是线渗漏和面渗漏的处理均以此方式处理，反滤先在渗漏位置铺设或覆盖中粗砂，然后透水性好的碎石料或砂砾料进行压重，渗漏处出现清水即可。对于高水位产生的绕渗，基本为清水，采用导渗措施处理。洪水期间安排人员对渗漏点进行循环往复检查，对发生渗漏的位置、渗漏量大小、目前处理情况进行检查，采用测量仪器对渗漏位置进行测量。对检查结果进行备案记录。巡查结果共发现渗漏 35 处，其中 1 号上游横堰 3 处，2 号土石纵堰 30 处，2 号下横堰 2 处。

1）1 号上游横堰渗漏处理。1 号上游横堰渗漏共 3 处，均沿背水面堰脚 30.0m 高程出水，呈线状分布。前期流量 8000m³/s 时，无渗漏情况，水位抬高后，出现渗水，渗水初始阶段夹带细颗粒，后转为清水，渗漏量稳定。判断为水位抬高，水位超过黏土防渗层顶高程，水量从堰顶绕渗后从堰脚露出，为正常的绕渗，没有危害，无需处理。

2）2号土石纵堰渗漏处理。2号土石纵堰渗漏共计30处，其中6处渗漏分布于26.8m高程，24处渗漏分布于36.5m高程。从现场揭露情况反映，处于26.8m高程的6处渗漏分布在岩石裂隙发育部位，在基坑初期排水时期已产生，水质清澈，漏量稳定。成因分析为，基岩裂隙发育，有天然渗漏通道，对围堰稳定不造成危害，无需处理。处于36.5m高程的24处渗漏分布均匀，平均间隔15m左右出现一处，渗水夹杂黏土呈浑浊状。外河床水位在38.5m高程时，无渗漏，外河床水位超过38.5m高程时，开始出现渗漏，漏量初始阶段偏小，后期均有逐步扩大趋势。渗漏成因分析为，该围堰属于新加高围堰，加高施工期间处于雨季，黏土防渗层含水率大，与老黏土防渗层结合不好，出现薄弱层。在持续高水位状态下，薄弱层形成渗水通道，产生渗水，容易引发围堰垮塌，是危及围堰稳定安全的重大危险源，需重点妥善处理。现场处理措施为：①对渗漏部位进行反滤处理，防止围堰土体流失，控制渗漏通道进一步发展。小型渗漏点采取砂或碎石料做反滤处理。大型渗漏区域先采用块石料或沙袋反滤，后采用石渣料进行压重。②增加排水措施，降低浸润线，在渗漏量大的部位埋设排水钢管（或涵管），将渗水引排至最近泵坑，然后抽排至外河床。渗漏部位初步处理完成，渗漏水基本为清水后，在2号纵堰背水侧坡脚重新填筑一条子堰，堰顶高程35.5m，起到固脚反压的作用。

（4）冲刷险情处置。由于一期全年围堰及二期改造围堰占用河道，河床过流断面缩窄至226m，流速达到7m/s，水流对围堰纵向靠河床侧块石边坡冲刷严重，同时高水位长时间浸泡，围堰边坡细颗粒流失，致使围堰迎水坡面出现层状坍塌，影响边坡稳定。

1）从根源上进行控制，即改变流态，降低流速，减少水流回旋区。主要采取设置矶头的方式对下泄水流流态进行控制，在现场观察好水流状态后，在合适位置增加矶头，有效避免了动水对围堰的淘刷。二期围堰从上游至下游共设置3处矶头，其中1号上游横堰矶头与顺水流方向成45°夹角，对流态的改善起到了关键作用，避免了上游壅水后水流跌落加快流速对下游纵堰的直接冲击。在流量超过 9000m³/s 时，上游流速过大，造成矶头部分块石冲走，引起矶头坍塌冲毁，严重威胁到围堰安全。现场应对措施主要是采用及时补充块石的方式保护矶头，优先选用直径大于 1m 的块石对冲毁的矶头进行补充；大块石的抛填采用大功率挖机进行放置，码放有序，增强矶头抵抗能力。同时在流速较大的部位，如 1 号上游横堰矶头增加钢筋笼，采用挖机进行规范放置，增强钢筋笼的利用率。

2）对淘刷部位进行保护，在围堰迎水面全线覆盖防冲材料（如彩条布、土工布），避免淘刷将土石围堰细颗粒带走，从而造成围堰垮塌。采用土工布或雨布（彩条布）覆盖迎水面边坡，因在水中作业，水下部分绑扎钢管进行压重，使土工布或雨布能紧贴边坡，起到保护作用；同时对淘刷严重部位进行补充，现场采用挖机挖块石和人工码放袋装黏土进行填补，填补后再铺设土工布或雨布。对局部坍塌面积过大部位，采用直径不小于 80cm 块石或钢筋笼进行加固，防止进一步垮塌。

（5）围堰防渗体修复。在洪水期间，有 2 处位置出现防渗体破坏，一处位于 1 号下游横堰与 1 号纵堰交接的位置，另一处位于 2 号纵堰与 2 号横堰交接位置，两处位置的防渗体均遭到破坏。成因主要是因为，围堰加高施工工期紧，处于雨天，黏土遇水化泥，两个部位在围堰填筑施工期间是重要的车辆回转平台，车辆频繁行驶，因时间紧迫，碾压没有加强，导致该部位黏土与石渣混合，防渗体作用无法体现。对防渗体严重破坏部位进行修复，采用反铲防渗体部位进行掏挖，掏挖至完好黏土防渗体。掏挖完毕后重新填筑黏土进行防渗体的修复。黏土防渗体填筑时按照分层碾压进行回填，按照每班次工作进展情况分段进行修复施工，做到及时掏挖及时换填。

14.2.3 抢险特点和难点

（1）安全风险高。洪水为历史同期罕见洪水，超围堰设计挡水标准，核算频率达到 30 年一遇。超标准洪峰过境时间长，高水位持续时间长达 50h，内外水位差最高达 13.5m。抢险实施过程中，围堰存在垮塌风险。抢险人员及设备存在淹亡及损毁等高风险。

（2）险情类别多。围堰险情类别多，情况复杂，在抢险过程中出现脱坡、管涌、渗漏、淘刷、防渗体失效等险情，抢险过程中要根据不同险情灵活采用不同方案进行应急处理，对抢险技术人员技术水平及应急处置能力要求高。

（3）现场组织难。围堰属于改造加高围堰，堰顶通道狭窄（仅为 5m 宽单车道）、泥泞，设备、物资、人员通行困难，无法大规模采用机械设备进行抢险。抢险人员、设备、材料物资多，但块石等抢险物资相对抢险标准储备不足，对现场的抢险组织提出很高要求。

（4）抢险压力大。峡江水利枢纽是江西省重点工程，洪水过境处于两会期间，各级领导均高度重视，抢险成功与否将直接关系到峡江水利枢纽目标工期能否实现，同时关系到工程重大经济损失，社会影响及政治影响大。

14.2.4 抢险效果评价

2012 年 3 月 7 日 14 时开始启动峡江应急抢险工作，3 月 8 日 3 时坝址流量达到 8670m³/s，13 时坝址流量达到 10000m³/s，21 时坝址流量达到 10600m³/s，3 月 9 日 18 时，水位开始下降，超过 8620m³/s 的超标流量持续 50h，在抢险过程中各项险情处理及时，未发生重大危险，人员零伤亡、机械设备零损失。抢险工作从 3 月 7 日至 3 月 12 日共计持续 6 个昼夜，官兵累计填筑黏土 3700m³，抛填块石料 3.5 亿 m³，六面体 240 个，钢筋石笼 150 个，搭设黏土编织袋 10 万袋，彩条布铺设 13 万 m²，填筑石渣料 6.24 万 m³，搭设黏土编织袋子堰 3450m³，排水 75.7 万 m³，排水管安装 5000m，工程顺利实现安全度汛，抗洪抢险战斗告捷，二期围堰安全稳定，基坑内施工生产短时间能恢复正常。通过本次抢险，主要有以下几点经验总结。

（1）技术管理体系方面。组织机构健全，技术力量配置到位。技术保障做到 24h 跟进，随时掌握第一手情况，利用 GPS 测量体系及网络预报等手段进行数据采集，为信息分析及方案决策提供了保障；水文水情预报制度坚持较好，信息分析基本到位，现场险情判断准确，处理科学；采取每天三次情况分析和任务部署会议制度坚持较好。现场技术指导做到了及时、连续、有效。

（2）险情处置方案方面。整个围堰在设计高程基础上进行加高方案切实可行（上游加高到高程 43.5m，下游加高到高程 41.5m）。1 号上游横堰及矶头的设置起到了改善水流状态的重要作用；2 号纵向围堰是高危段，果断采用加高、加固方案，不但极大提高了围堰的安全稳定性，而且封闭了在高水位压力下堰身产生的渗漏、管涌、冲刷、脱坡等主要险情。

（3）险情应急处置方面。堰顶堆放袋装黏土进行防浪措施得当；迎水面铺设彩条布防水流冲刷，施工速度快，效果较好；但彩条布局部压重不够，有被淘刷现象，后采用编织袋对冲刷处及时填补，措施较好。小型漏水点采用块石做反滤处理，大型漏水点的采用先砂后块石做反滤后，继续覆盖土石渣料进行压重的措施效果较为理想。

参 考 文 献

［1］ 白永年，关德斌，王洪恩，等．土坝坝体劈裂灌浆技术．北京：水利电力出版社，1987.

［2］ 白永年，刘宪奎，等．堤坝坝体和堤防灌浆．北京：水利电力出版社，1985.

［3］ 白永年，吴士宁，王洪恩，等．土石坝加固．北京：水利电力出版社，1992.

［4］ 白永年，等．中国堤坝防渗加固新技术．北京：中国水利水电出版社，2001.

［5］ 陈生水，钟启明，任强．土石坝管涌破坏溃口发展数值模型研究．岩土工程学报，2009（5）：653－657.

［6］ 陈生水，钟启明，任强．土石坝漫顶破坏溃口发展数值模型研究．水利水运工程学报，2009（4）：53－58.

［7］ 陈淑婧．土石坝漫顶溃决机理模型及数值模拟方法研究．北京：北京工业大学，2015.

［8］ 陈思思．基于系统可用度的土石坝洪水漫顶风险分析．大连：大连理工大学，2009.

［9］ 程翠云，钱新，盛金保，等．水库大坝突发事件应急预案可预见性评价．中国农村水利水电，2011（2）：79－81，87.

［10］ 程仁娟．土石坝病害机理分析与加固研究．水利规划与设计，2015（11）：74－76.

［11］ 崔弘毅，薛建军．瑞士大坝安全、应急预案与水情警报系统．大坝与安全，2011（4）：63－68，74.

［12］ 邓苑苑．病险土石坝渗流破坏机理分析．石河子：石河子大学，2006.

［13］ 第20届国际大坝会议组委会主席、水利部部长汪恕诚．中国大坝建设的成就和展望．中国水利报，2000－09－19002.

［14］ 丁祖荣．浅析土石坝渗漏原因及防渗处理．广东科技，2013（14）：110－111.

[15] 董延朋，徐方全，万海．堤坝管涌渗漏检测仪的应用效果研究．工程勘察，2007（2）：72-75.

[16] 杜德进，张为民，张秀丽，等．风险评估在丰满水电站大坝的应用研究．大坝与安全，2002（6）：6-10.

[17] 杜德进．险情预计和应急处理预案的现状和要求．大坝与安全，2005（1）：29-31.

[18] 杜国平．同位素示踪技术在堤防隐患探测中的应用．全国堤防加固技术研讨会文集，郑州，2000.

[19] 杜庆燕，吴继华，白金玲．土石坝存在的主要病害及防治对策．湖北水利水电职业技术学院学报，2014（3）：8-11.

[20] 杜颖．土石坝常见病害处理措施分析．企业技术开发，2011（17）：105-106.

[21] 方卫华，李燕辉．土石坝安全监测综述．四川水力发电，2004（4）：68-71.

[22] 方卫华．综论土石坝的安全监测．红水河，2002（4）：64-67.

[23] 方仲将．渗流—管涌数值分析模型与土石坝溃坝机理分析研究．杭州：浙江大学，2008.

[24] 房纯刚．大地电导率仪探测堤防渗漏隐患．全国堤防加固技术研讨会文集，南昌，1999.

[25] 房纯刚．瞬变电磁法探测堤防渗漏隐患．全国堤防加固技术研讨会文集，南昌，1999.

[26] 付彦，刘凤鸣，李长久．土石坝病坝渗漏原因分析．黑龙江水利科技，2001（1）：113-114.

[27] 傅琼华，黄真．土石坝安全监测及其资料整理分析方法综述．江西水利科技，1997（2）：64-68.

[28] 谷云静．水库大坝安全自动化监测问题研究．兰州：兰州理工大学，2011.

[29] 顾淦臣．土石坝的裂缝和压实质量．岩土工程学报，1982，4（4）：56-67.

[30] 郭军．美国大坝的建设与安全管理概要．水力发电，2013（11）：107-108.

[31] 何金平，程丽．大坝安全预警系统与应急预案研究基本思路．水电自动化与大坝监测，2006（1）：1-4.

[32] 何善国．中型水库溢洪道病险致灾成因分析及防治措施．水利建设与

管理，2006（4）：69－71.

[33]　黄浩权，刘超常，王士恩．飞来峡水利枢纽工程软基段纵横裂缝灌浆
　　　　处理．西部探矿工程，2001（6）：17－18.

[34]　黄红女．土石坝安全测控理论与技术的研究及应用．南京：河海大
　　　　学，2005.

[35]　黄敏武，罗少彤．广东水库大坝-土石坝安全监测．吉林水利，2006
　　　　（9）：34－36.

[36]　黄少锋．常见堤坝险情的抢护技术研究．黑龙江水利科技，2011
　　　　（4）：272－273.

[37]　黄胜方．土石坝老化病害防治与溃坝分析研究．合肥：合肥工业大
　　　　学，2007.

[38]　姬晓旭．土石坝变形监测及其数据处理方法的研究与应用．成都：西
　　　　南交通大学，2010.

[39]　贾金生，袁玉兰，郑璀莹，等．中国水库大坝统计和技术进展及关注
　　　　的问题简论．水力发电，2010（1）：6－10.

[40]　姜树海．洪灾风险评估和防洪安全决策．北京：中国水利水电出版
　　　　社，2005.

[41]　姜振波，盛金保，李雷，等．水库突发事件应急预案研究现状与关键
　　　　技术初探．大坝与安全，2008（3）：11－14.

[42]　解家毕，孙东亚．全国水库溃坝统计及溃坝原因分析．水利水电技
　　　　术，2009（12）：124－128.

[43]　解家毕，孙东亚．水库大坝溃决模拟方法研究进展．中国防汛抗旱，
　　　　2007（S1）：13－17，56.

[44]　金家麟．土坝洪水漫顶及破坏．四川水力发电，1991（3）：53－
　　　　56，43.

[45]　匡少涛，李雷．澳大利亚大坝风险评价的法规与实践．水利发展研
　　　　究，2002（10）：55－59.

[46]　冷元宝，黄建通，张震夏，等．堤坝隐患探测技术研究进展．地球物
　　　　理学进展，2003（3）：370－379.

[47]　冷元宝，朱文仲，何剑，等．我国堤坝隐患及渗漏探测技术现状及展
　　　　望．水利水电科技进展，2002（2）：59－62.

[48]　李超，李天科，郭清华，等．小型土石坝安全监测研究．水利科技与
　　　　经济，2010（1）：96－98.

[49]　李国生，赵秀玲．武警水电部队工程抢险装备配置及保障措施思考.

水利水电技术，2013（3）：41－43.

[50] 李国生．工程抢险装备配置分析．水利水电技术，2011（9）：37－38，43.

[51] 李洪顶．大坝渗漏的原因与处理措施探析．黑龙江水利科技，2012（9）：119－120.

[52] 李雷，蔡跃波，盛金保．中国大坝安全与风险管理的现状及其战略思考．岩土工程学报，2008（11）：1581－1587.

[53] 李雷，王仁忠，盛金保．溃坝后果严重程度评价模型研究．安全与环境学报，2006，6（1）：1－4.

[54] 李雷，王仁钟，盛金保，等．大坝风险评价与风险管理．北京：中国水利水电出版社，2006.

[55] 李雷，周克发．大坝溃决导致生命损失估算方法训究现状．水利水电科技进展，2006，26（2）：76－80.

[56] 李雷．第十讲：大坝风险管理与应急预案——现代大坝安全理念．中国水利，2009（22）：63－66.

[57] 李梅华，邵蔚．皮沟水库大坝渗漏原因及防治对策．水利与建筑工程学报，2010（1）：110－111，115.

[58] 李清富，龙少江．大坝洪水漫顶风险评估．水力发电，2006（7）：20－22，30.

[59] 李永江．土石坝安全监测技术及安全监控理论研究进展．水利水电科技进展，2006（5）：73－77.

[60] 李云，王晓刚，祝龙，等．超标准洪水条件下土石坝安全性应急判别分析．水科学进展，2012（4）：516－522.

[61] 李云，祝龙，宣国祥，等．土石坝漫顶溃决时间预测分析．水力发电学报，2013（5）：174－178.

[62] 李兆庆，张孝仁．洪水漫顶的成因及抢护措施．河北农业科技，1980（4）：25－26.

[63] 刘海涛．水库漫坝洪水风险分析研究．北京：华北电力大学，2009.

[64] 刘火箭，王晓刚，李云，等．超标准洪水条件下土石坝防洪及抢护技术综述．人民黄河，2012（7）：10－16.

[65] 刘康和．土石坝老化病害无损探测技术及应用．江淮水利科技，2007（1）：17－19.

[66] 刘宁．现代大坝安全管理的理念和内涵．中国水利，2008（20）：6－9.

[67] 刘兴亮．论我国武警水电部队应急救援．南昌：南昌大学，2011．

[68] 刘刘，张盟苒．王家湾水库溢洪道病险治理．湖南水利水电，2006（4）：51-52．

[69] 龙少江．大坝风险分析与决策理论及其应用．郑州：郑州大学，2006．

[70] 陆文海，曾兼权，张治滨，等．水工建筑物病害处理．成都：四川科学技术出版社，1985．

[71] 栾艳，赵明阶．土石坝病害类型及其成因浅析．海河水利，2009（1）：55-58．

[72] 栾艳．土石坝渗透规律与渗漏机理研究．重庆：重庆交通大学，2009．

[73] 骆辛磊．溃坝应急技术研究方向探讨．大坝与安全，2009（6）：12-15．

[74] 雒翠．大坝安全预警系统关键技术研究．人民黄河，2008（5）：78-79，81．

[75] 吕永宁，王玉洁，沈海尧．水电站大坝安全监测自动化的现状和展望．大坝与安全，2007（5）：24-29．

[76] 马丹．水库大坝渗漏原因及加固处理．水利科技与经济，2010（1）：19-20．

[77] 马福恒，何心望，吴光耀．土石坝风险预警指标体系研究．岩土工程学报，2008（11）：1734-1737．

[78] 马福恒．病险水库大坝风险分析与预警方法．南京：河海大学，2006．

[79] 马志强．我国水库大坝病险类型和成因机制分析．人民长江，2013（S1）：171-173，181．

[80] 蒙利．溢洪道存在的安全故障及防治措施浅析．沿海企业与科技，2011（8）：77-79．

[81] 南京水利科学研究所，湖北省水利局．土坝裂缝及其观测分析．北京：水利电力出版社，1979．

[82] 牛运光．病险水库加固实例．北京：中国水利水电出版社，2002．

[83] 牛运光．试论土石坝除险加固技术．大坝与安全，1995（3）：6-15．

[84] 牛运光．土坝滑坡的原因分析与处理．水利水电技术，1979（3）：7-10．

[85] 潘海平．土石坝险情划分及判别方法探讨．中国农村水利水电，2013（9）：100-103，107．

［86］ 庞井龙，熊国文．梅溪水库大坝渗漏分析与安全评价．水力发电，2014（12）：94－96，100.

［87］ 彭雪辉，赫健，施伯兴．我国水库大坝风险管理．中国水利，2008（12）：10－13.

［88］ 彭雪辉，周克发，王晓航．水库大坝突发事件应急预案编制关键技术．中国水利，2008（20）：45－47.

［89］ 彭雪辉．风险分析在我国大坝安全上的应用．南京：南京水利科学研究院，2003.

［90］ 汝乃华，牛运光．土石坝的事故统计和分析．大坝与安全，2001（1）：31－37.

［91］ 汝乃华，牛运光．大坝事故与安全（土石坝）．北京：中国水利水电出版社，2001.

［92］ 汝乃华，赵智华．小型土坝的漫顶泄洪新技术．水利水电科技进展，2001（3）：38－43，70.

［93］ 阮思学，吴伟平，李菊生．飞来峡水利枢纽工程右岸主土坝裂缝灌浆加固．西部探矿工程，2002（2）：41－43.

［94］ 盛金保，傅忠友．大坝分类方法对比研究．水利水运工程学报，2010（2）：7－13.

［95］ 盛金保，沈登乐，傅忠友．我国病险水库分类和除险技术．水利水运工程学报，2009（4）：116－121.

［96］ 水库大坝险情应对措施．中国水利，2008（10）：19－28.

［97］ 水利部，电力工业部．土石坝安全监测技术规范（SL 60—94）．北京：中国水利水电出版社，1994.

［98］ 水利部工程管理局．全国水库垮坝登记册．北京：水利部工程管理局，1981.

［99］ 水利部水利管理司．全国水库垮坝登记册（1981—1990）．北京：水利部水利管理司，1993.

［100］水利电力部管理司．水库失事资料汇编．北京：水力电力部管理司，1962.

［101］苏尧良，穆腊生，李忠土．小型水库大坝渗漏的原因与处理．新农村，2000（9）：22.

［102］孙继昌．中国的水库大坝安全管理．中国水利，2008（20）：10－14.

［103］谭江．堤坝管涌集中渗流通道形成机理及数值模拟．西安：西安理工大学，2007.

［104］ 谭界雄，位敏．我国水库大坝病害特点及除险加固技术概述．中国水利，2010（18）：17－20．

［105］ 田川，李巍．土石坝溃坝原因分析．现代农业科技，2011（1）：273，275．

［106］ 涂俊钦，高兴中．江垭大坝基础管涌原因分析及处理措施．水利水电科技进展，2002（3）：34－35，53．

［107］ 涂晓霞．大坝安全风险分析及预警指标的研究．南京：河海大学，2006．

［108］ 汪恕诚．中国大坝建设若干问题的思考．水力发电学报，2011（6）：1－3．

［109］ 汪秀丽．国外大坝安全管理．水利电力科技，2006（1）：10－19．

［110］ 王柏乐，刘瑛珍，吴鹤鹤．中国土石坝工程建设新进展．水力发电，2005（1）：63－65．

［111］ 王德厚．大坝安全与监测．水利电力科技，2006（1）：1－9．

［112］ 王良．小型水库土石坝险情划分及判别方法探讨．人民黄河，2010（3）：94－95．

［113］ 王锐．土石坝自动化监测系统安全评价研究．太原：太原理工大学，2004．

［114］ 王士军．水库大坝安全监测自动化技术．中国水利，2008（20）：56－57，60．

［115］ 王士军．我国水库大坝安全监测预警体系现状及展望．中国灾害防御协会．灾害风险管理与空间信息技术防灾减灾应用研讨交流会论文集．中国灾害防御协会，2007：4．

［116］ 王双喜．小型病险水库主要病害分析及整治措施分析．科技展望，2015，13：96．

［117］ 王昭升，盛金保，李雷，等．中国大坝管理现状及风险管理主要问题探讨．水利建设与管理，2006（2）：41－46．

［118］ 卫晓辉．工程兵参与处置国家重大突发事件相关问题研究．长沙：国防科学技术大学，2012．

［119］ 魏海 沈振中．土坝渗透稳定可靠性分析方法及应用．岩土工程学报，2008，30（6）：1404－1409．

［120］ 吴宏平．土石坝事故成因与测压管观测资料分析研究．杭州：浙江大学，2006．

［121］ 吴相安，徐兴新，吴晋，等．水利隐患GPR探测方法研究．地质与

勘探，1998，34（3）：47-51.

[122] 向衍，马福恒，刘成栋．土石坝工程安全预警系统关键技术．河海大学学报（自然科学版），2008（5）：634-639.

[123] 肖义．水库大坝防洪安全标准及风险研究．武汉：武汉大学，2004.

[124] 谢任之．溃坝水力学．济南：山东科学技术出版社，1993.

[125] 谢水生，王林霞，程永华．鱼岭水库窄心墙高土石坝的劈裂灌浆．防渗技术，1998，4（4）：13-17.

[126] 辛勇军．五岳水库大坝安全预警系统研究．天津：天津大学，2010.

[127] 邢林生，周建波．水电站水工闸门运行事故及对策．水力发电，2012（8）：70-73.

[128] 徐兴新，吴晋，吴相安，等．石灰岩地区水库隐患及渗漏通道地质雷达探测研究．水利水电技术，1999（9）：45-47.

[129] 徐耀，张利民．土石坝溃口发展模式研究．中国防汛抗旱，2007（S1）：18-21，71.

[130] 徐竹青，张桂荣，郑军．我国病险土石坝隐患分类及快速检测方法概述．水利与建筑工程学报，2010（3）：50-52，81.

[131] 严海明．官亭水库大坝的渗漏问题与处理方法．湖南水利水电，2006（4）：53-54，56.

[132] 杨光，王秘学，秦明海．美国水库大坝安全管理及思考．人民长江，2011（12）：19-23.

[133] 杨军．水库溢洪道及闸门病险的修复．吉林农业，2013（7）：93.

[134] 杨启贵，高大水．我国病险水库加固技术现状及展望．人民长江，2011（12）：6-11.

[135] 易庆林，卢书强，何祥．测量机器人在滑坡应急监测中的应用．人民长江，2009（20）：62-63.

[136] 尹永双，祁志峰，屈章彬．国外大坝应急管理现状及启示．水利规划与设计，2008（2）：64-66.

[137] 岳曦．以完成重大工程救援任务为牵引——武警水电部队应急救援实践与探索．中国应急管理，2012（2）：36-40.

[138] 张伯平，董玉文，宋俊儒，等．羊毛湾水库土坝裂缝产生与成因分析．河海大学学报（自然科学版），2002，30（1）：98-103.

[139] 张茂堂．云南省小型病险水库土石坝渗漏成因及防渗处理．中国水利，2008（12）：14-16.

[140] 张民．哈达山水利枢纽工程大坝安全监测技术研究．长春：吉林大

学，2011.

[141] 张启岳. 土石坝加固技术. 北京：中国水利水电出版社，1999.

[142] 张启岳，等. 土石坝观测技术. 北京：水利电力出版社，1993.

[143] 张生福，王玫林. 小南川土坝管涌原因浅析. 大坝与安全，1996（4）：50-52.

[144] 张士辰，彭雪辉. 我国水库大坝安全管理应急预案存在的主要问题与对策. 水利发展研究，2015（9）：25-29.

[145] 张天宝. 罗江斑竹土石坝滑坡原因分析. 四川水利，1999，20（6）：40-43.

[146] 赵秀玲. 武警水电部队应急抢险任务形势分析与应对探讨. 水利水电技术，2013（3）：2-3，7.

[147] 赵志仁，徐锐. 国内外大坝安全监测技术发展现状与展望. 水电自动化与大坝监测，2010（5）：52-57.

[148] 赵志伟. 土坝病险应急检测技术与风险管理. 南昌：南昌大学，2011.

[149] 浙江省水利厅. 小型水库抢险实用技术与案例. 北京：中国水利水电出版社，2009.

[150] 中国大坝协会 周虹. 世界水库大坝建设与水电开发概况（一）. 中国能源报，2015-04-06016.

[151] 钟美雨，邵得亲. 浅议小型水库大坝渗漏的原因与处理技术. 大坝与安全，2006（3）：64-65.

[152] 周红. 大坝运行风险评价方法研究. 南京：河海大学，2004.

[153] 周克发. 溃坝生命损失分析方法研究. 南京：南京水利科学研究院，2006.

[154] 周克发，李雷，张士辰，等. 水库大坝安全管理应急预案浅谈. 大坝与安全，2007（5）：43-47.

[155] 周清勇. 基于风险分析的大坝应急预案技术研究. 南昌：南昌大学，2012.

[156] 周武，李端有，王天化. 水库大坝安全应急管理与应急指挥调度技术初探. 长江科学院院报，2009（S1）：135-139.

[157] 周游. 洪水风险图编制中堤防漫顶险情分析. 吉林水利，2015（10）：52-56.

[158] 周远方. 大南川水库溃坝的数值模拟研究. 长沙：长沙理工大学，2010.

[159] 朱满培，任建营.漳泽水库土坝沉降及裂缝分析.水利水运科学研究，1996（4）：325－334.

[160] ANCOLD. Guidelines on dam safety management. Australian National Committee on Large Dams，2003.

[161] ANCOLD. Guidelines on risk assessment. Australian National Committee on Large Dams，2003.

[162] Bassell B. Earth dam：A study. New York：The Engineering News Publication Company，1904.

[163] Biswas A K，Chatterjee S. dam disasters － an assessment. Eng. J. (canada)，1971，54（3）：3－8.

[164] Bowles D S，Parsons A M，Anderson L R，et al. Portfolio risk assessment of SA Water large dams. ANCOLD/NZSOLD Conference on Dams，Sydney，Australia，1998.

[165] Brown C A，Graham W J. Assessing the Threat to Life from Dam Failure . Water Resources Bulletin，1988，24（6）：1303－1309.

[166] Costa J E. Floods from Dam Failures. U. S. Geological Survey Open-File Report 85－560，Denver，Colorado ，1985：54 .

[167] Daniel D B，et al. Regulatory frameworks for dam safety：a comparative study. World Bank Publications，2002.

[168] Dekay M L，McClelland G H. Setting Decision Thresholds for Dam Failure Warnings：A Practical Theory － Based Approach，CRJP Technical Report No. 328，Center for Research on Judgment and Policy，University of Colorado，Boulder，Colorado，1991.

[169] Dodge R A. Overtopping Flow on Low Embankment Dams-Summary Report of Model Tests. REC－ERC－88－3，U. S. Bureau of Reclamation，Denver，Colorado，1988：28.

[170] Fread D L. NWS FLDWAV Model：The Replacement of DAMBRK for Dam-Break Flood Prediction. Dam Safety'93，Proceedings of the 10th Annual ASDSO Conference，Kansas City，Missouri，September 26－29，1993：177－184.

[171] Fread D L. BREACH：An Erosion Model for Earthen Dam Failures. National Weather Service，National Oceanic and Atmospheric Administration，Silver Spring，Maryland，1988（revised 1991）.

[172] Froehlich D C. Embankment Dam Breach Parameters Revisi-

ted. Water Resources Engineering, Proceedings of the 1995 ASCE Conference on Water Resources Engineering, San Antonio, Texas, August 14 - 18, 1995a: 887 - 891.

[173] Froehlich D C. Embankment - Dam Breach Parameters. Hydraulic Engineering, Proceedings of the 1987 ASCE National Conference on Hydraulic Engineering, Williamsburg, Virginia, August 3 - 7, 1987: 570 - 575.

[174] Froehlich D C. Peak Outflow from Breached Embankment Dam. Journal of Water Resources Planning and Management, 1995b, 121 (1): 90 - 97.

[175] Hartford D N D. Emerging principles and practices in dam risk management. Proce of the International Workshop on Risk Analysis in Dam Safety Assessment, 1999: 1 - 34.

[176] Heinrichs P W. Dam safety management in New South Wales. Powerpoint, presented at China Institute of Water Resources and Hydropower Research, Beijing, 2010.

[177] ICOLD. Deterioration of Dams and Reserviors. Paris, 1983.

[178] ICOLD. Lessons from Dam Incidents. Reduced Edition. Paris, 1973.

[179] ICOLD . Statistical Analysis of Dam Failures. Bulletin 99. Paris, 1995.

[180] Jansen R B. Dam and Public Safety. A Water Resources Technical Publication, Denver CO (Water and Power Resources Service, U. S. Department of the Interior), 1980.

[181] Johnson E A, Illes P. A Classification of Dam Failure. Water Power and Dam Construction, 1976, 28 (12): 43 - 45.

[182] Krenzer H. The use of risk analysis to support dam safety decision and management. ICOLD. The proceedings of 21th Int Congress on Large Dams. Beijing: the Internatonal Comission on Large Dams, 2007: 799 - 801.

[183] Laginha S J, Coutino - Rodrigues J M. Statistics of Dam Failure: A Preliminary Report. Water Power and Dam Construction, 1989, 41 (4): 30 - 34.

[184] Laginha S J. Safety of Dams Judged From Failure. Water Power and Dam Construction, 1981: 30 - 34.

[185] Middlebrooks T A. Earth Dam Practice in the United States. Transactions of the American Society of Civil Engineers, 1953, 118: 697-722.

[186] Petrascheck A W, Sydler P A. Routing of Dam Break Floods. International Water Power and Dam Construction, 1984, 36: 29-32.

[187] Ponce V M, Tsivoglou A J. Modeling Gradual Dam Breaches. Journal of the Hydraulics Division, Proceedings of the ASCE, 1981, 107 (7): 829-838.

[188] Ponce V M. Documented Cases of Earth Dam Breaches. San Diego State University Series No. 82149, San Diego, California, 1982.

[189] Rettemeir K, Falkenhagen B, Kongeter J. Risk assessment-new trends in Germeny. ICOLD. The proceeding of 21th Int Congress on Large Dams. Beijing: the Internatonal Comission on Large Dams, 2000: 625-641.

[190] Salmon G M, Hartford D N D. Risk analysis for dam safety. Int Water Power & Dam Construction, 1995 (5): 42-47.

[191] Sayers P B, Hall J W, Rosu C, et al. Risk assessmentof flood and coastal defences for strategic planning (RASP) -A high level methodology. In: DEFRA Conference of Coastal and River Engineers, Keel University, UK, 2002.

[192] Schnitler N J. A Short Story of Dam Engineering. Water Power, 1967, 19 (4): 142-148.

[193] Singh K P, Snorrason A. Sensitivity of Outflow Peaks and Flood Stages to the Selection of Dam Breach Parameters and Simulation Models. Journal of Hydrology, 1984, 68: 295-310.

[194] Singh K P, Snorrason A . Sensitivity of Outflow Peaks and Flood Stages to the Selection of Dam Breach Parameters and Simulation Models, SWS Contract Report 288, Illinois Department of Energy and Natural Resources, State Water Survey Division, Surface Water Section at the University of Illinois, 1982: 179 .

[195] USCOLD . Lessons from Dam Incidents. USA. ASCE. New York, 1975.

[196] USCOLD . Lessons from Dam Incidents. USA - Ⅱ . ASCE. New

York，1998.

[197] Wahl T L. Prediction of Embankment Dam Breach Parameters-A Literature Review and Needs Assessment. Dam safety research report (DSO − 98 − 04)，1998.

[198] Walder J S，O'Connor J E. Methods for Predicting Peak Discharge of Floods Caused by Failure of Natural and Constructed Earth Dams. Water Resources Research，1997，33 (10)：12 .

[199] Wetmore J N，Fread D L. The NWS Simplified Dam − Break Model Executive Brief. National Weather Service，Office of Hydrology，Silver Spring，Maryland，1983.

[200] Wurbs R A. Dam − Breach Flood Wave Models. Journal of Hydraulic Engineering，1987，113 (1)：29 − 46.